Modellgestützte Schätzung prozessinduzierter Rekristallisationsmechanismen in der Zerspanung

Model-based Prediction of Process induced Recrystallization Mechanisms in Cutting

Von der Fakultät für Maschinenwesen
der Rheinisch-Westfälischen Technischen Hochschule Aachen
zur Erlangung des akademischen Grades eines
Doktors der Ingenieurwissenschaften
genehmigte Dissertation

vorgelegt von

Markus Joachim Meurer

Berichter/in:

Univ.-Prof. Dr.-Ing. Thomas Bergs
Univ.-Prof. Dr.-Ing. Sebastian Münstermann

Tag der mündlichen Prüfung: 18. Dezember 2024

INNOVATIONS IN
MANUFACTURING TECHNOLOGY

Markus Meurer

Modellgestützte Schätzung prozessinduzierter Rekristallisationsmechanismen in der Zerspanung

Herausgeber:
Prof. Dr.-Ing. T. Bergs

Band 4/2025

MTI | RWTH AACHEN UNIVERSITY

Fraunhofer
IPT

Bibliografische Information der Deutschen Nationalbibliothek
Die Deutsche Nationalbibliothek verzeichnet diese Publikation in der Deutschen Nationalbibliografie; detaillierte bibliografische Daten sind im Internet über https://portal.dnb.de abrufbar.

Markus Meurer:

Modellgestützte Schätzung prozessinduzierter Rekristallisationsmechanismen in der Zerspanung

1. Auflage, 2025

Gedruckt auf holz- und säurefreiem Papier, 100% chlorfrei gebleicht.

Wissenschaftsverlag des Instituts für Industriekommunikation und Fachmedien an der RWTH Aachen
Steinbachstr. 25, 52074 Aachen, Deutschland
Internet: www.apprimus-verlag.de, E-Mail: info@apprimus-verlag.de

Druck: CPI Druckdienstleistungen GmbH
Ferdinand-Jühlke-Straße 7 | 99095 Erfurt | Deutschland

ISBN 978-3-98555-266-5

D 82 (Diss. RWTH Aachen University, 2024)

Vorwort

Preamble

Die vorliegende Arbeit entstand während meiner Tätigkeit als wissenschaftlicher Mitarbeiter und Leiter der Abteilung Zerspantechnologie, zuerst am Werkzeugmaschinenlabor (WZL) und später dem Manufacturing Technology Institute (MTI) der Rheinisch-Westfälischen Technischen Hochschule Aachen.

Herrn Univ.-Prof. Dr.-Ing. Dr.-Ing. E. h. Dr. h. c. Dr. h. c. Fritz Klocke, ehemaliger Inhaber des Lehrstuhls für Technologie der Fertigungsverfahren, danke ich für die freundliche Aufnahme in den Lehrstuhl, die Förderung meiner jungen Karriere und stets wissenschaftlich kritische Auseinandersetzung, welche meiner fachlichen und persönlichen Weiterentwicklung einen Rahmen gab. In gleicher Weise danke ich Herrn Univ.-Prof. Dr.-Ing. Thomas Bergs, MBA, Leiter des Manufacturing Technology Institutes für das mir anschließend entgegengebrachte Vertrauen, das persönliche Engagement und die Möglichkeit, in stürmischen Zeiten stetig an fachlichen und persönlichen Herausforderungen zu wachsen und eigene Gedanken und Ansätze aktiv in die Gestaltung des Instituts einbringen zu können.

Ebenso danke ich Herrn Univ.-Prof. Dr.-Ing. Sebastian Münstermann, Leiter des Instituts für Bildsame Formgebung für die eingehende und konstruktive Reflektion des Manuskripts sowie für die Übernahme des Koreferats. Herrn Univ.-Prof. Dr.-Ing. Jørgen Magnus, Leiter des Lehrstuhls für Bioverfahrenstechnik, spreche ich für die Übernahme des Prüfungsvorsitzes meinen herzlichen Dank aus.

Mein besonderer Dank gilt weiterhin natürlich den aktiven und ehemaligen Kollegen der Abteilung Zerspantechnologie. Insbesondere für die Durchsicht und Diskussion des Manuskripts danke ich den Herren Dr.-Ing. Mustapha Abouridouane und Dr.-Ing. Thorsten Augspurger als auch Herrn Tobias Seelbach für den fortwährenden fachlichen Austausch und die emotionale Unterstützung im Erstellungsprozess dieser Arbeit. Meinen ehemaligen Oberingenieuren Herrn Dr.-Ing. Benjamin Döbbeler und insbesondere Herrn Daniel Schraknepper gilt ein besonderer Dank für die Möglichkeit, meine fachlichen und persönlichen Stärken gewinnbringend in der Abteilung Zerspantechnologie einzubringen und kontinuierlich mit mir an meinen Schwächen zu arbeiten.

Nicht zu vergessen sind an dieser Stelle zahlreiche Kolleginnen und Kollegen, die meinen Werdegang durch Ihre aktive Unterstützung, als auch den fachlichen und persönlichen Austausch geprägt haben. Unter anderem sind hier die Herren Dr.-Ing. Tim Herrig, Philipp Niemietz, Dr. Sebastian Prinz, Dr. Andreas Rößler, Dr. Marcel Prümmer, Dr.-Ing. Dr. rer. nat. Stefan Buchkremer, Dr.-Ing. Marvin Binder, Dr.-Ing. Bingxiao Peng, Dr.-Ing. Simon Harst, Dr.-Ing. Sven Lung, Dr.-Ing. Thomas Lakner, Dr.-Ing. Tobias Seelbach, Dr.-Ing. Thomas Pullen, Dr.-Ing. Guido Wirtz, Dr.-Ing. Mustapha Abouridouane zu nennen.

Ebenfalls gilt mein Dank den Herren Hui Liu, Matthias Koch, Stefan Baier, Adrian Rüppel, Tobias Kelliger, Nicklas Gerhard, Jannis Jacob und Frau Antonia Splettstößer. Natürlich bin ich allen aktiven und ehemaligen Zerspanern zu Dank verpflichtet, ohne die der tägliche Arbeitsalltag deutlich trister und weniger erfüllend gewesen wäre.

Sämtliche experimentellen, praktischen und programmiertechnischen Aspekte dieser Arbeiten wären ohne die engagierte Unterstützung insbesondere von Herrn Thobias Smigielski und Herrn Jan Mielke nicht möglich gewesen, weshalb ich Ihnen für ihre Unterstützung und ihre Toleranz fortwährendem Dank verpflichtet bin. Ebenfalls wäre die Entstehung dieses Manuskripts in dieser Art und Weise ohne die Arbeit meiner studentischen Hilfskräfte, insbesondere Frau Emily Bittner und Herrn André Pontes Lima sowie den Einsatz der involvierten Studien- und Masterarbeitern nicht möglich gewesen.

Zuletzt möchte ich meiner Familie danken, wobei insbesondere meine Eltern mit Ihrer Offenheit, Toleranz, Vertrauen und Ausdauer im Glauben an meine Fähigkeiten meinen oft selbstgewählt steinigen studentischen und beruflichen Werdegang überhaupt erst möglich gemacht haben. Der größte Dank gilt jedoch meiner Frau Sophia, welche an zahllosen Gelegenheiten ihre persönlichen Wünsche, Gefühle und das Bedürfnis nach gemeinsamer Zeit meinem beruflichen Fortschritt und somit auch der Anfertigung dieser Dissertation unterordnete. Darüber hinaus war und ist sie mir ein stetiger Quell der Aufmunterung und der emotionalen Unterstützung und stiftet somit Sinn in meinem Schaffen und Tun.

Aachen, im Januar 2025 — Markus Meurer

Für Sophia

Getürmt aus Buch auf Buch
verlassen und verflucht
gesäumt von toten Fenstern
bewohnt nur von Gespenstern
befallen von Getier
aus Leder und Papier
ein Ort aus Wahn und Schall
genannt Schloss Schattenhall.

Walter Moers

Kurzfassung

Die Funktionseigenschaften und Lebensdauer gefertigter Bauteile wird maßgeblich von ihren Oberflächeneigenschaften bestimmt. Spanende Fertigungsprozesse, insbesondere das Drehen gehärteter Stähle, induzieren durch die mechanische Trennarbeit ein hohes mechanisches sowie thermisches Lastkollektiv in die Werkstückrandzone. Hieraus resultierende Eigenschaftsänderungen, wie bspw. Änderungen des Eigenspannungszustands oder Rekristallisationsvorgänge, sind ungewünscht, weshalb Fertigungsprozesse sicherheitskritischer Bauteile gegenwärtig mittels aufwändiger empirischer Untersuchungen ausgelegt werden. Eine Überwachung funktionsrelevanter Randzoneneigenschaften mit im Prozess erfassten Messgrößen ist nach heutigem Stand der Technik nicht möglich. Einerseits sind die hierfür erforderlichen Prozesszustandsgrößen, wie Dehnung und Temperatur, im industriellen Prozess nicht oder nur mit sehr geringer Auflösung messbar. Andererseits beruhen im wissenschaftlichen Umfeld verfügbare Modelle zumeist auf numerischen FE-Methoden, welche aufgrund ihres hohen Rechenaufwands und des erforderlichen Expertenwissens nur eingeschränkt industriell einsetzbar sind.

Im Rahmen dieser Arbeit wurde daher eine schnellrechnende analytische Modellumgebung entwickelt, mit deren Hilfe eine direkte Vorhersage mikrostruktureller Gefügemodifikationen möglich wird. Kernziel dabei war es, die Dicke der White Layer gefertigter Werkstücke abzuschätzen. Die Ausbildung dieser Schichten beruhte für den untersuchten Werkstoff auf dem Mechanismus der dynamischen Rekristallisation. Die Kenntnis der thermischen und mechanischen Werkstückbelastung mit hoher zeitlicher und örtlicher Auflösung erlaubte eine mathematische Beschreibung der Initiationsmechanismen dieser Rekristallisation mithilfe der freien Helmholtz-Energie. Zentraler Gegenstand der Dissertation war daher zuerst die Entwicklung eines innovativen Prüfstands zur Berechnung der prozessinduzierten Dehnungen und Dehnraten auf Basis hochauflösender Prozessbilder. Die Digital Image Correlation (DIC) ermöglichte die Analyse der Bewegungslinie einzelner Werkstückpartikel durch die Zerspanzone und, unter der Annahme einer stationären Fließbedingung, die Abbildung der Belastungshistorie einzelner Werkstoffpartikel. Im zweiten Schritt folgten die Entwicklung und Validierung eines analytischen Temperaturmodells. Eingangsgrößen des Modells waren dabei lediglich die Prozessrandbedingungen und die im Prozess gemessene Zerspankraft. Die Kopplung beider hochauflösenden Lastkollektive im Rahmen eines schnellrechnenden Randzonenmodells bildete den Abschluss der Arbeit. Auf diese Weise war es möglich, dynamische Rekristallisation und somit die Ausbildung von White Layer analytisch und ausschließlich auf Basis von im Prozess erfassten Zustandsgrößen zu berechnen. Zukünftig ist somit auch eine Übertragung auf industriell relevante Zerspanprozesse möglich.

Abstract

The functional properties and service life of manufactured components are largely determined by their surface properties. Manufacturing processes, particularly the turning of hardened steels, induce a high mechanical and thermal load collective in the workpiece rim zone due to the mechanical cutting work. The resulting changes in properties, such as the residual stress state or recrystallization processes, are often undesirable, which is why manufacturing processes for safety-critical components are currently designed using complex empirical studies. Monitoring of functionally relevant rim zone properties with measured variables recorded in the process is not possible according to the current state of the art. On the one hand, the necessary process parameters such as strain and temperature cannot be measured in the industrial process, or only with a very low resolution. On the other hand, models available in the scientific environment are mostly based on numerical FE methods, which can only be used industrially to a limited extent due to their high computational effort and the expert knowledge required.

Within the scope of this work, a fast-calculating analytical model environment was therefore developed, with the help of which a direct prediction of microstructural modifications is possible. The main objective was to estimate the thickness of the white layers of manufactured workpieces. The formation of these layers for the material under investigation was based on the mechanism of dynamic recrystallization. The knowledge of the thermal and mechanical workpiece load with high temporal and spatial resolution allowed a mathematical description of the initiation mechanisms of this recrystallization with the help of the free Helmholtz energy. The central subject of the dissertation was therefore initially the development of an innovative test rig for calculating the process-induced strains and strain rates based on high-resolution process images. Digital Image Correlation (DIC) made it possible to analyze the line of movement of individual workpiece particles through the cutting zone and, assuming a stationary flow condition, to map the load history of individual material particles. The second step involved the development and validation of an analytical temperature model. The only input variables for the model were the process boundary conditions, and the cutting force measured during the process. The coupling of both high-resolution load spectra within the framework of a fast-calculating rim zone model formed the conclusion of the work. In this way, it was possible to calculate dynamic recrystallization and thus the formation of white layers analytically and exclusively based on process state variables recorded in the process. In the future, it will also be possible to transfer this to industrially relevant machining processes.

Inhaltsverzeichnis

Table of Content

Formelzeichen und Abkürzungsverzeichnis

Formula Symbols and Abbreviations

Großbuchstaben

A	mm²	Oberfläche
A	N/mm²	Materialkonstante des Johnson-Cook-Modells
A_C	mm²	Spanungsquerschnitt
A_g	MPa	Gleichmaßdehnung
A_{t_0}	-	Erstes Bild eines Bildpaares zum Zeitpunkt t_0
B	N/mm²	Materialkonstante des Johnson-Cook-Modells
B_{t_1}	-	Zweites Bild eines Bildpaares zum Zeitpunkt t_1
B_{wp}	-	Wärmeverteilung in das Werkstück
C	-	Materialkonstante des Johnson-Cook-Modells
C_1	-	Materialkonstante
C_2	-	Materialkonstante
E	MPa	Elastizitätsmodul
E_{me}	J	Mechanische Energie
E_{th}	J	Thermische Energie
E_{diss}	J	Dissipierte Energie
F	J	Freie Helmholtz-Energie
F_c	N	Gesamtzerspanungskraft
F_f	N	Vorschubkraft (engl. Feed Force)
F_{Grau}	-	Farbtiefe, Anzahl möglicher Grauwerte eines Bildes
K_{TK}	-	Kalibrationsfaktor
K_0	-	Materialkonstante der Bessel-Funktion
$M_{\lambda,S}$		Emittierte Wärmestrahlung eines Körpers
N_{PE}	-	Péclet Zahl
$\dot{Q}_{WP}$	J/s	Wärmeenergie
$P_{WK,i}$	-	Werkstoffpartikel
R_{eh}	MPa	Obere Streckgrenze
R_{el}	MPa	Untere Streckgrenze

R_m	MPa	Zugfestigkeit
R_{TK}	-	Spezifische, kalibrierbare Funktion der Spektralantwort von Spektralbandthermometern
S	J/K	Entropie
T	K	Absolute Temperatur
T_{crit}	°C	Kritische Temperatur zur Initiation von dynamischer Rekristallisation
$T_{depth}(x)$	°C	Temperatur in definiertem Abstand x von der gefertigten Werkstückoberfläche
T_m	°C	Schmelztemperatur
T_{sur}	°C	Temperatur der Werkstückoberfläche
T_P	K	Scheinbare Temperatur
T_0	°C	Referenztemperatur
U	J	Innere Energie
VB	µm	Verschleißmarkenbreite
X_a	-	Indirekte Messgröße einer Abbildungsgröße

Kleinbuchstaben

a	m²/s	Temperaturdiffusivität
a_{cp}	J/Kg/K³	Werkstoffspezifische Konstante zur Beschreibung der Wärmekapazität
a_p	mm	Schnitttiefe
b	mm	Breite des Werkstücks
b_{cp}	J/Kg/K²	Polynomkoeffizient zur Beschreibung der Wärmekapazität
c_{cp}	J/Kg/K	Polynomkoeffizient zur Beschreibung der Wärmekapazität
c_p	J/Kg/K	Volumenspezifische Wärmekapazität
d_c	mm	Durchmesser des Thermoelements Typ K
d_{Korn}	nm	Korngröße der Werkstückrandzone
$d_{max,rel}$	µm	Maximal relevante Eindringtiefe der mechanischen Werkstückbelastung

d_{drx}	nm	Rekristallisierte Korngröße der Werkstückrandzone
$d_{p,start}$	µm	Abstand der Partikelstartpunkt bzw. unterschiedlichen Bewegungslinien
d_t	µm	Auswertetiefe in der Werkstückrandzone
dt_{stream}	s	Zeitinkrement zwischen den Stützpunkten einer Bewegungslinie
d_{WL}	µm	Dicke des prozessinduzierten White Layer
e_a	J/mm³	Volumenspezifische Grenzflächenenergie
$e_{mech,crit}$	J/mm³	Kritische, lokal gespeicherte mechanische Energie
e_{th}	J/mm³	Volumenspezifische thermische Energie
$e_{th,total}$	J/mm³	Maximal erfahrene volumenspezifische thermische Energie
f	mm	Vorschub
f_{DRX}	J/mm³	Volumenspezifische Helmholtzsche freie Energie
f_{gew}	-	Spezifische Gewichtungsfunktion im Rahmen der analytischen JAEGER -Lösung
$f_{i,A_{t_0}}$	-	Spezifische Grauwertfunktion eines Bildes oder Bildbereichs
g_{lok}	-	Lokaler Grauwert eines Pixels oder Pixelbereichs
g_{max}	-	Maximaler Grauwert eines Pixels oder Pixelbereichs
g_{surr}	-	Durchschnittlicher Grauwert der Umgebung
h_c	µm	Spanungsdicke
$h_{c,min}$	µm	Mindestspanungsdicke
l_1	-	Grenzlinie zwischen Werkstück und Umgebung vor der Scherzone
l_2	-	Grenzlinie zwischen Werkstück und Umgebung nach der Scherzone / Gefertigte Werkstückoberfläche
l_{aus}	mm	Ausfahrlänge bzw. abgeschnittene Länge des Zerspankraftsignale zum Ende des Schnittes
l_{ein}	mm	Einfahrlänge bzw. abgeschnittene Länge des Zerspankraftsignale zu Beginn des Schnittes
l_{rub}	mm	Länge einer bewegten Wärmequelle
m	-	Materialkonstante im Johnson-Cook-Modell

n	-	Exponent der Dehnungsverfestigung
n_i	-	Anzahl der betrachteten Werte einer Menge
p	-	Deformationsvektor
$\dot{q}''$	J/mm²·s	Flächenspezifische Wärmemenge
$r_{s,DIC}$	px	Größe des Suchradius, innerhalb dessen eine Bewegung des Subsets mit dem Radius r_{sub} erfolgen kann
r_{strain}	px	Dehnungsradius zur Berechnung der lokalen Dehnung eines Subsets
r_{sub}	px	Radius eines DIC-Subsets, dessen Bewegung von einem Zeitpunkt zum Nächsten identifiziert wird
r_β	µm	Schneidkantenradius
r_ε	µm	Werkzeugeckenradius
s_{diss}	J/K/mm³	Volumenspezifische Entropie in Verbindung mit Energiedissipation
s_{sub}	px	Abstand der Subsetmittelpunkte zueinander, engl. Subset Spacing
s_{th}	J/K/mm³	Volumenspezifische Entropie in Verbindung mit Wärmeleitung
v_c	m/min	Schnittgeschwindigkeit
v_f	mm/min	Vorschubgeschwindigkeit
$v_{\dot{q}}$	m/min	Geschwindigkeit der Wärmequelle
v_{rel}	m/min	Relative Geschwindigkeit
t_{Bel_Kam}	µs	Belichtungszeit
t_{Puls}	s	Einzelpulsdauer
t_i	µs	Zeitlicher Bildabstand zweier Bilder
u	-	Richtungskomponente eines Verschiebungsvektors in horizontale Richtung
v	-	Richtungskomponente eines Verschiebungsvektors in vertikale Richtung
x	-	Richtungskoordinate in Schnittrichtung
y	-	Richtungskomponente senkrecht zur Schnittrichtung mit steigendem Abstand zur Werkstückoberfläche

Griechische Buchstaben

α_0	°	Freiwinkel
β	-	Taylor-Quinney-Koeffizient
β_K	°	Keilwinkel
γ	°	Spanwinkel
γ_{gb}	J/mm²	Korngrenzenergie
δ	HRC	Härte nach Rockwell
δ_{xx}	MPa	Hauptspannungskomponente in x-Richtung
δ_{yy}	MPa	Hauptspannungskomponente in y-Richtung
ε	-	Plastische Dehnung
$\varepsilon_{eq,akk}$	-	Akkumulierte äquivalente plastische Vergleichsdehnung entlang einer Bewegungslinie
$\varepsilon_{eq,AB}$	-	Äquivalente plastische Vergleichsdehnung eines Partikels zwischen den Bildern A_{t0} und B_{t1}
$\varepsilon'_{eq}(y)$		Gradient der plastischen Vergleichsdehnung in y-Richtung
ε_{PEEQ}	-	Äquivalente plastische Dehnung innerhalb der Spanbildungssimulation
ε_{xx}	-	Normaldehnung in xx-Richtung
ε_{xy}	-	Normaldehnung in xy-Richtung
ε_{yy}	-	Normaldehnung in yy-Richtung
$\varepsilon_{yy,max}$	-	Maximale Normaldehnung in yy-Richtung
$\varepsilon_{yy,mean}$	-	Durchschnittliche Normaldehnung in yy-Richtung
ε_{ϑ}	-	Emissionsgrad der Wärmestrahlung
$\dot{\varepsilon}$	s^{-1}	Plastische Dehnungsrate
$\dot{\varepsilon}_0$	s^{-1}	Äquivalente plastische Bezugsdehnungsrate
$\dot{\varepsilon}_{eq}$		Vergleichsdehnrate eines Partikels
κ_s	°	Werkzeugeinstellwinkel
λ	W/m·K	Wärmeleitfähigkeit
λ_s	°	Werkzeugneigungswinkel
μ	-	Reibkoeffizient

μ_i	-	Korrekturwert des werkstückbezogenen Wärmestromanteils B_{WP}
ρ	kg/mm³	Dichte
σ	W/(m²·K²)	Stefan-Boltzmann-Konstante
σ_{yld}	MPa	Fließspannung
τ_{yx}	MPa	Schubspannung
Ω	-	Anteil der Versetzungsenergie, der in Grenzflächenenergie umgewandelt wird

Abkürzungen

2D	Zweidimensional
3D	Dreidimensional
A/D	Analog / Digital
CBN	Kubisch-kristallines Bornitrid, engl. Cubic Boron Nitride
CEL	Gekoppelte Euler'sche Langrange'sche Methode, engl. Coupled Eulerian Lagrangian Method
CVD	Chemische Gasphasenabscheidung, engl. Chemical Vapour Deposition
DIC	Digitale Bildkorrelation, engl. Digital Image Correlation
DRX	Dynamische Rekristallisation, engl. Dynamic Recrystallization
DST	Dünnschicht-Thermoelement
EPMA	Elektronenstrahlmikroanalyse, engl. Electron Probe Micro Analysis
Fa.	Firma
FEM	Finite-Elemente-Methode
FIB	Fokussierter Ionenstrahl, engl. Focussed Ion Beam
GLG	Gleichung
HCF	Ermüdung bei langer Lastspielzahl, engl. High Cycle Fatigue

J-C	Johnson-Cook
KSS	Kühlschmierstoff
LCF	Ermüdung bei kurzer Lastspielzahl, engl. Low Cycle Fatigue
MP	Megapixel
NAB	Nickel-Aluminium-Bronze
NI	Nanoindentation
OS	Orthogonaler Schnitt
PCBN	Polykristallines kubisches Bornitrid, engl. Polycrystalline Cubic Boron Nitride
PIV	Particle Image Velocimetry
PKD	Polykristalliner Diamant
QSD	Quick Stop Devices / Schnellstopp-Prozessunterbrechung
ROI	Bereich von Interesse, engl. Region of Interest
SI	Randzonenintegrität, engl. Surface Integrity
TE	Thermoelement
TEM	Transmissionselektronenmikroskop
WK	Werkstück
WKZ	Werkzeug
WS-WKZ	Werkstück- / Werkzeugkombinationen
XRD	Röntgendiffraktion, engl. X-ray Diffraction

1 Einleitung

Introduction

Die topographischen, metallographischen und chemischen Eigenschaften der Randzone und Oberfläche gefertigter Werkstücke können unter dem Sammelbegriff der Oberflächenintegrität (engl. Surface Integrity, kurz SI) zusammengefasst werden. Dieser beschreibt den „inhärenten oder verbesserten Zustand" [FIEL64] einer Oberfläche und wird somit von der Halbzeugherstellung und den applizierten Fertigungsprozessen selbst bestimmt oder modifiziert. Zu den wichtigsten Eigenschaften der Surface Integrity zählen neben Charakteristika der Maßhaltigkeit insbesondere der Eigenspannungszustand, die Gefügeausbildung und Korngröße der Werkstückrandzone. [JAVI08; JAWA11; LA M21a; LIAO21]

Die Funktionseigenschaften gefertigter Bauteile werden maßgeblich durch den Randzonenzustand bestimmt. Ungünstige Ausprägungen (bspw. Oberflächendefekte, Kornverformungen oder Risse) können die Lebensdauer der Werkstücke drastisch herabsetzen. Gleichzeitig bedingen u.a. prozessinduzierte Druckeigenspannungen in biegewechselbelasteten Werkstückbereichen eine Steigerung der Lebensdauer. Hieraus folgt die Notwendigkeit, Randzoneneigenschaften in der industriellen Fertigung zielgerichtet einzustellen. [AIGN19; COX19; HARD14; HERB14]

Wenngleich zahlreiche wissenschaftliche Untersuchungen in den vergangenen Jahrzehnten zuerst empirische Korrelationen und dann physikalische Ursache-Wirk-Zusammenhänge zwischen Prozesseingangs- und -störgrößen und erzeugten Randzonenzuständen erarbeiteten, sind diese bisher nur eingeschränkt auf die industrielle Fertigung übertragbar. Komplexität und Variantenvielfalt der Prozesse, Werk- und Schneidstoffe als auch eingesetzten Parameter beschränken die Übertragbarkeit wissenschaftlich erarbeiteter Erklärungsmodelle. Gleichzeitig sind die häufig notwendige Expertise im Umgang mit Modellierungsmethoden, wie bspw. komplexer Finite-Elemente-Modelle (FEM) oder die hierfür erforderliche Berechnungskapazität industriell nicht vorhanden. Aus diesem Grund werden Fertigungsprozesse, insbesondere von sicherheitskritischen Werkstücken, mithilfe aufwändiger empirischer Versuche ausgelegt.

Die Fertigung sicherheitskritischer Bauteile erfordert selbst bei einmal ausgelegten Prozessen eine kontinuierliche Qualitätskontrolle. Diese ist in Bezug auf Randzoneneigenschaften in der Regel nur mittels zerstörender Prüfung möglich und somit mit hohem Kosten- und Zeitaufwand verbunden. Gleichzeitig können mit fortschreitender Digitalisierung zunehmend Daten mithilfe einfacher Sensorik oder direkt aus der Werkzeugmaschine erfasst und zur Prozessanalyse genutzt werden. Während auf diese Weise gravierende Prozessstörungen wie Werkzeugbrüche mit vergleichbar geringem Aufwand detektiert und Gegenmaßnahmen eingeleitet werden können, ist die maschinennahe Vorhersage von Bauteilrandzonenzuständen noch nicht möglich. Einerseits weisen vorhandene Randzonenmodelle nur eine eingeschränkte Gültigkeit für industrielle Prozesse auf. Andererseits basieren sie in der Regel nicht auf im Realprozess gemessenen Zustandsgrößen und sind aufgrund ihrer Komplexität und erforderlichen Rechenzeit, wenn überhaupt, nur zur Prozessauslegung geeignet. Vorhandene schnellrechnende Modelle, welche eine Korrelation von Prozesszuständen und Randzoneneigenschaften erlauben, sind nach dem aktuellen Stand der Technik noch nicht verfügbar oder basieren lediglich auf empirischen Korrelationen ohne Kenntnis realer physikalischer Wirkzusammenhänge.

Das Ziel dieser Arbeit ist daher die analytische Vorhersage relevanter Randzonenmodifikationen unter Berücksichtigung des prozessinduzierten thermo-mechanischen Lastkollektivs. Zu diesem Zweck soll zuerst ein innovativer Prüfstand entwickelt werden, der mithilfe hochauflösender Doppelbilder des Zerspanprozesses eine Berechnung von Bewegungen und Deformationen in der Scherzone ermöglicht. Auf diese Weise ist einerseits die exakte Bewegung einzelner Werkstoffpartikel durch die Scherzone nachvollziehbar, andererseits eine Analyse der prozessinduzierten Dehnraten und akkumulierten Dehnungen entlang einzelner Bewegungslinien möglich. Dem angeschlossen folgt die Entwicklung und Kalibrierung eines schnellrechnenden Temperaturmodells auf Basis der gemessenen Zerspankraft und vorab bekannter Prozessparameter. Die modellierten Temperaturfelder werden dabei anhand numerischer Spanbildungssimulationen validiert. Im letzten Schritt der Arbeit erfolgt die Verbindung thermischer und mechanischer Belastungen zur analytischen Vorhersage der dynamischen Rekristallisation und somit der Tiefe sich ausbildender Weißer Schichten, sog. White Layer. Physikalisch wird hierfür der Ansatz der freien Helmholtz-Energie genutzt, welcher den thermodynamischen Zustand eines Systems beschreibt. Initiationsbedingungen der Rekristallisation sind dabei sowohl eine negative lokale Änderung des Helmholtz-Potenzials als auch das Überschreiten einer kritischen Temperatur und gespeicherten mechanischen Energie. Eine abschließende Validierung mithilfe von Spanbildungssimulationen und angefertigten Gefügeschliffen soll die Leistungsfähigkeit des Ansatzes zeigen.

Introduction

The topographical, metallurgical and chemical properties of the rim zone and surface of manufactured workpieces can be summarized under the collective term surface integrity (SI). This describes the "inherent or improved condition" [FIEL64] of a surface and is thus determined or modified by the semi-finished product production and the applied manufacturing processes themselves. The most important properties of surface integrity include characteristics of dimensional accuracy, particularly the residual stress state, the microstructure and grain size of the workpiece rim zone. [JAVI08; JAWA11; LA M21b; LIAO21]

The functional properties of manufactured components are largely determined by the rim zone condition. Unfavourable characteristics (e.g. surface defects, grain deformations or cracks) can drastically reduce the service life of the workpieces. At the same time, process-induced residual compressive stresses in areas of the workpiece subject to alternating bending loads can increase the service life. This results in the need to adjust rim zone properties in industrial production in a targeted manner. [AIGN19; COX19; HARD14; HERB14]

Although numerous scientific studies over the past decades have first developed empirical correlations and then physical cause-and-effect relationships between process input and disturbance variables and generated rim zone states, these have so far only been transferable to industrial production to a limited extent. The complexity and variety of processes, workpiece and cutting materials as well as the parameters used limit the transferability of scientifically developed explanatory models. At the same time, the often necessary expertise in dealing with modeling methods such as complex finite element models (FEM) or the necessary calculation capacity is not available in industry. For this reason, manufacturing processes, especially for safety-critical workpieces, are designed with the help of complex empirical tests.

The production of safety-critical components requires continuous monitoring, even with processes that have already been set up. Regarding rim zone properties, this is generally only possible by means of destructive testing and is therefore very costly and time-consuming. At the same time, as digitalization progresses, data can increasingly be recorded using simple sensor technology or directly from the machine tool and used for process analysis. While serious process faults such as tool breakages can be detected in this way with comparatively little effort and countermeasures can be initiated, it is not yet possible to predict component rim zone conditions close to the machine. On the one hand, existing rim zone models only have limited validity for industrial processes. On the other hand, they are generally not based on state variables measured in the real process and are only suitable for process design, if at all, due to their complexity and the computing time required. Existing, fast-calculating models, which allow a correlation of process states and rim zone properties, are not yet available according to the current state of the art or are only based on empirical correlations without knowledge of real physical interactions.

The aim of this work is therefore the analytical prediction of relevant rim zone modifications, considering the process-induced thermo-mechanical load spectrum. For this purpose, an innovative test rig will first be developed that enables the calculation of movements and deformations in the shear zone with the help of high-resolution double images of the cutting process. In this way, the exact movement of individual material particles through the shear zone can be tracked and the process-induced strain rates and accumulated strains along individual lines of movement can be analysed. This is followed by the development and calibration of a fast-calculating temperature model based on the measured cutting force and previously known process parameters. The modelled temperature fields are validated using numerical chip formation simulations. In the last step of the work, thermal and mechanical loads are combined to analytically predict the dynamic recrystallization and thus the depth of white layer formation. Physically, the Helmholtz free energy approach (also Helmholtz potential) is used, which describes the thermodynamic state of a system. The initiation conditions for recrystallization are a negative local change in the Helmholtz potential, as well as the exceeding of a critical temperature and stored mechanical energy. A final validation with the aid of chip formation simulations and micrographs will demonstrate the performance of the approach.

2 Stand der Erkenntnisse

State of the Art

Vor der Darstellung der Forschungshypothese und Vorgehensweise dieser Arbeit erfolgt zuerst eine Aufarbeitung der einschlägigen Fachliteratur. Dabei werden fertigungstechnologische Grundlagen thematisiert und typische Randzonenmodifikationen in der Zerspanung aufgezeigt, bevor die physikalischen Grundlagen dieser Modifikationen diskutiert werden. Im Anschluss daran folgt eine Aufstellung geeigneter Messmethoden zur Bestimmung des thermo-mechanischen Lastkollektivs in der Werkstückrandzone und Modellierungsansätzen von zerspanungsinduzierten Randzonenveränderungen, bevor das Kapitel mit einem Fazit abschließt.

2.1 Fertigungstechnologische Grundlagen

Manufacturing Fundamentals of Hard Turning

Fertigungsverfahren werden gemäß DIN 8589 in sechs Hauptgruppen eingeteilt. Neben den *ur- und umformenden Verfahren* werden sowohl das *Trennen* als subtraktives Verfahren als auch das *Fügen*, das *Beschichten* und das *Ändern einer Stoffeigenschaft* unterschieden. Dem *Trennen* (Hauptgruppe 3) untergeordnet werden das *Zerteilen (3.1)*, das *Spanen mit geometrisch bestimmten (3.2)* und *unbestimmten (3.3) Schneiden*, das *Abtragen*, das *Zerlegen* und das *Reinigen (3.6)*. Die Zerspanung ist definiert als Fertigung durch Aufheben des Werkstoffzusammenhalts mithilfe einer oder mehrerer Werkzeugschneiden unter der Bildung formlosen Stoffes, den Spänen [DEUT03c]. Beim Spanbildungsvorgang dringt der Schneidkeil in den Werkstoff ein, verformt diesen elastisch und plastisch [KLOC18, S. 61]. Sobald lokal die kritische Schubspannung des Werkstoffs in der Scherebene überschritten wird, beginnt der Werkstoff zu fließen [CHAT19, S. 419]. Der deformierte Werkstoff wird über die Spanfläche des Werkzeugs als Span abgeleitet [DENK11, S. 20]. Hauptfokus dieser Arbeit ist die Zerspanung mit geometrisch bestimmter Schneide.

Das Spanen mit geometrisch unbestimmter Schneide erfolgt mithilfe von Werkzeugen, deren Schneiden aus einer Vielzahl ungleichförmiger Hartstoffkörner bestehen [BEIT95, S. 51]. Die exakte Anzahl der Schneiden sowie deren Geometrie und Lage relativ zum Werkstück ist zu jedem Zeitpunkt unbestimmt [DEUT03b]. Die Verfahren dieser Gruppen können weiter in Verfahren mit im Werkzeug gebundenem Korn, bspw. dem Schleifen oder Hohnen, und Verfahren mit losem oder ungebundenem Korn, bspw. dem Läppen, unterschieden werden [FRIT10, S. 311]. Hauptfokus der Zerspanung mit geometrisch unbestimmter Schneide ist das Erzeugen einer hohen Oberflächenqualität bei niedrigen Zerspanvolumina, weshalb diese maßgeblich als End- bzw. Fertigbearbeitungsverfahren zum Einsatz kommen [BEIT95, S. 52].

2.1.1 Kinematische Beschreibung der Zerspanung

Geometric and Kinematic Description of the Cutting Process

Die industriell häufigsten spanenden Fertigungsverfahren mit geometrisch bestimmter Schneide sind das *Drehen*, *Fräsen* und *Bohren*. Darüber hinaus werden gemäß DIN 8589 das *Hobeln*, das *Stoßen*, das *Sägen*, das *Feilen,* das *Bürsten* und das *Schaben* unterschieden. Alle diese Verfahren haben gemein, dass die Anzahl der eingesetzten Schneiden, deren Form und Lage relativ zum Werkstück bekannt sind [DEUT03b]. Die Verfahren der Gruppe werden entsprechend der Schnittbewegung, der Vorschubbewegung und der daraus entstehenden Wirkbewegung differenziert, siehe exemplarisch für das Drehen in Abbildung 2.1.

Die Relativbewegung zwischen Schneide und Werkstück wird beim Drehen durch die Vorschubbewegung mit der Vorschubgeschwindigkeit v_f und die Schnittbewegung mit der Schnittgeschwindigkeit v_c beschrieben. Gemäß DIN 8589-1 kann das Drehen weiter entsprechend der Art der herzustellenden Werkstückfläche, der Kinematik des Zerspanungsvorgangs und des Werkzeugprofils die Hauptmerkmale der Unterscheidung darstellen. Da in dieser Arbeit das Verfahren des Hartdrehens bzw. Abwandlungen dessen im Fokus stehen, werden im Folgenden mit dem Begriff Zerspanung ausschließlich Zerspanprozesse mit geometrisch bestimmter Schneide besprochen. [DEUT03b]

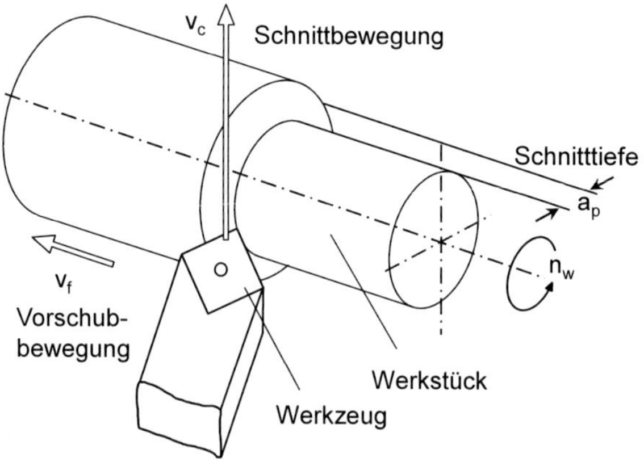

Abbildung 2.1: Makroskopische Kinematik des Drehens [DEUT03a]

Macroscopic kinematics of turning [DEUT03a]

Die für die Auflösung des lokalen Stoffzusammenhalts und somit für die Spanbildung erforderliche mechanische Prozessenergie wird in der Zerspanung zu ca. 90% in Wärme umgewandelt und verbleibt zu ca. 10 % als latente bzw. potenzielle Energie in der Werkstoffoberfläche bzw. im Span [DENK11, S. 88; M'SA08]. Dies kann beispielsweise in Form von plastischen Deformationen oder aber von Änderungen der Werkstoffmikrostruktur geschehen. Sowohl die lokale Plastifizierung des Werkstoffs als auch die Reibung in den Kontaktzonen Werkstück-Werkzeug-Span sind thermodynamisch irreversible Prozesse, sodass Energie in Wärme umgewandelt wird [CERB13, S. 49]. Der Abtransport der lokal entstehenden Wärme erfolgt entweder advektiv über den Ablauf des Spans, konduktiv in das Werkstück oder aber konvektiv in das Werkzeug. Die in die Umgebung abgegebene Wärmemenge bspw. durch Konvektion oder Strahlung kann dagegen weitestgehend vernachlässigt werden [KOCH96, S. 47]. Die exakte Aufteilung der Wärmeströme und somit die resultierende Wärmebelastung für Werkzeug oder Werkstück sind maßgeblich von den Materialeigenschaften des Werkstücks und Werkzeugs, der Geometrie des Werkzeugs sowie den Schnittbedingungen abhängig [ZANG13, S. 3]. Aus diesem Grund ist eine tiefergehende Betrachtung der in der Zerspanung vorherrschenden geometrischen und thermo-mechanischen Bedingungen von großer Bedeutung und wird im Folgenden vorgestellt.

Bei der Zerspanung kann der freie orthogonale Schnitt, der freie schräge Schnitt und der gebundene schräge Schnitt unterschieden werden, wobei sämtliche zerspanende Fertigungsverfahren in eine dieser drei Hauptkategorien eingeteilt werden können [ZANG13, S. 4]. Dem gebundenen schrägen Schnitt können die meisten der industriell gebräuchlichen spanenden Fertigungsverfahren zugeordnet werden. Er ist durch einen gleichzeitigen Eingriff der Haupt- und Nebenschneide in das Werkstück gekennzeichnet (gebundenen), wobei ein Werkzeugeinstellwinkel κ_s ungleich 90° und/oder der Werkzeugneigungswinkel λ_s ungleich 0° ist (schräg). Darüber hinaus kann der gebundene schräge Schnitt zusätzlich in einen ununterbrochenen Schnitt, bspw. beim Drehen, und den unterbrochenen Schnitt, bspw. beim Fräsen, untergliedert werden. [KLOC18, S. 55f.]

Vereinfachungen des gebundenen schrägen Schnitts dienen häufig der Untersuchung oder Darstellung der in der Zerspanung vorherrschenden Eingriffsbedingungen und thermo-mechanischen Belastungen. Maßgeblich ist hierfür der freie orthogonale Schnitt, wobei lediglich die Hauptschneide im Eingriff ist, während die Nebenschneide keinen Kontakt zum Werkstück hat. Der Werkzeugeinstellwinkel κ_s beträgt 90° und der Werkzeugneigungswinkel λ_s beträgt 0° [KLOC18, S. 55]. Die geometrischen Bedingungen erzeugen somit eine ebene Fläche, welche parallel zur Oberfläche des Werkstücks liegt [MERC45], weshalb die Eingriffsbedingungen des freien orthogonalen Schnitts vollständig zweidimensional abgebildet werden können [CHAT19, S. 420], siehe Abbildung 2.2.

Mithilfe des Keilwinkels β_K, des Spanwinkels γ an der Spanfläche, des Freiwinkels α an der Freifläche und der Schneidkantenverrundung r_β kann die Geometrie des Schneidkeils vollständig beschrieben werden. Die Schnittbewegung erfolgt bei definierter Spanungsdicke h_c parallel zur Werkstückoberfläche, weshalb der orthogonale Schnitt als hinreichene Näherung für das Verhalten der Hauptschneide geeignet ist. Somit ist eine Vereinfachung komplexer Zerspanungsbedingungen mithilfe des freien orthogonalen Schnitts zulässig. [SHAW05]

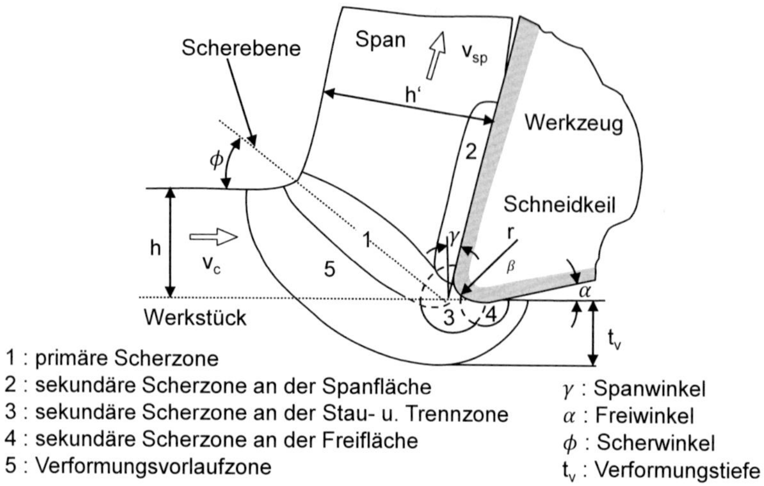

Abbildung 2.2: Kinematische Grundlagen der Zerspanung [MERC45; SHAW05]

Kinematic fundamentals of machining [MERC45; SHAW05]

Dringt der Schneidkeil des Werkzeugs bei Überschreiten einer Mindestspanungsdicke $h_{c,min}$ in das Werkstück ein, kann ein Span gebildet werden und über die Spanfläche ablaufen. Der maßgebliche Teil der plastischen Verformarbeit erfolgt in der primären Scherzone (Abbildung 2.2, 1), wobei Schubverformung und Scherung die maßgebende Belastung darstellen. In den sekundären Scherzonen an Span- (2) und Freifläche (4) dominiert die mit der Grenzflächenreibung zum Werkzeug entstehende Wärme die plastische Verformarbeit. In der sog. Stau- und Trennzone entsteht die höchste mechanische Werkstoffbelastung, bis der Werkstoffzusammenhalt aufgehoben wird und somit eine Trennung erfolgt. Die anderen Scherzonen umschließend wird die Verformungsvorlaufzone (5) charakterisiert, in der lediglich geringe, aber bleibende Verformungen im Werkstück enstehen können. [BEIT95, S. 38]

2.1.2 Verfahrensgrundlagen des Hartdrehens

Fundamentals of Hard Turning

Anhand der vorab beschriebenen Scher- und Belastungszonen kann die Belastungshistorie der Werkstückrandzone qualitativ beschrieben werden. Für eine quantitative Untersuchung derselben ist eine genaue Kenntnis der Prozessparameter und eine Charakterisierung des Werkstückwerkstoffs erforderlich. Neben der generellen Werkstoffwahl ist der Wärmebehandlungszustand von besonderer Bedeutung. Historisch war eine spanende Bearbeitung gehärteter Stähle nur mithilfe des Schleifens möglich. Die Entwicklung hochharter Schneidstoffe in den 1980er

Jahren ermöglichte erstmalig die Nutzung von Zerpsanverfahren mit geometrisch bestimmten Schneiden zur Bearbeitung gehärterter Werkstoffe. [KLOC18]

Im Falle der Zerspanung von Werkstoffen mit einer Härte von über 45 HRC wird von der Hartzerspanung gesprochen [KÖNI90]. Die Hartzerspanung (bspw. das Hartdrehen) kann die klassische Prozessfolge zur Bearbeitung hochbelasteter Komponenten bestehend aus Weichbearbeitung, Vergüten und anschließender Hartfeinbearbeitung beispielsweise mittels Schleifen deutlich verkürzen [KÖNI90]. Darüber hinaus ermöglicht das Hartdrehen eine hohe Prozessflexibilität, die Fertigung komplexer Werkstückgeometrie auf einer einzigen Werkzeugmaschine bzw. einer Aufspannung und eine höhere Zerspanungsleistung und somit einen höheren energetischer Wirkungsgrad, siehe Abbildung 2.2.

Darüber hinaus kann aufgrund der hohen Warmfestigkeit der eingesetzten Schneidstoffe bei der Hartbearbeitung häufig auf den Kühlschmierstoff (KSS) und somit sowohl auf kostenintensive Kühlung, Aufbereitung und Entsorgung des KSS als auch auf nachgelagerte Prozesse wie das Reinigen der Späne verzichtet und die Fertigung somit ökologisch nachhaltiger gestaltet werden [KOCH96, S. 13; TÖNS00]. Kernherausforderung des Hartdrehens gegenüber dem Schleifen bleibt die erreichbare Oberflächenqualität sowohl in Form der Maß- und Formgenauigkeit als auch der einstellbaren Oberflächenrauheit [KLOC05]. Die Zerspanung gehärteter Werkstoffe provoziert ein hohes thermo-mechanisches Belastungskollektiv sowohl im Werkstück als auch auf das Werkzeug. Als Folge ist häufig mit hohem Werkzeugverschleiß und somit einer komplexen Prozessführung zu rechnen [KLOC05]. Werkstückseitig können ungewünschte Werkstoffmodifikationen wie Gefügeumwandlungen, Änderungen des Eigenspannungszustands, mikrostrukturelle Schädigungen oder hohe plastische Verformungen auftreten [KLOC05].

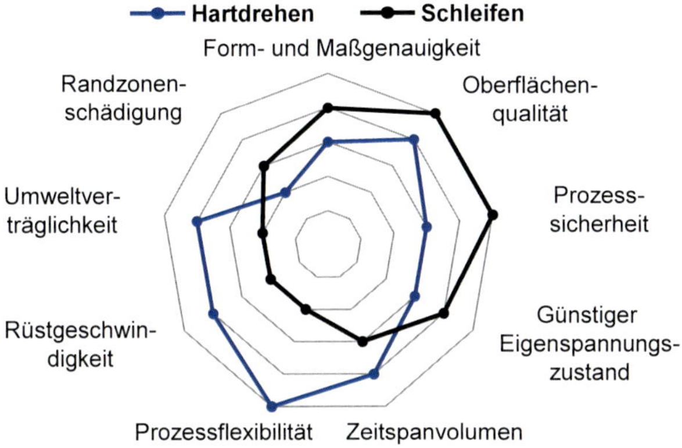

Abbildung 2.3: Qualitativer Vergleich der Prozesseigenschaften des Hartdrehens und Schleifens nach Klocke et al. [KLOC05]

Qualitative comparison of the process properties of hard turning and grinding according to Klocke et al. [KLOC05]

Als Schneidstoff für die Hartzerspanung kommen neben polykristallinem Diamanten (PKD) und Mischkeramiken für gehärtete Stähle insbesondere kubisch kristallines Bornitrid (CBN) und beschichtete Feinstkorn-Hartmetalle zum Einsatz. Die Auswahl eines geeigneten Schneidstoffs erfolgt dabei prozessspezifisch anhand der physikalischen und chemischen Eigenschaften des Werkstoffs und des verfahrensspezifischen Belastungskollektivs, sodass für die Hartzerspanung kein allgemein optimaler Schneidstoff definiert werden kann [DENK11, S. 227; KOCH96, S. 7].

Neben oben genannten Charakteristika, wie bspw. Härte des Werkstoffs und Wahl des Schneidstoffs, kann das Hartdrehen von klassischen Drehverfahren differenziert werden. Neben dem Einsatz geringer Vorschübe f und Schnitttiefen a_p werden Werkzeuge mit hohen Schneideckenradien r_ε oder gar Fasen eingesetzt. Hieraus folgen ein stark negativer effektiver Spanwinkel γ_{eff} und hoch ausgeprägte Passivkräfte F_p. Diese spezifische Werkzeugmikrogeometrie wiederum induziert eine hohe Druckspannung in die Werkstückrandzone, die verbunden mit der thermischen Werkstückbelastung Modifikationen der Werkstückrandzone provoziert. Der damit verbundene Bedarf einer experimentell aufwändigen Prozessauslegung motivierte bereits in der Vergangenheit zahlreiche Arbeiten zur experimentellen oder simulativen Vorhersage von Randzonenmodifikationen beim Hartdrehen. [BRAN96; MICH14; WOBK97, S. 26–36]

2.2 Charakteristische Randzonenmodifikationen in der Zerspanung

Characteristic Rim Zone Modifications in Machining

Wie vorab dargestellt, benötigt die spanende Herstellung einer finalen Werkstückoberfläche das Aufwenden mechanischer Trennarbeit, welche hohe mechanische und daraus resultierend auch hohe thermische Belastungen in die Randzone des Werkstücks einbringt. Diese hohen thermo-mechanischen Belastungen haben unweigerlich eine Modifikation der Werkstückrandzone, aber auch der Oberflächentopografie zur Folge. Sämtliche Eigenschaften der Werkstückrandzone können unter dem Sammelbegriff der Oberflächenintegrität (engl. Surface Integrity, kurz SI) zusammengefasst werden. [JAVI08; JAWA11; LA M21a; LIAO21]

Der Begriff der Surface Integrity wurde erstmalig von FIELD und KAHLES als „inhärenter oder verbesserter Zustand einer Oberfläche" eingeführt, die durch Bearbeitungsprozesse oder andere Oberflächenerzeugungsvorgänge erzeugt wurde (aus dem engl. übersetzt, [FIEL64]). Dabei umfasst die Surface Integrity sowohl makroskopische und mikroskopische Eigenschaften als auch solche der Werkstückrandschicht, wie beispielsweise der Eigenspannungszustand, die Härteverteilung oder die chemische Stabilität des Werkstoffs. [JAWA11; PU11]

Ungünstige Eigenschaften der Surface Integrity können die funktionellen Eigenschaften gefertigter Bauteile in Bezug auf Ermüdung, Kriecheigenschaften, Korrosion oder Verschleißbeständigkeit stark negativ beeinflussen. Der prozessinduzierte Eigenspannungszustand der Werkstückrandzone kann das HCF-Verhalten von Bauteilen positive, aber auch deutlich negativ beeinflussen [AIGN19]. Demgegenüber können Oberflächendefekte, wie beispielsweise Kornverformungen, Risse oder sog. Weiße Schichten (engl. White Layer) die Ermüdungsfestigkeit bei hohen, aber auch bei geringen Lastzyklen reduzieren [COX19; HARD14; HERB14].

Der Zustand der Werkstückrandzone ist in besonderem Maße für Bauteile von Bedeutung, die hohen Belastungen ausgesetzt sind, höchste Zuverlässigkeit aufweisen müssen oder in schwierigen Umgebungen eingesetzt werden [DEGA03, S. 779]. Hieraus folgt, dass im Bereich der Luft- und Raumfahrtindustrie mit zahlreichen sicherheitskritischen Bauteilen nicht nur eine hohe Qualität der Oberfläche, sondern auch der Werkstückrandzone eingehalten werden muss [BUCH17b; GIER15; HARS19; WELL15]. Dementsprechend durchlaufen Fertigungsprozesse entsprechender Bauteile aufwändige Zertifizierungsverfahren und können nur nach zeit- und kostenintensiven experimentellen Untersuchungen variiert und somit verbessert werden. Einige der im industriellen Kontext relevanten Eigenschaften der Oberflächenrandzone sind in Abbildung 2.4 nach Klocke und Welling [KLOC18; WELL15] dargestellt.

Parameter der Surface Integrity			
Topographie		Mikrostruktur	
Makroskopische Parameter	Größentoleranz	*Thermische Beeinflussung*	Gussschicht
	Oberflächenrauigkeit		Phasenauflösung
	Riefen	*Mechanische Beeinflussung*	Kaltverfestigung
	Kratzer		Verzerrte Schicht
	Orangenhaut	*Thermische u. mechanische Beeinflussung*	Weiße Schichten
	Rattermarken		Ablagerungen
	Risse		Rekristallisation
	Fremdmaterial	*Mech. Eig.*	Eigenspannungen
	Grat		
	Verfärbungen		

Abbildung 2.4: Überblick relevanter Parameter der Surface Integrity nach Klocke und Welling [KLOC18; WELL15]

Overview of relevant surface integrity parameters, after Klocke und Welling [KLOC18; WELL15]

Die Art und das Ausmaß der Oberflächen- und Randzoneneigenschaften werden durch die Bearbeitungsparameter, z.B. Schnitt- und Vorschubgeschwindigkeit, Werkzeugverschleiß, Schneidenmikro- und -makrogeometrie oder Art des Schneidstoffs bestimmt, sind somit Gegenstand zahlreicher Forschungsarbeiten [GAO07; LIU21; MEUR22; SHIM21] und werden in Kapitel 2.3 detailliert dargestellt.

Eine Differenzierung der strukturellen Oberflächenbereiche der Werkstückrandzone nach Astakhov et al. und Greznik ist in Abbildung 2.5 dargestellt. Zuerst werden die äußere und innere Grenzschicht unterschieden. Die äußere Grenzschicht, welche weiter in die „Adsorbzionsschicht“ und die „Oxidschicht“ unterteilt wird, umschreibt die obersten 100 nm der Oberfläche und wird maßgeblich durch Oberflächenreaktionen mit der Umgebung nach dem Freiwerden dieser beeinflusst. Die innere Grenzschicht, bestehend aus „Beilby-Schicht“, „Verformte Schicht“ und dem anschließenden Grundwerkstoff, beinhaltet die maßgebenden Randzoneneigenschaften, wie beispielsweise den Oberflächeneigenspannungszustand oder Phasentransformationen. Ab einer Tiefe von ca. 100 µm wird erneut vom Grundwerkstoff gesprochen, der nur geringfügig oder gar nicht durch den Fertigungsprozess modifiziert wird. [ASTA10; ASTA04; GRZE17]

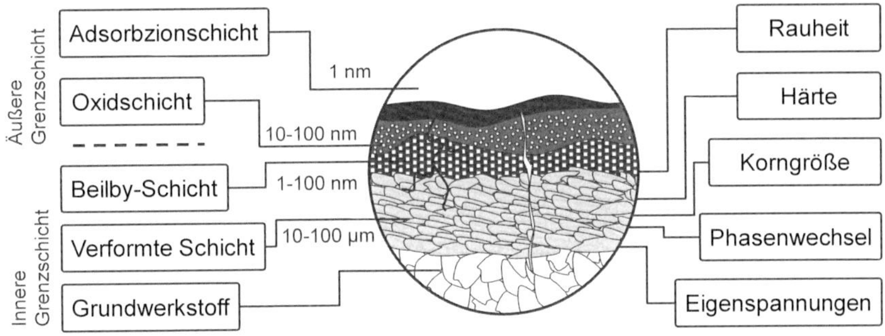

Abbildung 2.5: Einordnung der Surface Integrity nach Astakhov and Grzesik [ASTA10, S. 7; GRZE17]

Classification of surface integrity according to Astakhov and Grzesik [ASTA10, S. 7; GRZE17]

Die verformte Schicht kann dabei auch „Weiße Schichten“ (engl. White Layer) beinhalten, welche unter Mikroskopaufnahmen geätzter Gefügeschliffe entsprechend weiß oder schwarz erscheinen und daher ihren Namen tragen. Begründet in einer stark verfeinerten Kornstruktur weisen diese Schichten veränderte mechanische Eigenschaften als der Grundwerkstoff auf. Abgesehen von einer deutlichen Steigerung der Werkstückhärte ist eine drastische Absenkung der lokalen Werkstoffduktilität maßgebend für eine verstärkte Bildung und Ausbreitung von Rissen und somit einer Absenkung der Ermüdungsfestigkeit aller dynamisch belasteter Bauteile. Da u.a. die Rissausbreitung in der Automobil- sowie Luft- und Raumfahrtindustrie dringend vermieden werden muss, ist neben dem Werkstückeigenspannungszustand die Vermeidung von White Layern bei zahlreichen spanenden Fertigungsverfahren maßgebend und somit die „verformte Schicht“ in den obersten 100 µm der Werkstückoberfläche von großer Bedeutung. [BOSH06; GRZE17; LIAO21; ULUT11; WUSA11; ZHAN97]

Mit der Ausbildung von White Layern gehen neben den mikrostrukturellen Veränderungen Änderungen anderer Randzoneneigenschaften, wie bspw. dem Eigenspannungszustand und einer hohen Randzonenhärte, einher [BUCH17b, S. 13f.; KLOC18, S. 39]. Hieraus resultiert eine gesteigerte Neigung zur Rissbildung und -ausbreitung und somit eine herabgesetzte Ermüdungslebensdauer gefertigter Bauteile [GUO10; HERB12]. Die hohe Härte des zerspanten Werkstoffs und hohe Schnittgeschwindigkeiten bei der Hartzerspanung provozieren ein hohes thermo-mechanisches Lastkollektiv in Form von hohen Dehnraten und Temperaturen in der Scherzone, wodurch die Bildung von White Layern begünstigt wird [HABA07; LIAO21].

2.3 Physikalische Grundlagen der White Layer Bildung

Physical Principles of machining-induced White Layer Formation

Die Modifikation von Werkstückrandzoneneigenschaften ist maßgeblich von den eingestellten Prozessparametern und Prozessgrößen abhängig. Mit dem Ziel, bei gleichbleibender oder steigender Produktivität eine hohe Oberflächenqualität gefertigter Bauteile sicherzustellen, wurden in den vergangenen Jahrzehnten forschungsseitig zahlreiche dieser Zusammenhänge empirisch hergeleitet, um sie in die industrielle Praxis zu übertragen. [JAWA11; M'SA08] Im Allgemeinen wird davon ausgegangen, dass konservative Prozessparameter, also bspw. niedrigere Schnittgeschwindigkeiten, einen besseren Oberflächenzustand hervorrufen, was jedoch zulasten des Zeitspanvolumens die Produktivität des Zerspanprozesses verringert [LIAO21]. Zahlreiche Untersuchungen zeigen dagegen keinen klaren empirischen Zusammenhang zwischen Prozessgrößen und Randzonenqualität. Darüber hinaus kann die Einstellung einer spezifischen Randzonencharakteristik die negative Veränderung einer anderen Charakteristik zur Folge haben, weshalb fertigende Unternehmen einen enormen Aufwand bei der Prozessauslegung betreiben. [LIAO21; THAK16]

Tabelle 2.1 zeigt einige der in der Vergangenheit hergeleiteten Zusammenhänge zwischen den Prozessparametern und der Ausbildung Weißer Schichten bei der spanenden Bearbeitung von Stählen hoher Härte ($\geq 50\,HRC$). Zuerst ist der Einfluss des Werkzeugverschleißes auf eine steigende Dicke des White Layer offensichtlich und kann auf die mit erhöhtem Reibkontakt vorherrschenden höheren Temperaturen in der Werkstückrandzone zurückgeführt werden [BUSH11; CHOU99; HOSS11; ZHOU11]. Dieser Schlussfolgerung nachgehend folgt, dass auch mit steigenden Schnittgeschwindigkeiten induzierte höhere Temperaturen eine deutlichere Ausprägung des White Layer bedingen. Wenngleich einige Arbeiten diese Annahme bestätigen [BROW19; BROW18; UMBR11a], zeigten SCHULZE ET AL. einen gegenteiligen Effekt und verwiesen auf das Verhältnis der Spanungsdicke h_c und des Schneidkantenradius r_β bei der orthogonalen Zerspanung von 42CroMo4 (AISI 4140). In der genaueren Analyse schlussfolgerten sie, dass kleinere Verhältnisse h_c/r_β einen höheren Druck auf die Randzone verursachten und somit die Bildung Weißer Schichten begünstigten [SCHU13].

Gleichzeitig zeigten sie, dass mit steigender Dicke des White Layer auch die Korngröße innerhalb der Schicht abnahm, was ebenfalls auf ein höheres thermo-mechanisches Lastkollektiv zurückzuführen ist. Dies konnte auch bei der Drehbearbeitung von Aluminiumlegierungen nachgewiesen werden, wobei ROTELLA ET AL. insbesondere auf den Einfluss des Eckenradius hinwiesen und somit eine Analogie zu den Ergebnissen von SCHULZE ET AL. herstellen konnten. [ROTE13; SCHU13] Weitere Untersuchungen zeigen den Einfluss einer ausreichenden Prozesskühlung auf die Verringerung der Dicke des White Layer [BUSH11; UMBR11b] oder aber sinkender Schnitttiefe a_p [CHOU05].

Tabelle 2.1: Empirisch erarbeitete Zusammenhänge zwischen Prozessparametern und Ausbildung Weißer Schichten

Empirical correlations between process parameters and the formation of White Layers

Werkstoff (Härte)	Prozess	Einfluss der Schnittbedingungen				Referenz
		Vorschub f	Schnitttiefe a_p	Schnittgeschwindigkeit v_c	Verschleißfläche VB	
AISI 52100 (61-63 HRC)	Drehen	k.A.	k.A.	↑ (asymptotisch)	↑	[CHOU99]
AISI 52100 (60-62 HRC), AISI 4340 (56-57 HRC)	Drehen	k.A.	k.A.	↑	↑	[AKCA02]
AISI 52100 (60-62 HRC)	Drehen	↑	↓	↑	↑	[CHOU05]
AISI 52100 (63-65 HRC)	OS	↑	k.A.	↑	↑	[CAPP10]
AISI 52100 (63-65 HRC)	OS	↑	k.A.	↑	↑	[ATTA12]
AISI 4140 (k.A.)	OS	↑	k.A.	↓	k.A.	[SCHU13]
AISI 52100 (62 HRC)	Drehen	↑	k.A.	↑	k.A.	[DENK15]

Alle diese Arbeiten können jedoch nur als punktuelle Betrachtung der physikalischen Wirkzusammenhänge angesehen werden, da entweder nur mit zahlreichen Experimenten erkennbar ist, welche Einflüsse die Schichtbildung für den gegebenen Anwendungsfall dominieren [HOSS12] oder die empirischen Untersuchungen aufgrund der komplexen Wirkzusammenhänge nur sehr begrenzt auf andere Prozessbedingungen oder andere Werkstoffe übertragen werden können. So zeigten DENKENA ET AL. eine größere Schichtdicke bei steigendem Vorschub f bei der Drehbearbeitung von 100Cr6 (AISI 52100), während STAMPFER ET AL. für 42CrMo4 (AISI 4140) einen gegenteiligen Effekt dokumentierten [DENK15; STAM20b].

Hieraus folgt, dass eine rein empirische Betrachtung des Einflusses der Prozessparameter auf die Ausbildung von White Layern und die heutige Wissensbasis nicht ausreichen, um Randzonenzustände ausreichend vorherzusagen. Aus diesem Grund ist eine tiefergehende Untersuchung der prozessinduzierten physikalischen Modifikationsmechanismen in der Werkstückrandzone erforderlich.

2.3.1 Entstehungsmechanismen von White Layer

Formation Mechanisms of White Layer

Neben der empirischen Korrelation von Prozesseinstellgrößen bzw. -störgrößen und den daraus resultierenden strukturellen Oberflächenmodifikationen ist die Beschreibung der hierfür verantwortlichen Mechanismen von entscheidender Bedeutung. Wenngleich diese Fragestellung aufgrund mangelnder Zugänglichkeit und der extremen thermo-mechanischen Belastungen in der Zerspanzone im heutigen Stand der Forschung nicht abschließend geklärt werden kann, sind in Tabelle 2.2 experimentell abgeleitete Zusammenhänge zwischen Randzonenmodifikationen und physikalischen Entstehungsmechanismen für die Bearbeitung von gehärteten Stählen dargestellt.

Tabelle 2.2: Übersicht mikrostruktureller Randzonenmodifikationen und deren physikalischer Entstehungsmechanismen bei der Zerspanung gehärteter Stähle

Overview of microstructural rim zone modifications and their physical formation mechanisms when cutting hardened Steels

Werkstoff (Härte)	Prozess	Randzonen-modifikation	Physikalisches Phänomen	Equipment	Referenz
AISI 52100 (60-62 HRC), AISI 4340 (56-57 HRC)	Drehen	White Layer, (Korngröße d ≈ 30-500 nm)	Dynamische Rekristallisation, Zersetzung u. Auflösung von Zementit	SEM	[AKCA02]
AISI 4340, BS817M40 (52 HRC)	Drehen	White Layer, (Korngröße d ≈ 10-100 nm)	Phasenumwandlung (Restaustenit), dynam. Erholung / Rekristallisation	TEM	[BARR02b] [BARR02a]
Vergütungsstahl (n.n.)	Drehen	White Layer	Kornfeinung / plast. Verformung, Restaustenit / Martensit in White Layern	SEM, XRD, MÖS	[SAUV03]
AISI 52100 (62 HRC)	Drehen	White Layer, (Korngröße d ≈ 5-20 nm)	Kornfeinung / plast. Verformung bei niedrigem v_c, Phasenumw. bei hohem v_c	TEM, XRD	[RAME05]
AISI 4140 (n.n.)	OS	White Layer, (Korngröße d ≈ 100-200 nm)	Dynamische Rekristallisation	FIB	[SCHU13]
AISI 52100 (60-62 HRC)	Drehen	White Layer (d ≈ 10-200 nm)	Dynamische Erholung, dynam. Rekristallisation, Karbidverfeinerung	TEM	[HOSS15]
AISI 52100 (60 HRC)	OS	White Layer (d ≈ 20-200 nm) / Dunkle Schicht (d ≈ 200-500 nm)	White Layer: plast. Verformung, Phasenumw. / Dunkle Schichten: Hohe Temp., plast. Verformung	SEM, XRD, TEM, NI, EPMA	[ZHAN18a]

Der Rückschluss auf mögliche Modifikationsmechanismen erfolgte dabei in der Regel anhand der betrachteten Werkstückmikrostruktur, wobei Unterschiede insbesondere in der gemessenen Korngröße in Abhängigkeit des zerspanten Werkstoffs bzw. des zur Charakterisierung der Randzone eingesetzten Analyseverfahrens auftraten.

AKCAN ET AL. dokumentierten bei der Drehbearbeitung der niedriglegierten Stähle AISI 52100 und AISI 4340 die Bildung von White Layern, bestimmten die resultierenden Korngrößen der Werkstückrandzone auf d_{Korn} =30 – 500 nm und schlossen auf eine dynamische Rekristallisation (engl. dynamic recrystallization, kurz DRX) [AKCA02].

BARRY UND BYRNE fanden ebenfalls für niedriglegierte Stähle deutlich kleinere Körner mit deinem Durchmesser von d_{Korn} = 10 – 100 nm mit auftretenden Phasenumwandlungen und schlossen als resultierenden Wirkmechanismus ebenfalls auf dynamische Rekristallisation mit verbundener Erholung [BARR02b; BARR02a]. Die in der Literatur für Stähle diskutierten Modifikationsmechanismen sind maßgeblich lokale starke plastische Verformungen (engl. severe plastic deformation) [RAME05], Phasenumwandlungen [SAUV03] und maßgeblich die dynamische Rekristallisation [BUCH17b; SCHU13].

Der exakte Ursprung bzw. die physikalische Grundlage der beobachteten Mechanismen bleibt somit weiterhin Stand der Diskussion. Neben rein thermischer oder auch mechanisch dominierter Belastung wird auch die gekoppelte, thermo-mechanische Wirkung in Betracht gezogen [BUCH17b, S. 10; BUCH17c; KAYN14; LIAO21]. Mit dem Ziel, Effekte thermischer und mechanischer Lasten zu trennen, untersuchten SHI UND LIU die Peaks der Röntgenbeugungslinienprofile hartzerspanter und lediglich wärmebehandelter Proben des niedriglegierten Chromstahls 100Cr6. Trotz quantitativ vergleichbarer Profillinien beider Probentypen wiesen die zerspanten Proben eine höhere Härte auf, wodurch die mechanisch dominierte Verfestigung aufgrund von Dehnung und Dehnrate (engl. strain and strain rate hardening) nachgewiesen werden konnte. [SHI04] Vergleichbare Ergebnisse erzielten HAN ET AL. für den unlegierten Vergütungsstahl C45 [HAN08] sowie ULUTAN UND OZEL für die Bearbeitung von Titan- und Nickelbasislegierungen [ULUT11]. Maßgeblich schlussfolgerten sie aus der Abwesenheit von Phasenumwandlungen im White Layer und somit Temperaturen unterhalb der Umwandlungstemperaturen, dass die mechanische neben der thermischen Last die Ausbildung von White Layer bzw. der Kornfeinung beeinflusst. Weitergehend deuten die Arbeiten von RAMESH ET AL. auf einen mit steigender Schnittgeschwindigkeit auftretenden Übergang von stärker mechanisch bzw. plastisch dominierten Modifikationen hin zu thermisch getriebenen Gefügeveränderungen [RAME05]. POLACHON ET AL. fanden durch zahlreiche experimentelle Untersuchungen gar einen Zusammenhang zwischen der Ausgangsmikrostruktur des Werkstoffs und der Gefügemodifikation, wobei zerspante Werkstoffe mit feinkörniger Mikrostruktur White Layer einer dickeren Ausprägung jedoch dünnerer plastischer Deformationszonen aufwiesen [POUL05].

2.3.2 Irreversible Thermodynamik dynamischer Rekristallisation

Irreversible Thermodynamics of Dynamic Recrystallization

Neben den empirischen Untersuchungen zur Beschreibung des thermo-mechanischen Lastkollektivs und den damit verbundenen Randzonenmodifikationen existieren verschiedene Beschreibungsansätze zur Erklärung der physikalischen

Werkstoffmodifikation [LIAO21]. Maßgeblich hierbei sind die Arbeiten von POLIAK UND JONAS zu nennen, die das Auftreten von dynamischer Rekristallisation mithilfe der irreversiblen Thermodynamik beschreiben [BUCH17b, S. 27–30; POLI96].

Unter der Annahme isothermer, quasi-statischer Bedingungen in der Scherzone und somit einer konstanten Dehnrate definierten sie für das Einsetzen einer dynamischen Rekristallisation zwei erforderliche Bedingungen. Neben dem Überschreiten einer kritischen und werkstoffabhängigen, lokal gespeicherten Energie muss die Energiedissipation in die Umgebung minimal werden. Auf diese Weise nutzen sie die Formulierung der freien Helmholtz-Energie (auch Helmholtz-Potenzial oder Helmholtzsche freie Energie) dF gemäß Gleichung (2.1) (kurz: GLG) als Mittel, spontane Zustandsänderungen vorherzusagen, sofern $dF \leq 0$ gültig ist.

$$dF = dU - d(T * S) = dU - T * dS = dE_{me} + dE_{th} - T * (\frac{dE_{diss}}{T} + \frac{dE_{th}}{T}) \quad (2.1)$$

Dabei beschreibt U die innere Energie, T die Temperatur, S die Entropie und die beiden Energieänderungen dE_{me} und dE_{th} die jeweilige Änderung der mechanischen und thermischen Energie. Aufgrund der Annahme isothermer Bedingungen konnte das Differential des Produkts der Temperatur T und der Entropie S ($d(T * S)$) zu $T * dS$ vereinfacht werden. Wird die dissipierte Energie dE_{th} nun minimal, beschreibt die Änderungen in der Helmholtzschen freien Energie dF maßgeblich eine Änderung der mechanischen Energie. Somit kann sie als ein thermodynamisches Potenzial des örtlich abgeschlossenen Systems und als die Menge der erforderlichen Arbeit angesehen werden, die entweder dem System entnommen werden kann ($dF < 0$) oder dem System zugeführt werden muss, um ein Gleichgewicht mit seiner Umgebung herzustellen ($dF > 0$).

Mit der Beschränkung auf die Beschreibung der Initiationsbedingungen der DRX vernachlässigten POLIAK UND JONAS die tatsächliche Umwandlung von mechanischer Energie in Korngrenz- bzw. Grenzflächenenergie und somit erneut der Änderung der inneren Energie dU. Dennoch erlaubt der dargestellte Ansatz irreversibler thermodynamischer Zustandsänderungen eine physikalisch basierte Beschreibung der Initiation dynamischer Rekristallisation in der Zerspanung. Darauf aufbauend wurden unter anderem von BUCHKREMER ET AL., GONZALVES ET AL. und TEKKAYA ET AL. verschiedene numerische Spanbildungsmodelle entwickelt, die eine Vorhersage der Korngrößenmodifikation in der Zerspanung erlauben. [BUCH17b; BUCH17c; GONZ19; TEKK23; TEKK20].

2.4 Modellierung von Randzonenmodifikationen

Modeling of Rim Zone Modifications

Mit dem übergeordneten Ziel, aufwendige experimentelle Untersuchungen in der Prozessauslegung oder den Einsatz zerstörender Prüfverfahren zur Qualitätssicherung in der Bauteilfertigung zu reduzieren, stellt die Modellierung natürlicher Phänomene einen wichtigen Aspekt der wissenschaftlichen und industriellen Forschung dar. Generell können hierbei sog. strukturelle und pragmatische Modelle unterschieden werden. Erstere setzen die Kenntnis und Beschreibung der inneren Struktur des Systems, bspw. physikalische Wirkzusammenhänge, voraus und sind heutzutage auch unter dem Begriff der Whitebox-Modelle bekannt. Pragmatische Modelle hingegen beschreiben lediglich das Verhalten bzw. die Interaktion des Systems, ohne dessen innere Struktur abzubilden, und werden häufig Blackbox-Modelle genannt. [STAC73, S. 140–152]

Die Bedeutung und das Bestreben nach einer Vorhersage von strukturellen Randzonenmodifikationen steigt im industriellen Kontext bei kostenintensiven und insbesondere sicherheitskritischen Bauteilen drastisch an, weshalb reine Blackbox-Modelle ohne physikalisches Modellverständnis hierbei von untergeordneter Bedeutung sind. In der jüngeren Vergangenheit wurden daher zahlreiche, zumeist physikalisch getriebene Modelle entwickelt und validiert, mit deren Hilfe eine Vorhersage von zerspanungsinduzierten Randzonenmodifikationen möglich ist.

Im Folgenden werden die wichtigsten dieser strukturellen Modelle im Bereich der zerspanungsinduzierten Randzonenmodifikationen aufgegriffen und skizziert, wobei eine weitere Unterscheidung in analytische und numerische Modelle erfolgt. Datengetriebene oder rein empirische Ansätze werden dabei aufgrund ihrer Vernachlässigung realer Prozesszustandsgrößen nicht betrachtet. Eine darüberhinausgehende, detailliertere Aufstellung ist der einschlägigen Literatur zu entnehmen. [ARRA13; CHIN15; JAWA11; SALE20; ULUT11; WAN19; WANG21]

2.4.1 Analytische Modellierung

Analytical Modeling

Zugunsten einer kurzen Berechnungszeit und eines einfachen Modellverständnisses basieren analytische Modelle häufig auf einer starken Reduktion der physikalischen Realität und somit dem Verzicht der Abbildung sämtlicher für den betrachteten Prozess bekannter Phänomene und Wechselwirkungen. Ein Beispiel hierfür kann in der Wechselwirkung von thermischen und mechanischen Lasten und deren kombinierter Wirkung (vgl. Kapitel 2.3) auf die Randzonenmodifikation gefunden werden, welche in analytischen Randzonenmodellen nur eingeschränkt umgesetzt wird. Eine Aufstellung typischer analytischer Modelle zur Vorhersage von prozessinduzierten Randzonenmodifikationen kann Tabelle 2.3 entnommen werden.

Tabelle 2.3: Übersicht über analytische Modellierungsansätze relevanter prozessinduzierten Randzonenmodifikationen

Overview of analytical modeling approaches of relevant process-induced rim zone modifications

Werkstoff (Härte)	Prozess	Betrachtete Randzonenmodifikation	Berücksichtigung phys. Effekte		Referenz
			therm. Last	mech. Last	
AISI 52100 (57 HRC)	Drehen	Eigenspannungen	ja	ja	[SU13]
AISI 4340	OS	Eigenspannungen	ja	ja	[AGRA13]
Al6061-T4	OS	Eigenspannungen	nein	ja	[ZHAN18c]
AISI 316L / AISI 4340	OS	Eigenspannungen	ja	ja	[LIAN07]
AISI 52100	OS	Eigenspannungen	ja	elastisch / plastisch	[ULUT07]
Waspaloy	OS	Eigenspannungen	ja	elastisch / plastisch	[LAZO08]
Ti6Al4V	OS	Eigenspannungen	ja	ja	[SHAN20]
Ti6Al4V	OS	Eigenspannungen / Plast. Deformation	ja	ja	[SCHO19]
Inconel 718	Drehen	Kaltverfestigung	nein	ja	[PAWA08]
AISI 52100 (60-62 HRC)	Schleifen	Phasenumwandlung / Austenitisierung	ja	ja	[DUSC14]
AISI 52100 (60-62 HRC)	Drehen	White Layer	ja	nein	[CHOU05]
AISI 52100 (62 HRC)	Drehen	White Layer t	ja	nein	[CHOU99]
AISI 52100 (62 HRC)	OS	White / Black Layer	ja	ja	[ZEMZ21]

Kernfokus der Arbeiten ist die Modellierung des Eigenspannungszustands, wobei bei allen dargestellten Ansätzen von einem vollständig neutralen Eingangszustand des Werkstoffs ausgegangen wird. Ferner sind diese auf die maßgeblichen Arbeiten von ULUTAN ET AL. und LAZOGLU ET AL. zurückzuführen. Diese nutzen eine differenzierte analytische Beschreibung der elastischen, plastischen und thermischen Lasten auf die Werkstückrandzone, um das Eigenspannungstiefenprofil bei der Bearbeitung der Nickelbasislegierung Waspaloy® zu berechnen. [LAZO08; ULUT07] Vergleichbare Ansätze, welche die mechanische Belastung der Werkstückrandzone mithilfe der mathematischen Formulierung des mechanischen Roll-/Gleitkontakts zweier aneinanderreibender Körper annähern, können für das Drehen von AISI 52100 bei SU ET AL. oder aber für die Bearbeitung von Ti6l4V bei SHAN ET AL. gefunden werden [SHAN20; SU13].

Neben der Modellierung von Eigenspannungen finden andere der vorab dargestellten Randzonenmodifikationen (vgl. Kapitel 2.2) bisher nur eine untergeordnete Beachtung im Bereich der analytischen Modelle (siehe Tabelle 2.3). Als maßgeblicher Einfluss der vorgestellten Modelle kommt der analytischen Beschreibung des werkstückseitigen Temperaturfelds eine besondere Bedeutung zu. Die Ansätze von KOMANDURI UND HOU nahmen ABOURIDOUANE ET AL. im Bereich der Scherzone auf. Sie gingen von adiabatischen Bedingungen und einer stationären Wärmeverteilung aus und berechneten das sich ausbildende Temperaturfeld auf Basis der Taylor-Quinney-Gleichung, welche eine Dissipation von 90% der prozessinduzierten mechanischen Energie in Wärmeenergie voraussetzt. [ABOU16]

BROCKMANN und GIERLINGS zeigten am Beispiel des orthogonalen Schnittes, dass die aus dem Bereich der Fluiddynamik bekannte Potenzialtheorie auf die Zerspanung zur Berechnung der Temperaturverteilung zwischen Werkstück/Werkzeug und Span abstrahiert werden kann. Sie schlugen hierfür geeignete geometrische und thermische Randbedingungen vor und vereinfachten die thermo-mechanische Energiedissipation durch die Wahl geeigneter Wärmequellen in der Scherzone bzw. der Werkzeugspitze. [BROC16; GIER13]

Mit dem speziellen Fokus der Werkstückrandzone ist auch eine Adaption der sog. JAEGER-Lösung bekannt, welche ursprünglich für die Berechnung der Temperaturverteilung im Gleitkontakt vorgeschlagen und unter anderem von AUGSPURGER ET AL. auf den orthogonalen Schnitt übertragen wurde. Unter Vernachlässigung einer physikalischen Beschreibung der Wirkmechanismen in der Zerspanzone konnte somit ein schnellrechnendes Modell zur Vorhersage von Temperaturfeldern der Werkstückrandzone entwickelt werden. [AUGS18; AUGS20; JAEG42]

Alternative Arbeiten mit schnellrechnenden Modellen sind dagegen entweder stark empirisch getrieben, wie diejenigen von STAMPFER ET AL. [STAM20a] oder nutzen statistisch bzw. datengetriebene Modelle ohne physikalische Beschreibung der thermomechanischen Wirkzusammenhänge in der Zerspanzone, vgl. SCHOOP, BÖTTGER UND GAUDER ET AL. [BÖTT20; GAUD21]

2.4.2 Numerische Modellierung

Numerical Modeling

Die zahlreich in der Literatur verfügbaren numerischen Modelle mittels Finite Element Methode (FEM) zur Vorhersage von Randzonenmodifikationen können gemäß zahlreicher Kriterien unterschieden werden. Die verwendete FE-Software (Abaqus, Deform, MSC Marc, Ansys, etc.), der Modellaufbau bzw. die Simulationsmethode (bspw. Explizit mit Element-Löschung und Neuvernetzung oder Coupled-Eulerian-Lagrangian Method (CEL), etc.) und das verwendete Modell zur Beschreibung der Randzonenmodifikation sind hierbei maßgebende Differenzierungsmerkmale.

Für die Modellierung von Eigenspannungen werden häufig die in die FE-Software implementierten physikalischen Gleichungen eingesetzt, wobei eine Hauptherausforderung in der korrekten Definition der thermischen Randbedingungen, also beispielsweise des Abkühlvorgangs des Modells besteht und somit sehr hohe Rechenzeiten erfordert. Bekannte Arbeiten sind dabei diejenigen von UMBRELLO ET AL. für die trockene, orthogonale Bearbeitung von AISI 52100 [UMBR10; UMBR11b], von ABBOUD ET AL. und SANGUEDOLCE ET AL. für Titanlegierungen [ABBO13; SANG21] oder aber von PU ET AL., die sogar den Einfluss einer kryogenen Prozesskühlung mit in ihr Modell einbezogen [PU14]. Vor dem Hintergrund steigender Berechnungskapazitäten der heutigen Simulationsrechner sind neben den 2D-Modellen des orthogonalen Schnittes auch dreidimensionale numerische Eigenspannungsmodelle bekannt, so zum Beispiel entwickelt von ÖZEL ET AL., CARERI ET AL. und JAFARIAN für die Drehbearbeitung von Nickelbasislegierungen [CARE21; JAFA19; ÖZEL14]. Wenngleich der Großteil der vorgeschlagenen Modelle aufgrund der immer noch immensen Rechenzeit und erheblichen Modellgröße lediglich einzelne Schnitte entlang der Werkstückoberfläche betrachten, berücksichtigen KORTABARRIA ET AL. mehrere konsekutive Drehbearbeitungen auf der gleichen Werkstückoberfläche und simulierten die resultierenden Eigenspannungszustände [KORT13].

Die Abbildung mikrostruktureller Gefügemodifikationen wie bspw. Kornfeinung aufgrund von Rekristallisationsvorgängen ist dagegen erneut mit deutlich ansteigendem Berechnungsaufwand verbunden. Die hierfür notwendigen physikalischen Modifikationsgesetze oder Umwandlungsmechanismen sind nicht in den gängigen FE-Softwares implementiert und müssen mithilfe von User-Subroutines extern eingebunden werden. Die eingebundenen Umwandlungsmechanismen können in empirisch-getriebene, pragmatische Modelle und physikalisch-getriebene, strukturelle Modelle unterteilt werden. Die bekanntesten empirischen Ansätze sind diejenigen nach ZENER-HOLLOMON [ZENE44] und AVRAMI [FANF98]. Sie wurden in zahlreichen Modellen zur Vorhersage von zerspanungsinduzierten Rekristallisationsvorgängen genutzt [AMBR15; CARU11; RANA16; RINA19; RINA20; ROTE13; ROTE14]. Alle diese Ansätze haben aufgrund ihres pragmatischen Modellprinzips gemein, dass Teile der werkstoffspezifischen Modellparameter numerisch invers bestimmt werden müssen und somit die Ergebnisse des Modells nur schwer physikalisch interpretiert werden können.

Weitere pragmatisch-empirische Ansätze können in den Arbeiten von WU ET AL. gefunden werden, die ein 2D-Spanbildungsmodell auf Basis des Versetzungsdichtemodells von ESTRIN ET AL. [ESTR98] nutzten, um die Korngröße der Werkstückrandzone bei der spanenden Bearbeitung von Al6061-T6 vorherzusagen [WU18]. Die Arbeiten von DING ET AL. zeigen darüber hinaus bei der Vorhersage der Kornfeinung für das orthogonale Schneiden von Titanlegierungen oder von TEKKAYA ET AL. für den Vergütungsstahl 42CrMo4 eine gute Übereinstimmung mit den experimentell bestimmten Korngrößen. [DING14; TEKK23]

Neben den pragmatischen Ansätzen sind auch physikalische Modelle bekannt, die bspw. den Prozess der dynamischen Rekristallisation zur Beschreibung der Korngrößenmodifikation mit den Grundprinzipien der irreversiblen Thermodynamik beschreiben. Dieser Ansatz, der auf POLIAK UND JONAS zurückgeht, wurde anschließend von BUCHKREMER ET AL. auf den Zerspanprozess übertragen. Er basiert auf der Annahme isothermer Bedingungen im Werkstück und setzt als Initiationspunkt der dynamischen Rekristallisation das lokale Überschreiten einer kritischen Temperatur, gespeicherten mechanischen Energie und lokal aufgelöst ein sinkendes Helmholtz-Potenzial Δf voraus. [BUCH17b; BUCH17c; KLOC16] Mithilfe dieser Formulierung war es möglich, weitgehend auf die inverse Kalibrierung von Modellparametern bei gleichbleibend hoher Vorhersagegüte zu verzichten, weshalb er von TEKKAYA ET AL. und GONZALES ET AL. aufgegriffen und für andere Werkstoffe bzw. in anderen Simulationsumgebungen Anwendung fand [GONZ22; GONZ19; TEKK21; TEKK20].

Zusammenfassend existieren grundlegende Modellierungsansätze zur Vorhersage von Randzonenmodifikationen in der Zerspanung. Im Bereich der analytischen Modellierung dominieren hierbei Ansätze zur Vorhersage von Eigenspannungen und/oder aber Modelle, die die mechanische Belastung der Werkstückrandzone nicht als Eingangs- oder Modellgröße abbilden. Demgegenüber sind verschiedene numerische Modelle bekannt, welche zulasten eines hohen Berechnungsaufwands eine physikbasierte Modellierung unterschiedlicher Randzoneneigenschaften erlauben, jedoch zumeist mit makroskopischen Zustandsgrößen validiert wurden. In sämtlichen Modellen kommt der Beschreibung des örtlich und zeitlich hochaufgelösten Lastkollektivs besondere Bedeutung zu, wenngleich eine experimentelle Validierung dessen nicht oder nur mithilfe makroskopischer Kenngrößen erfolgt.

2.5 Experimentelle Bestimmung des Lastkollektivs der Randzone

Experimental Investigation of the Load Collective of the Rim Zone

Ein Kernelement jeder Modellierungsmethode ist die Validierung der berechneten Ziel- und Zwischengrößen mit im Experiment oder Realprozess erfassten Messdaten. Im Bereich der Randzonenmodellierung erfolgt die Modellvalidierung bisher lediglich anhand makroskopischer Prozesszustandsgrößen wie bspw. der Zerspankraft oder den Zielgrößen, bspw. dem resultierenden Eigenspannungszustand. Die geringe Auflösung der verwendeten Validierungsgrößen resultiert in einer stark eingeschränkten Nutz- und Übertragbarkeit der eingesetzten Modelle. Es ist daher erstrebenswert, im Prozess gemessene Prozesszustandsgrößen direkt als Validierungs- oder Modelleingangsgrößen zu verwenden. Zu den größten Herausforderungen hierbei zählt die Messung transienter und stationärer Temperaturen und Temperaturfelder mit hoher zeitlicher und örtlicher Auflösung. Erste Arbeiten in diesem Kontext wurden bereits in den 1950er Jahren von SCHMIDT UND ROUBRIK veröffentlicht, denen erstmalig eine Quantifizierung der Wärmestromaufteilung zwischen Werkzeug, Werkstück und Span gelang [SCHM49]. Im Anschluss daran folgt die Darstellung experimenteller Messmethoden zur Bestimmung prozessinduzierter Dehnungsfelder als weitere Hauptbelastungsgröße des Werkstücks.

2.5.1 Messung von Temperaturen

Measurement of Temperatures

Sämtliche Temperaturmessverfahren können in unmittelbare und mittelbare Verfahren unterteilt werden. Die unmittelbare Messung ist in technischen Anwendungen dominant und beschreibt die Erfassung einer Messgröße X_a, welche die primäre Abbildungsgröße der Temperatur T_M darstellt. Eine weitere Unterteilung der Messverfahren erfolgt anhand des zugrundeliegenden Messprinzips. Das *parametrische Messprinzip* beruht auf einer temperaturabhängigen Stoffeigenschaft des Messobjekts, während *generative Verfahren* die Umwandlung der vorhandenen thermischen Energie in eine andere Energieform erfordern. [BERN14a, S. 24–26] Im Folgenden werden die im Bereich der Zerspanung relevanten Messverfahren dargestellt.

Messung mittels thermoelektrischen Effekts

Für eine Messung der Temperaturen in der Zerspanzone mittels thermischen Kontakts kommt maßgeblich ein Thermoelement (engl. thermocouple) zum Einsatz. Die Funktionsweise von Thermoelementen beruht zumeist auf dem SEEBECK-EFFEKT, bei dem eine elektrische Spannung entlang eines elektrischen Leiters auftritt, welcher einen unsteten Temperaturgradienten aufweist. In der praktischen Umsetzung werden zwei unterschiedliche Metalle an einer Messstelle verbunden, deren thermoelektrische Eigenschaften bekannt sind. Hauptvorteile technischer Thermoelemente sind ihre hohe Zuverlässigkeit, geringe Fertigungskosten und ein großer Anwendungsbereich (-300 °C bis zu 1200°C) bei gleichzeitig hoher Messgenauigkeit (< 1°C). [BERN14b, S. 834–836]

Im Bereich der Zerspanung werden Thermoelemente üblicherweise entweder in das Werkzeug oder Werkstück eingebettet oder in Form einer Dünnschicht als Beschichtung auf das Werkzeug abgeschieden. Alternativ kann bei elektrisch leitfähigen Werkstück-/Werkzeugkombinationen (WS-WKZ) das Kontaktpaar selbst direkt als Thermoelement wirken. [GONZ22; JUNG20; KOMA01a] Der prinzipielle Aufbau der drei unterschiedlichen Messarten ist in Abbildung 2.6 dargestellt. In allen Einsatzarten stehen den Vorteilen von Thermoelementen einige Nachteile entgegen, wie bspw. Signalverzögerungen, der Einschwingfehler oder Unsicherheiten bezüglich des thermischen Widerstands am Sensorkontakt [DAVI07]. Teils komplexe Einbausituationen, die strukturelle Schwächung des Werkzeugs und hohe Trägheit der Thermoelemente verhinderten bisher einen weitreichenden Einsatz in der industriellen Fertigung.

Die einfachste Verwendungsart von Thermoelementen in Zerspanprozessen stellen in das Werkzeug eingebettete Thermoelemente dar, siehe Abbildung 2.6a. Handelsübliche Thermoelemente werden hierzu in vorbereitete Sacklochbohrungen in definierte Positionen des Werkzeugs eingebracht. Auf diese Weise betteten erstmalig YVONNET UND UMBRELLO ein Thermoelement in das Werkzeug ein und nutzten es im orthogonalen Schnitt, um die Wärmestromaufteilung in das Werkzeug zu quantifizieren [YVON06]. LI ET AL. setzten die Temperaturmessung für das Drehen von Stählen um und brachten zwei Thermoelemente in beschichtete Hartmetallwerkzeuge ein, mit deren Hilfe ein mathematisches Modell zur Vorhersage der Werkzeugtemperaturen validiert werden konnte [LI13a].

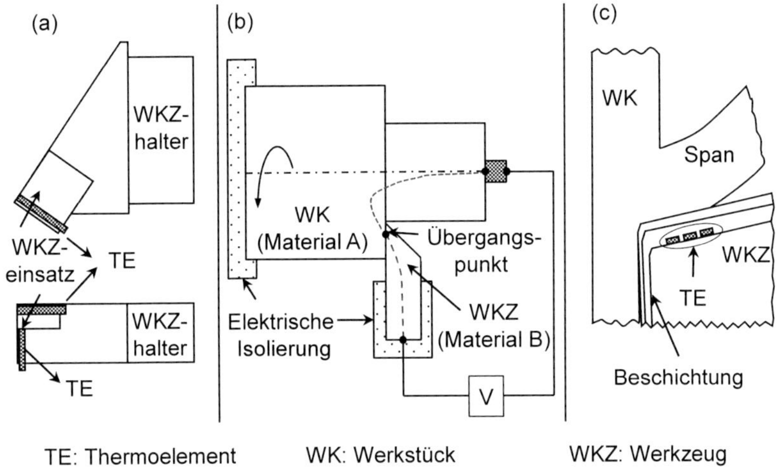

Abbildung 2.6: **Unterschiedliche Bauarten von Thermoelementen zur Bestimmung der Zerspantemperaturen bei der Drehbearbeitung**

Different types of thermocouples for the determination of the cutting temperatures in turning processes

In jüngeren Arbeiten untersuchte BÜCKER den Einsatz von eingebrachten Thermoelementen bei der Drehbearbeitung von Inconel 718 und den Einfluss von Tieftemperatur-Emulsion auf die Werkzeugtemperatur und die allgemeinen Zerspanbarkeitskriterien [BÜCK20]. UHLMANN ET AL. brachten sechs Thermoelemente des Typs K mit einem Durchmesser von d_c = 0,25 mm in das Werkzeug ein, um so die örtlichen Temperaturgradienten im Werkzeug zu erfassen und den Einfluss unterschiedlicher Werkzeugmikrotexturen auf die Werkzeugtemperaturverteilung zu untersuchen [UHLM22].

Wenngleich eine Messung mit im Werkzeug eingebetteten Thermoelementen einfach und kostengünstig umgesetzt werden kann, ist die Messung nur indirekt und mit definiertem Abstand zur Span- oder Freifläche möglich. Mithilfe neuartiger Dünnschicht-Thermoelemente (DST) kann dieser Herausforderung begegnet und die Oberflächentemperatur werkzeugseitig mit hoher örtlicher und zeitlicher Auflösung gemessen werden. Hierfür können mittels Chemical Vapour Deposition (CVD) oder elektromagnetischem Sputtern (engl. Sputtering) nur wenige Mikrometer dicke Thermoelemente auf das Werkzeug abgeschieden werden. [ZHAO21]

Auf diese Weise erzeugten LI ET AL. ein Array von 10 Mikro-Thermoelementen auf dem Hartmetallsubstrat des Werkzeugs und konnten somit Temperaturverteilungen auf Frei- und Spanfläche direkt messen [LI20]. BASTI variierte die Form und Muster der abgeschiedenen DST und erreichte somit eine stabile Temperaturmessung im orthogonalen Schnitt mit Schnittgeschwindigkeiten von bis zu v_c = 3000 m/min [BAST07].

Einen vergleichbaren Ansatz verfolgten WERSCHMÜLLER ET AL. und LI ET AL. und legten mittels Diffusionsschweißen auf Werkzeugen aus kubischem Bornitrid (PCBN) Felder aus Thermoelementen ab. Auf diese Weise konnte eine Temperaturmessung nahe der Scherzone des orthogonalen Schnittes in hoher Auflösung realisiert und somit als Validierungsgröße für hochaufgelöste thermo-mechanische Modelle des Zerspanprozesses herangezogen werden. Hauptnachteil dieser Methode ist der immense individuelle Fertigungsaufwand für jedes Werkzeug im Vergleich zu handelsüblichen Thermoelementen. [LI13b; WERS11]

Die Messung der Werkstücktemperatur mittels Thermoelements für das Drehen ist gegenüber der werkzeugseitigen Messung deutlich komplexer. In ersten Arbeiten im Bereich der Mikrozerspanung fixierte CHEN ein zylindrisches Bauteil mit eingelassenem Thermoelement und realisierte über einen Messerkopffräser einen Plandrehprozess, wobei mit jedem Schnitt ein Teil des Thermoelements abgetrennt wurde. Auf diese Weise konnte die Oberflächentemperatur des Werkstücks bestimmt werden. [CHEN13] LE COZ UND DUZINSKI erzielten mit einem vergleichbaren Aufbau für das Umfangsfräsen von Inconel 718 gute Ergebnisse, zeigten jedoch die hohe Abhängigkeit der Messergebnisse von der exakten Position des eingesetzten Thermoelements [LEC14; LEC12].

Neben eingebetteten oder auf dem Werkzeug abgeschiedenen Thermoelementen kann auch das Werkzeug mit dem Werkstück zusammen ein Leiterpaar bilden und somit die mittlere Temperatur in der Zerspanzone zwischen Werkstück und Werkzeug ermittelt werden, siehe Abbildung 2.6c. Neben den Arbeiten von KOMANDURI UND HOU [KOMA01b] wurden erste Untersuchungen mit Werkzeug-Werkstück-Thermoelementen von SHORE UND GOTTEIN vorgestellt [LEZA90]. Das WS-WKZ-Thermoelement erlaubt messprinzipbedingt keine Messung örtlicher oder zeitlicher Temperaturgradienten, kann jedoch aufgrund seiner geringen Kosten und einfachen Anwendung für eine erste Einschätzung der Zerspantemperatur herangezogen werden. [STEP93]

GRZESIK UND LUTTERVELT setzen WKZ-WS-Thermoelemente zur Untersuchung des Einflusses der Werkzeugbeschichtung auf die Zerspantemperaturen im orthogonalen Schnitt von C45 und SAE 304 ein [GRZE01]. Weitere Arbeiten zeigten die Machbarkeit einer Messung der Zerspantemperatur unter Einsatz unterschiedlicher Kühlschmierstoffe beim Drehen mit beschichteten Zerspanwerkzeugen und deren Einfluss auf die gefertigte Werkstückoberfläche [DHAR07]. Darüber hinaus nutze VIERA WS-WKZ-Thermoelemente zu Bestimmung der Leistungsfähigkeit unterschiedlicher Kühlschmierstoffe im unterbrochenen Schnitt für das Stirnfräsen [VIEI01].

Zusammenfassend sind Thermoelemente in unterschiedlichen Bauformen geeignete und erprobte Messmittel zur Bestimmung der oberflächennahen Temperatur des Werkzeugs während der spanenden Bearbeitung. Die Messung von randzonennahen Werkstücktemperaturen ist jedoch aufgrund des einschränkenden Messprinzips nur aufwendig oder mit geringer örtlicher Auflösung möglich.

Messung mittels Wärmestrahlung

Neben der Temperaturmessung mittels thermoelektrischen Effekts ist die Messung mittels Wärmestrahlung die in der Zerspanung dominanteste Form der Temperaturmessung. Hierbei werden maßgeblich die Strahlungstemperaturmessung (Pyrometrie) und die Thermografie unterschieden. Die Pyrometrie erlaubt die Messung einer mittleren Temperatur einer definierten Messfläche, während die Thermografie die Erfassung einer Vielzahl von Messpunkten auf einem Messobjekt beschreibt. [BERN14c; HART14]

Gängige Thermografie-Kamerasysteme sind Wärmestrahlungs-Spektralbandthermometer und sind somit für einfallende Strahlung in einem bestimmten Wellenlängenbereich sensibel. Das Temperaturfeld des beobachteten Objekts kann daher mithilfe des PLANK'SCHEN Gesetzes bestimmt werden [HART14]. Dementsprechend ist die emittierte Strahlung $M_{\lambda,S}(x,y)$ eines Schwarzen Strahlers (Emissionsgrad $\varepsilon_\vartheta = 1$) direkt vom Temperaturfeld $T(x,y)$ seiner Oberfläche abhängig:

$$M_{\lambda,S}(x,y) = \frac{C_1}{\lambda^5 * \left\{\exp\left(\frac{C_2}{\lambda * T(x,y)}\right) - 1\right\}} \tag{2.2}$$

Während C_1 und C_2 werkstoffspezifische Konstanten darstellen, beschreibt λ die Wellenlänge der der emittierten Strahlung. Hieraus folgt, dass eine Abschätzung der Temperatur eines Objekts durch die Beobachtung seiner emittierten Strahlung möglich ist, sofern seine Strahlungseigenschaften bekannt sind. [HART14]

Der idealisierte Schwarze Körper/Schwarze Strahler absorbiert sämtliche einfallende elektromagnetische Strahlung unabhängig von ihrer Wellenlänge. In selbem Maße emittiert er Wärmestrahlung, deren Intensität und Wellenlänge lediglich von seiner Temperatur abhängig ist. Demgegenüber emittieren reale Körper nur einen Bruchteil der idealisierten Strahlung, wobei dessen Verhältnis über den Emissionsgrad ε_ϑ beschrieben wird, welcher Werte zwischen null und eins annehmen kann. Haupteinflussgrößen auf den Emissionsgrad sind die Temperatur des Körpers selbst, seine Oberflächeneigenschaften, der Beobachtungswinkel des Betrachters aber auch die Wellenlänge der emittierten Strahlung. Die Bestimmung bzw. Einstellung eines passenden Emissionsgrades stellt daher die größte Herausforderung der Thermografie im Allgemeinen und in Anwendungen der Zerspanung im Speziellen dar. [DAVI07]

Unter Vernachlässigung der durch den beobachteten Körper reflektierten Fremdstrahlung und unter Voraussetzung eines konstanten örtlichen Emissionsgrades kann die von einer Thermografiekamera erfasste Strahlung gemäß Formel (2.3) abgeschätzt werden:

$$M_{TK}(x,y) \sim \varepsilon_\vartheta * \int_{\lambda_2}^{\lambda_1} M_{\lambda,S}[\lambda, T(x,y)]\, d\lambda \tag{2.3}$$

Spektralbandthermometer und somit Thermografiekameras besitzen eine spezifische, mess- bzw. kalibrierbare Spektralantwortfunktion R_{TK} auf die vom Messobjekt aufgenommene Strahlung $M_{KT}(x,y)$. Hierdurch kann mithilfe von Gleichung (2.3) und unter Kenntnis des Emissionsgrades des Strahlers die Temperatur des Messkörpers gemäß Gleichung (2.4) abgeschätzt werden:

$$T_{TK}(x,y) \sim K_{TK} * \epsilon_\vartheta * \int_{\lambda_2}^{\lambda_1} R_{TK} * \varepsilon_B * M_{\lambda,S}[\lambda, T(x,y)]\, d\lambda \tag{2.4}$$

Die Antwortfunktion quantifiziert dabei die Signalantwort des Sensors in Abhängigkeit der Wellenlänge λ. Durch den kamerasystemspezifischen Kalibrationsfaktor K_{TK} können Einflüsse der Linse, des Objektivs, der Datenverarbeitung oder gar des Kameragehäuses einbezogen werden. In der praktischen Anwendung erfolgt die Abschätzung des Emissionsgrades ε_ϑ durch das Aufbringen eines schwarzen Lackes auf einen konstanten Wert zwischen 0,8 und 1. [AUGS18; BROC16; DAVI07]

Im Bereich der Zerspanung mit geometrisch bestimmter Schneide, insbesondere dem kontinuierlichen Schnitt, sind zahlreiche Untersuchungen der auftretenden Temperaturfelder mittels Thermografie bekannt. So analysierten SOLER ET AL. den Zusammenhang zwischen gemessenen Temperaturen auf der Werkzeugspan- bzw. Freifläche und fortschreitendem Werkzeugverschleiß im orthogonalen Schnitt [SOLE18] bzw. beim trockenen Schlichtdrehen von Stählen [SOLE15]. Hierbei wurde maßgeblich die maximal mittels Kamera gemessene Temperatur ermittelt und ein konstanter Emissionsgrad von ε_ϑ = 0,9 angenommen. Zusätzlich konnte die Messung erst nach dem Schnitt erfolgen, da die Spanfläche durch den sich abwickelnden Span teilweise verdeckt wurde. Mit Unterstützung eines vergleichbaren experimentellen Aufbaus nutzten

ARRAZOLA ET AL. thermographische Aufnahmen der Spanfläche zur Validierung numerischer Spanbildungssimulationen [ARRA15] von 42CroMo4 bzw. Ti6Al4V, wobei keine günstige Übereinstimmung von simulativen und experimentellen Untersuchungen erreicht werden konnte. Der Emissionsgrad der Werkzeuge wurde mit ε_ϑ = 0,4 aus Erfahrungswerten niedrig angesetzt und zeigt die Varianz der benötigten Werte.

SAEZ-DE-BURUAGA ET AL. nutzten ein von SOLER ET AL. [SOLE18] entwickeltes Verfahren zur temperaturabhängigen Kalibrierung der Thermografiekamera, um im orthogonalen Analogieversuch mithilfe der Werkzeugseitentemperatur die Spanflächentemperaturen abzuschätzen. Hierbei wurde das Werkzeug vorab in definierten Temperaturschritten erwärmt und mit der gemessenen Strahlungsleistung der Thermokamera gegenübergestellt. Hierdurch konnte eine temperaturabhängige Kalibration des Kamerasetups erreicht werden, welches jedoch nur für das untersuchte Werkzeug und Werkzeugsubstrat anwendbar ist. [SAEZ18]

Unter den Arbeiten mit einem Fokus auf der thermischen Belastung der Werkstückrandzone sind jene von ABOURIDOUANE ET AL. für das orthogonale Schneiden von C45 und LA MONACA ET AL. für die Bearbeitung additiv aufgebauter Nickelbasislegierungen anzuführen. Bei ABOURIDOUANE ET AL. war die Messung der Randzonentemperatur aufgrund der deutlich heißeren und somit im Temperaturbild dominanten Werkzeugtemperatur nur eingeschränkt möglich, weshalb die Bewertung der Randzonentemperatur modellgestützt erfolgte. Mit einem leistungsfähigeren Setup konnten LA MONACA ET AL. erstmals das werkstückseitige thermische Belastungskollektiv auflösen, wenngleich die thermische Auflösung von ca. 20 µm für eine detaillierte, quantifizierbare Analyse und Nutzung zur Bestimmung von Randzonenmodifikationen noch nicht ausreicht. [ABOU15; LA M21b]

Messung mittels Pyrometrie

Gegenüber der Thermografie kann eine deutlich höhere Temperaturauflösung ohne Einstellung des Emissionsgrades durch ein Zweifarbenpyrometer erreicht werden, welches die Strahlungsintensität bei zwei unterschiedlichen Wellenlängen misst. Unter der Annahme gleicher Emissionsgrade $\varepsilon_{\vartheta,1}(\lambda_1)$ und $\varepsilon_{\vartheta,2}(\lambda_2)$ kann die scheinbare Temperatur T_P eines Strahlers nach Gleichung (2.5) bestimmt werden [HART14, S. 1201; MÜLL04]:

$$T_P = \left(\frac{1}{T} - \frac{1}{C_2\left(\frac{1}{\lambda_1} - \frac{1}{\lambda_2}\right)} * \ln \frac{\varepsilon_{\vartheta,1}(\lambda_1)}{\varepsilon_{\vartheta,2}(\lambda_2)} \right)^{-1} \tag{2.5}$$

Für graue Strahler gilt die Annahme $\varepsilon_{\vartheta,1}(\lambda_1) = \varepsilon_{\vartheta,2}(\lambda_2)$ und somit näherungsweise auch für sämtliche metallischen Werkstoffe. Hierdurch wird die Messmethode mittels Quotienten- oder Zweifarbenpyrometer weitestgehend vom Emissionsgrad der Oberfläche unabhängig. Gemäß dem Gesetz von STEFAN-BOLTZMANN ergibt sich mit der STEFAN-BOLTZMANN-Konstante $\sigma = 5{,}67 * 10^{-8}\, W/m^2K^2$ und der Oberfläche des beobachteten Körpers A die messbare Strahlungsenergie eines schwarzen Strahlers gemäß Gleichung (2.6) zu:

$$M_S(T) = \sigma * A * T^4 \tag{2.6}$$

Hieraus folgt direkt, dass hohe Temperaturen innerhalb des Messbereichs die gemessene Strahlungsleistung dominieren. Neben der Unabhängigkeit des Messprinzips vom Emissionsgrad des Strahlers ist die hohe mögliche Abtastrate von über 1 MHZ der Hauptvorteil der Pyrometrie. Demgegenüber können bei zwei definierten Messwellenlängen und der damit verbundenen stark begrenzten Strahldichte mit aktuell verfügbaren Quotientenpyrometern lediglich Temperaturen oberhalb von 250°C erfasst werden. [HART14; MÜLL04]

Im Bereich der Zerspanung finden Zweifarbenpyrometer zahlreiche Anwendungen. Als neuere, werkzeugseitige Ansätze sind hier insbesondere die Arbeiten von HAN ET AL. anzuführen, wobei hier die Messung der Werkzeugtemperatur über eine erodierte Sacklochbohrung unterhalb der Spanfläche nahe der Schneide erfolgte [HAN20; HAN22]. SAELZER ET AL. bestimmten die Temperatur der Spanfläche im orthogonalen Schnitt durch einen Schlitz im Span, der vorab als Nut in die Werkstückoberfläche eingebracht wurde [SAEL20]. Erste Arbeiten zur Messung der Werkstück- bzw. Spantemperatur mit Zweifarbenpyrometer gehen auf UEDA zurück, der einen orthogonalen Schnitt mittels Plandrehen einer Hohlwelle umsetzt und die Pyrometerfaser im inneren der Welle an die Zerspanzone heranführte [UEDA99]. Einen ähnlichen Aufbau nutzen HOSSEINI ET AL zur Bestimmung der Werkzeug und Werkstücktemperatur [HOSS14].

Auch Ansätze zur direkten Messung der Werkstücktemperatur an Analogieprozessen sind weit verbreitet. So untersuchte AUGSPURGER die Oberflächentemperatur einer gefrästen Oberfläche mithilfe eines an eine Optik angeschlossenen Zweifarbenpyrometers [AUGS20]. GERHARD ET AL nutzten eine erodierte Bohrung im Werkzeughalter, um im Reibversuch die Oberflächentemperatur hinter der Deformationszone zu bestimmen [GERH22] und übertrugen diesen Ansatz auch auf den orthogonalen Schnitt bei hohen Schnittgeschwindigkeiten [GERH23].

Zusammenfassend bildet die Messung mit Pyrometern eine geeignete Methode zur Bestimmung von Temperaturen in Zerspanprozessen, ist jedoch für die Analyse der thermischen Werkstückbelastung und Nutzung zur Vorhersage von Randzonenmodifikationen ungeeignet. Neben einem hohen Aufwand der Vorbereitung und Durchführung der Messung, der ungenauen Positionierung des Messpunkts und Unschärfe des Messflecks erlaubt das Pyrometer lediglich eine punktuelle Messung von wenigen Mikrometern Durchmesser.

2.5.2 Messung von Dehnungen und Dehnraten

Measurement of Strains and Strain Rates

Neben dem Temperaturfeld der Zerspanzone kommt der mechanischen Belastung der Werkstoffrandzone und somit der Kenntnis der Dehnungs- und Dehnratenfeldern eine besondere Bedeutung zur Vorhersage und Quantifizierung von

Randzonenmodifikationen zu. Die exakte Kenntnis dieser erlaubt einerseits eine Beurteilung des Zerspanprozesses und andererseits eine Nutzung als Eingangs- oder Validierungsgröße für analytische oder numerische Spanbildungsmodelle. Die nach aktuellem Stand der Forschung verfügbaren experimentellen Verfahren zur Bestimmung der mechanischen Werkstückbelastung können grob in drei Gruppen unterteilt werden: mittels Schnellstopp-Prozessunterbrechung (engl. Quick Stop), mittels Partice Image Velocimetry (kurz PIV) und mittels Digitaler Bildkorrelation (engl. Digital Image Correlation, kurz DIC). [NIE22; ZOUA21]

Erste Arbeiten zur Bestimmung der mechanischen Werkstückbelastung mit sog. Quick Stop Devices (kurz QSD) gehen unter anderem auf HASTINGS, STEVENSEN, OXLEY UND ROTH zurück. Hierbei wird die Schnittbewegung entweder maschinenseitig abrupt gestoppt oder aber das Werkzeug durch eine Explosionsbewegung entgegen der Schnittrichtung aus dem Eingriff gezogen. Die so entstandene Spanwurzel kann im Schliffbild mit einem Mikroskop untersucht und so die Deformation einzelner Körner beobachtet werden. Ist eine quantifizierbare Aussage erforderlich oder liegt ein feines Werkstoffgefüge vor, welches eine optische Auswertung erschwert, werden sogenannte Mikrogitter (engl. Microgrid) oder Bewegungslinien (engl. Streamlines) auf den Werkstoff aufgebracht und deren Deformation anschließend gemessen. [HAST67; ROTH72; STEV70]

Neben der aufwändigen Versuchsdurchführung führte die weiterhin nicht instantan erfolgte Trennung von Werkzeug und Werkstück und die damit verbundene Beeinflussung des Dehnungszustands der Spanwurzel zur Fokussierung auf die optische in-process Betrachtung des Zerspanprozesses. Erste Ansätze, die aufgrund der Zugänglichkeit auf den orthogonalen Schnitt begrenzt sind, wurden von CHILDS vorgeschlagen, der mittels einer Kamera-Doppelbelichtung Geschwindigkeitsfelder und Dehnraten in der Zerspanzone bestimmte, jedoch anlagentechnisch auf eine sehr niedrige Schnittgeschwindigkeit von weniger als $0{,}5\ mm/min$ beschränkt war [CHIL71]. Erst durch die Entwicklung neuartiger Belichtungs- und Kamerasysteme konnte diese Einschränkung überwunden und Zerspanprozesse mit Schnittgeschwindigkeiten von etwa $300\ m/min$ analysiert werden [PUJA08]. Andere vergleichbare Ansätze, bspw. die von SELA ET AL., nutzen Einzelbilder des Zerspanprozesses, um über die Gitterdeformation die plastische Dehnung und Dehnrate bei orthogonaler Zerspanung von Ti-6Al-4V herzuleiten [SELA21]. Die Hauptnachteile der vorgestellten Methodik sind neben dem erheblichen Versuchs- und Präparationsaufwand ihre Anfälligkeit für sehr hohen Deformationen [GHAD08]. Derartige Deformationen sowie Schnittparameter bzw. Werkstoffe, die eine diskontinuierlichen Spanbildung zur Folge haben, verhindern eine effektive Auswertung des Gitters. [CHIL71; LIST13; NIE20]

Abseits der Weiterentwicklung der optischen Kameratechnik erlaubt heutzutage verfügbare Software die Analyse von Zerspanprozessaufnahmen mittels PIV und DIC. Wenngleich beide Verfahren auf einem ähnlichen Prinzip beruhen, kommt die PIV zur Betrachtung von Partikelströmungen in Fluiden zum Einsatz, während die DIC ihren Einsatz in der Betrachtung von Deformationsfeldern fester Werkstoffe findet. Neben der mathematischen Formulierung des PIV-/DIC-Algorithmus unterscheidet die Art der verwendeten Aufnahmen beide Verfahren. Während die DIC häufig auf Untersuchungen weniger aneinandergereihter Einzelbilder beschränkt ist, ist für eine erfolgreiche PIV ein kontinuierlicher Prozessfilm mit bis zu mehreren tausend Frames erforderlich. [RAFF18; SUTT09]

Bekannte Anwendungen der PIV bei orthogonalen Zerspanprozessen sind die Arbeiten von LEE ET AL., GUO ET AL. und SHANKAR ET AL., welche mithilfe der ermittelten Geschwindigkeitsfelder im orthogonalen Schnitt auf Deformationsfelder in der Zerspanzone zurückschließen konnten und so bspw. Dehnratenfelder der Scherzone identifizierten. Hauptnachteile dieser Ansätze ist die zugunsten der Bildauflösung unzureichende Bildwechselfrequenz (engl. Frame Rate) der eingesetzten Kameratechnik, weshalb nur Schnittgeschwindigkeiten von unter $v_c = 1\,m/min$ untersucht wurden. [GUO12; LEE06; SHAN06]

Unter den neueren Arbeiten mit hohen Schnittgeschwindigkeiten von bis zu $150\,m/min$ sind die von SAGAPURAM ET AL. und DENKENA ET AL. zu nennen. SAGAPURAM leitete mit der PIV Dehnratenfelder bei der Zerspanung unterschiedlicher Werkstoffe her und untersuchte somit die Ausbildung von Scherbändern. DENKENA dagegen entwickelte einen innovativen PIV-basierten Ansatz zur Untersuchung der Reibkontaktflächen zwischen Span und Werkzeug und konnte aus dem Zerspanprozess direkt Reibkoeffizienten herleiten, welche in numerischen Spanbildungssimulationen zum Einsatz kommen. [DENK21; SAGA16] Die dargestellten Arbeiten zeigen, dass sämtliche PIV-basierten Ansätze zur Betrachtung von Zerspanprozessen entweder nur für sehr niedrige Schnittgeschwindigkeiten einsetzbar sind oder aber ihre optische Auflösung zur quantifizierbaren Beschreibung des mechanischen Lastkollektivs unzureichend ist.

Aus diesem Grund ist die DIC heutzutage weit verbreitet. Hierbei kommen in der Regel spezielle Doppelverschlusskameras (engl. Double-Shutter-Camera) zum Einsatz, welche zwei aufeinanderfolgende Bilder mit gleichzeitig hoher Auflösung (> 4 Megapixel, kurz MP) und niedrigem Bildabstand ($> 1\,\mu s$) anfertigen. In der Regel werden diese Kamerasysteme über einen Doppelpulslaser belichtet und somit eine Bewegungsunschärfe der Bilder verhindert, wobei mit entsprechenden Mikroskopen optische Auflösungen von bis zu $0{,}36\,\mu m^2/pixel$ erreicht werden können. [BERG21; HIJA08; MEUR20b; NIE22; ZOUA21]

Ein detaillierter Überblick der DIC-Arbeiten im Bereich der Zerspanung und die exakte Funktionsweise des Algorithmus können der Literatur entnommen werden [BLAB15a; NIE22; ZOUA21]. Die hohe Auflösung der DIC und damit verbundene hohe Auflösung der gewonnenen Dehnungs- bzw. Dehnratenfelder erlaubt u.a. eine präzisere Validierung von numerischen Modellen. So leiteten HARZALLAH ET AL. DIC-basiert Dehnungs- und Dehnratenfelder her, um diese später zur Validierung von numerischen Spanbildungssimulationen zu nutzen. [HARZ18] THIMM ET AL. entwickelte eine inverse Prozedur zur Identifikation von Materialmodellparametern nach JOHNSON-COOK (kurz J-C) [JOHN83] und zeigte deren Leistungsfähigkeit am Beispiel des unlegierten

Vergütungsstahls C45 [THIM19]. Einen vergleichbaren Ansatz verfolgten D. ZHANG ET AL. und X.-M. ZHANG ET AL. und entwickelten die JOHNSON-COOK-Materialmodellparameter mithilfe des werkstückseitigen Deformationsfeldes bei der Zerspanung der Aluminiumlegierung Al 6061-T4 [ZHAN18b] und einer Nickel-Aluminium Bronze-Legierung (kurz NAB) [ZHAN19] auf Basis von DIC-Analysen mit hohen Schnittgeschwindigkeiten.

Neben der Nutzung zur Kalibrierung bzw. Validierung von numerischen Modellen detektierten CALAMAZ ET AL. mithilfe der kommerziellen DIC-Software Correli Scherbänder bei der Zerspanung von Ti64. Für niedrige Schnittgeschwindigkeiten von $6\,m/min$ konnte so anhand gängiger Hochgeschwindigkeitsaufnahmen die Bildung und Ausbreitung von Scherbändern verfolgt werden. [CALA12] Mithilfe eines vergleichbaren Versuchsaufbaus kalibrierten XU ET AL. ein DIC-basiertes Kraftmodell zur Vorhersage der Zerspankräfte bei der Bearbeitung einer Nickel-Aluminium-Bronze und einer Aluminiumlegierung. Die auf Basis der gemessenen Geschwindigkeitsfelder in der Scherzone abgeleiteten Zerspankräfte zeigten im Vergleich mit Kraftmessungen mittels Dynamometer und numerischer Spanbildungssimulation eine gute Übereinstimmung. [XU17]

Als letztes Anwendungsfeld kommt die DIC vermehrt zur Beurteilung der mechanischen Werkstückbelastung zum Einsatz. OUTEIRO ET AL. fertigten jeweils vor und nach dem orthogonalen Schnitt Aufnahmen des Werkstücks an und analysierten die im oberflächennahen Bereich entstandene plastische Vergleichsdehnung mit der Software Correli[Q4]. In Abhängigkeit der Schnittparameter konnten jedoch die obersten 40 μm bis 300 μm der Probe aufgrund hoher Deformation nicht ausgewertet werden, weshalb diese Methodik für eine Vorhersage der Randzoneneigenschaften nur bedingt geeignet ist. [OUTE15]

Ein weiterer vielversprechender Ansatz wurde von ZHANG ET AL. vorgeschlagen. Unter Annahme einer kontinuierlichen Fließbewegung berechneten sie auf Basis der mittels DIC gewonnenen Geschwindigkeitsfelder sogenannte Werkstoff-Strömungslinien (engl.: Material Streamlines), welche die Bewegung einzelner Partikel entlang der Zerspanzone darstellen. So konnte nicht nur die plastische Vergleichsdehnrate, sondern auch die entlang der Strömungslinien akkumulierte Vergleichsdehnung berechnet werden. Durch die Kenntnis dieser war es erstmalig möglich, zuerst die Vergleichsspannung der Zerspanzone ortsaufgelöst zu berechnen und anschließend die lokalen Hauptspannungskomponenten $\delta_{xx}, \delta_{yy}\ und\ \tau_{yx}$ abzuleiten. [ZHAN17] Auch wenn in der dargestellten Arbeit nur eine geringe Schnittgeschwindigkeit von weniger als $1\,m/min$ zum Einsatz kam, ist dieser prinzipiell zur Beurteilung der mechanischen Werkstückbelastung der Randzone einsetzbar. In vergleichbaren Arbeiten konnte mithilfe der Kenntnis der Strömungslinien die Werkstückbelastung für duktile Werkstoffe wie bspw. Aluminiumlegierungen [ZHAN21], als auch gehärtete Werkstoffe, wie bspw. 42CrMo4 [ZHAN22] ermittelt werden.

Zusammenfassend ist die Digital Image Correlation eine vielversprechende Methode zur Beurteilung der mechanischen Werkstückbelastung, wobei die bisher dargestellten Arbeiten die Analyse der Spanbildung und Scherzone in den Vordergrund stellen. Die Übertragung dieser Ansätze auf die Randzonenbeurteilung erscheint jedoch vielversprechend.

2.6 Fazit zum Stand der Erkenntnisse

Conclusion of the State of the Art

Neben den geometrischen Eigenschaften sind die Werkstoffeigenschaften der Werkstückrandzone (bspw. Oberflächenhärte oder Eigenspannungszustand) für die Funktionseigenschaften der gefertigten Bauteile maßgeblich. Den mikrostrukturellen Werkstückeigenschaften kommen im Bereich sicherheitskritischer Bauteile eine besondere Bedeutung zu, da sie einerseits ein direktes Bauteilversagen bspw. durch Rissausbreitung begünstigen und andererseits die Gesamtlebensdauer im LCF- und HCF-Bereich drastisch mindern können. Die Art und Ausprägung der auftretenden Randzonenmodifikationen ist maßgeblich vom Eingangszustand des Werkstoffgefüges bzw. von den eingestellten Prozessparametern und -stellgrößen wie Schneidstoff, Werkzeuggeometrie, Schnittgeschwindigkeit und Vorschub abhängig. Hieraus folgt die Anforderung einer aufwändigen experimentellen Prozessauslegung und -kontrolle oder aber einer prädiktiven Vorhersage relevanter Randzonenmodifikationen.

Mit dem Ziel einer prozessnahen und physikbasierten Vorhersage prozessinduzierter Randzonenmodifikationen wurde der vorliegende Stand der Technik in Kapitel 2 aufgearbeitet. Aus der Analyse können die folgenden Schlussfolgerungen gezogen werden:

Charakteristische Randzonenmodifikationen:

- Aggressivere Prozesseinstellgrößen, also bspw. höhere Schnittgeschwindigkeiten verursachen stärker ausgeprägte Randzonenmodifikationen.
- Experimentell für die Zerspanung eines Werkstoffs erarbeitete Korrelationen von Prozesseinstellgrößen und Randzonenmodifikationen besitzen keine allgemeine Gültigkeit und sind nur begrenzt übertragbar.
- Neben dem Eigenspannungsprofil der Werkstückrandzone zählen White Layer mit einer Dicke von wenigen Mikrometern zu den wichtigsten Randzonenmodifikationen.

Physikalische Grundlagen der Bildung von White Layer:

- Der maßgebliche Modifikationsmechanismus bei der die Bildung von White Layer beim Hartdrehen von Stählen ist die dynamische Rekristallisation.
- Die Initiation der dynamischen Rekristallisation kann mit einer physikalischen Interpretation des thermo-mechanischen Lastkollektivs und des Potenzials der freien Helmholtz-Energie beschrieben werden.
- Die Kenntnis der Prozesszustandsgrößenfelder mit hoher zeitlicher und örtlicher Auflösung, im Speziellen jene der Temperatur T, der Dehnung ε und Dehnrate $\dot{\varepsilon}$, erlaubt somit eine Vorhersage und Modellierung der Ausbildung von White Layern.

Modellierung relevanter Randzonenmodifikationen:

- Die Mehrzahl physikbasierter, analytischer Modellansätze fokussieren lediglich die Vorhersage von prozessinduzierten Eigenspannungen in die Werkstückrandzone.
- Analytische Ansätze zur Vorhersage dynamischer Rekristallisation sind entweder rein empirisch bzw. datengetrieben oder vernachlässigen das prozessinduzierte mechanische Lastkollektiv.
- Verfügbare Ansätze unter Berücksichtigung sowohl thermischer als auch mechanischer Belastungen sind auf numerische Modelle beschränkt, welche die Werkstoffmodifikationen mithilfe komplexer Subroutinen umsetzen.
- Neben der Komplexität der Modelle, für deren Nutzung eine hohe Fachexpertise erforderlich ist, sind diese in Ihrer Stabilität und Rechenzeit stark eingeschränkt und somit für die industrielle Zerspanung weitestgehend ungeeignet.
- Das örtlich und zeitlich hoch aufgelöste Lastkollektiv in der Zerspanung ist für alle physikalisch getriebenen Modellierungsmethoden eine essenzielle Eingangs-, Berechnungs- oder Validierungsgröße.
- Bisherige Validierungsmethoden entwickelter Modelle sind auf die Nutzung makroskopischer Zustandsgrößen wie der Zerspankraft beschränkt, wohingegen das thermo-mechanische Lastkollektiv weitestgehend vernachlässigt wird.

Experimentelle Bestimmung des thermo-mechanischen Lastkollektivs:

- Die experimentelle Bestimmung der thermischen Werkstückbelastung in der Zerspanung kann mittels der Pyrometrie, des thermoelektrischen Effekts oder der Thermografie erfolgen.
- Die zeitliche und/oder örtliche Auflösung der vorhandenen Messmethoden verhindert die Analyse des für Randzonenmodifikationen relevanten Bereichs der thermischen Werkstückbelastung, insbesondere der Scherzone.
- Auf Grund ihrer geringen Auflösung sind sie als Eingangsgröße im Rahmen einer Modellierung von Randzoneneigenschaften oder zur Validierung von berechneten Temperaturfeldern nicht geeignet.
- Die Digital Image Correlation (DIC) erlaubt die Berechnung der prozessinduzierten mechanischen Werkstückbelastung mit hoher Auflösung.
- Die Nutzung der DIC im Bereich der Zerspanung ist bisher auf die Analyse der Scherzone und der Spanbildung beschränkt.
- Eine Erweiterung bestehender DIC-Ansätze auf die Randzonenmodellierung ist unter Berücksichtigung des Bewegungspfades einzelner Werkstoffpartikel durch die Scherzone möglich.

3 Zielsetzung und Aufgabenstellung

Objective and Task

Die Oberflächeneigenschaften spanend gefertigter Bauteile bestimmen deren Funktionseigenschaften. Die Oberflächentopografie resultiert dabei meist direkt aus den gegebenen Eingriffsbedingungen und Prozessparametern und kann somit gezielt eingestellt werden. Die physikalischen Eigenschaften der oberflächennahen Randzone werden maßgeblich vom metallographischen Zustand des Werkstoffs bestimmt, welcher durch das prozessinduzierte thermo-mechanische Lastkollektiv einer Modifikation unterzogen wird. Zu den industriell relevantesten Modifikationen zählen dabei Änderungen im lokalen Eigenspannungszustand, Gefügeumwandlungen und insbesondere die Ausbildung von White Layern.

Im Rahmen vorangegangener Arbeiten konnten erfolgreich die Entstehungsmechanismen von White Layer erarbeitet werden. So ist für den hier untersuchten Vergütungsstahl 42CroMo4 die dynamische Rekristallisation für eine lokale Kornfeinung verantwortlich. Fertigungsprozessbezogene Ansätze zur Modellierung dieser Randzonenmodifikationen weisen jedoch einige Schwächen auf. Entweder basieren entwickelte Modelle lediglich auf makroskopischen Validierungsgrößen wie bspw. der Prozesskraft und beruhen auf komplexen numerischen Berechnungsmethoden, welche mit hohen Rechenzeiten verbunden sind. Alternative, schnellrechnende Modelle sind zumeist datengetrieben ohne physikalische Beschreibung der vorherrschenden Umwandlungsmechanismen. Dies wird auf die drei folgenden Wissenslücken zurückgeführt:

1. Es existiert nur eingeschränktes Wissen darin, wie das thermo-mechanische Lastkollektiv in der Werkstückrandzone mit hoher zeitlicher und örtlicher Auflösung im Prozess gemessen werden kann. Die direkte Messung ist bisher entweder nur punktuell (bspw. Pyrometrie), integral (bspw. Zerspankraftkomponenten) oder mit niedriger Auflösung (bspw. Thermografie) möglich.
2. Es ist kein geeigneter Zusammenhang zwischen integralen Prozesszustandsgrößen und lokalen Zustandsgrößen bekannt, welcher eine schnellrechnende Modellierung von hochaufgelösten Zustandsgrößenfeldern erlaubt.
3. Es ist nicht bekannt, wie physikalische Modelle zur Abschätzung von Randzonenmodifikationen auf Basis gemessener oder modellierter lokaler Prozesszustandsgrößen schnellrechnend und somit prozessnah umgesetzt werden können.

Vor dem Hintergrund des mit der fortschreitenden Digitalisierung verbundenen Bedarfs an schnellrechnenden Modellen, welche nicht nur zur Prozessauslegung, sondern bestmöglich prozessparallel zur Prozessüberwachung genutzt werden können, wird im Rahmen dieser Arbeit folgende Zielsetzung formuliert:

Das Kernziel dieses Dissertationsvorhabens ist die schnellrechnende, analytische und physikbasierte Berechnung von zerspanprozessinduzierten Randzonenmodifikationen, insbesondere jedoch der Ausbildung von White Layer, auf Basis von gemessenen integralen sowie gemessenen oder modellierten lokalen Prozesszustandsgrößen und bekannten Prozesseingangsgrößen. Die Erreichung dieses Kernziels wird anhand der Verifizierung bzw. Falsifizierung der folgenden Forschungshypothese überprüft:

Forschungshypothese

Die modellgestützte Vorhersage oder Messung der Temperatur- und Dehnungsfelder in der Zerspanzone mit hoher zeitlicher und örtlicher Auflösung erlaubt die analytische Abschätzung der werkstückseitig prozessinduzierten Werkstoffmodifikationen und somit des Bauteilrandzonenzustands.

Gemäß der Forschungsmethodik nach POPPER wird die Hypothese nachfolgend anhand von drei Forschungsfragen überprüft [POPP05]:

Forschungsfrage 1 (FF 1)

Wie kann die thermo-mechanische Werkstoffbeanspruchung mit hoher zeitlicher und örtlicher Auflösung gemessen oder auf Basis der Zerspankraftkomponenten numerisch oder analytisch modellbasiert ermittelt werden?

Forschungsfrage 2 (FF 2)

Wie beeinflussen Prozessparameter und Werkzeugcharakteristika die Prozesszustandsgrößen wie bspw. die Zerspankraftkomponenten, aber auch lokale Werkstoffbeanspruchung und -modifikation?

Forschungsfrage 3 (FF 3)

Wie kann aus den abgeleiteten Prozesszustandsgrößenfeldern modellgestützt eine schnellrechnende, prozessnahe Abschätzung von Werkstoffmodifikationen erfolgen?

In Forschungsfrage 1 wird untersucht, wie die thermo-mechanische Werkstoffbeanspruchung mit hoher Auflösung unter Laborbedingungen aus gemessenen, integralen Prozesszustandsgrößen modelliert oder, sofern dies nicht möglich ist, berechnet werden kann. Das dargestellte Vorgehen folgt dabei dem induktiv-deduktiven Forschungsansatz, wobei der industrierelevante Zerspanprozess des Hartdrehens auf einen grundlegenden Zerspanprozess, den orthogonalen Schnitt, reduziert wird. Forschungsfrage 2 adressiert sowohl den generellen Zusammenhang der eingesetzten Prozessparameter als auch den Einfluss der Werkzeugmikro- und makrogeometrie auf die Werkstoffbeanspruchung bzw. Modifikation der Werkstückrandzone bei der

Zerspanung von gehärtetem Vergütungsstahl 42CroMo4 (AISI 4140). Dem angeschlossen folgt der deduktive Schritt im Übergang von Forschungsfragen 1 und 2 zu Forschungsfrage 3 und ermöglicht perspektivisch eine Übertragung des Modellierungsprinzips zurück auf industriell relevante Zerspanprozesse. Der Aufbau der vorliegenden Dissertationsschrift mit ihren Forschungsfragen und einer Zuordnung zu den entsprechenden Kapiteln ist in Abbildung 3.1 dargestellt.

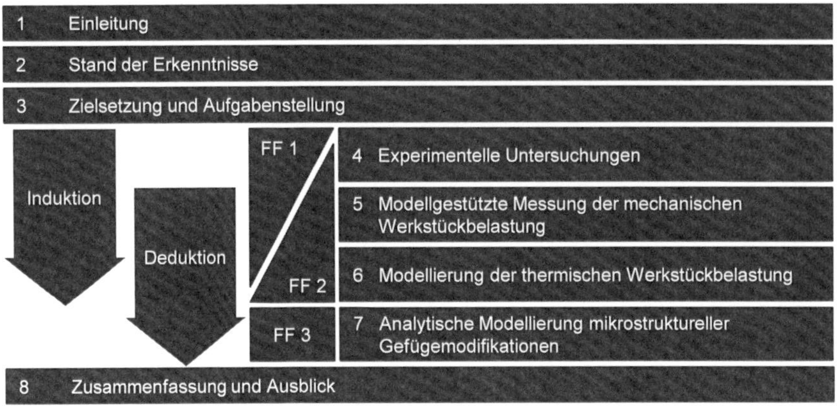

Abbildung 3.1: Forschungsmethodik und Struktur dieser Dissertation

Research methodology and structure of this thesis

In Kapitel 1 wurde die vorliegende Dissertationsschrift eingeleitet und in einen wissenschaftlichen und industriellen Kontext gesetzt. Kapitel 2 führte in den aktuellen Stand der Technik ein und thematisierte zuerst neben den fertigungstechnologischen Grundlagen relevante Randzonenmodifikationen in der Zerspanung von gehärtetem Stahl, bevor auf die physikalischen Grundlagen dieser Modifikationen eingegangen wurde. Darauf aufbauend wurden Methoden zur experimentellen Bestimmung des prozessinduzierten thermomechanischen Lastkollektivs diskutiert und Modellierungsansätze zur Beschreibung der Randzonenmodifikationen dargestellt. Kapitel 3 beschreibt den Aufbau der Arbeit und die ihr zugrundeliegenden Forschungsfragen sowie das methodische Vorgehen. In Kapitel 4 wird der verwendete Grundlagenprüfstand vorgestellt und die experimentellen Untersuchungen zu strukturellen Oberflächenmodifikationen für den Vergütungsstahl 42CrMo4 (AISI 4140) werden aufgezeigt. Ein besonderer Fokus liegt dabei auf der Korrelation der Prozessgrößen wie Schnittparameter und Werkzeugcharakteristika und den Modifikationen der Werkstückrandzone sowie der Identifikation der für die Modifikation verantwortlichen Wirkmechanischen. Hierbei werden sowohl integrale Prozesszustandsgrößen, wie bspw. die Zerspankräfte, als auch solche mit hoher zeitlicher und örtlicher Auflösung im orthogonalen Schnitt bestimmt.

Anschließend wird in Kapitel 5 eine Methodik zur semi-automatischen in-process Messung der mechanischen Werkstückbelastung mit hoher zeitlicher und örtlicher Auflösung entwickelt und vorgestellt. Hierfür kommt die digitale Bildkorrelation zum Einsatz, mit deren Hilfe es möglich ist, Bewegungsfelder der Zerspanzone direkt im Prozess zu bestimmen und anschließend plastische Vergleichsdehnungen und -dehnraten zu berechnen. Darauf aufbauend erfolgt in Kapitel 6 die Kalibrierung eines Modells zur Berechnung der thermischen Werkstückbelastung, welches auf den im Prozess ermittelten Zerspankraftkomponenten basiert. Hiermit kann nun die thermische Werkstückbelastung in Abhängigkeit der Prozessgrößen und Zerspankraftkomponenten mit hoher zeitlicher und örtlicher Auflösung untersucht werden.

Im letzten Schritt wird in Kapitel 7 die Synthese des thermischen und mechanischen Belastungskollektivs im Rahmen eines physikbasierten analytischen Kopplungsansatzes untersucht, welcher eine Vorhersage thermodynamisch bedingter Randzonenmodifikationen erlaubt. Anhand der Untersuchung der Haupteinflussgrößen des Modells soll dieses im Vergleich zum Stand der Technik vereinfacht und prozessparallel verwendet werden. Die Dissertationsschrift schließt mit einer Zusammenfassung und einem Ausblick ab, in welchem die Stärken und Schwächen des vorgestellten Ansatzes diskutiert werden.

Zusammenfassend zeigt Abbildung 3.2 den Aufbau der hier angestrebten Modelle und Berechnungen sowie die relevanten Eingangs-, Ergebnis und Validierungsdaten. Als Kernergebnis soll die Dicke der prozessinduzierten White Layer d_{WL} in Abhängigkeit der Prozesseingangsgrößen abgeschätzt werden. Hierfür wird nach den experimentellen Untersuchungen ein numerisches Spanbildungsmodell aufgebaut, welches zur Generierung eines breiten Validierungsdatensatzes genutzt wird. Dem analytischen White Layer Modell vorgeschaltet ist die analytische Temperaturmodellierung nach JAEGER und die Berechnung der mechanischen Werkstückbelastung mittels Digital Image Correlation.

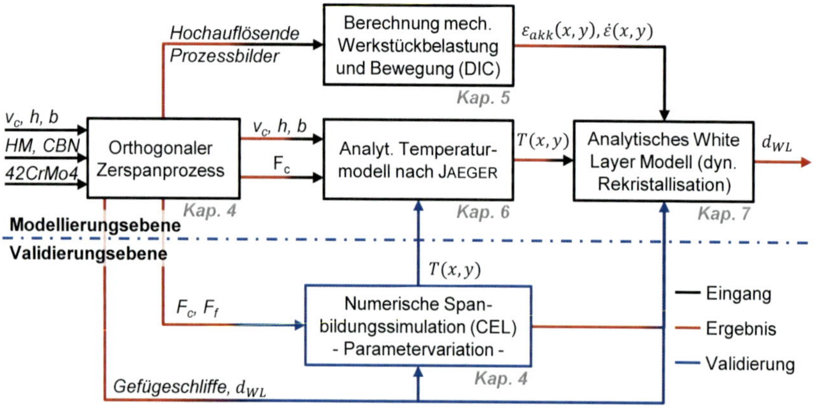

Abbildung 3.2: Modellaufbau mit relevanten Eingangs-, Ergebnis-, und Validierungsgrößen

Model structure with relevant input, result and validation variables

4 Experimentelle Untersuchungen

Experimental Investigations

In Kapitel 4 werden Forschungsfragen 1 und 2 adressiert und somit das Ziel verfolgt, die Ergebnisse der experimentellen Untersuchungen darzustellen, welche im Weiteren sowohl als Eingangs- aber auch als Validierungsdaten herangezogen werden. Hierbei wird zuerst der untersuchte Werkstoff charakterisiert und anschließend der verwendete Grundlagenprüfstand vorgestellt. Daran anschließend werden die empirischen Ergebnisse der orthogonalen Zerspanuntersuchungen und der Aufbau eines numerischen Spanbildungsmodells dargestellt, mit dessen Hilfe nicht experimentell messbare Zustandsgrößen bestimmt werden können.

Teile dieses Kapitels basieren auf Ergebnissen und Darstellungen, die bereits im Rahmen des *Journals Procedia CIRP* [MEUR20b; TEKK21] und des *Journal of Manufacturing Science and Engineering* [ZHAN22] veröffentlicht wurden.

4.1 Werkstoffcharakterisierung von vergütetem 42CrMo4

Material Description of Quenched and Tempered Steel AISI 4140

In dieser Arbeit wurde der Vergütungsstahl 42CrMo4 (engl. AISI 4140) untersucht, der üblicherweise für hoch beanspruchte Bauteile eingesetzt wird. Er zeichnet sich durch seine hohe Festigkeit bei gleichzeitiger Verschleißfestigkeit und Zähigkeit aus. Sein Haupteinsatzgebiet ist daher die Automobilindustrie in Form von Pleuelstangen, Achsschenkeln, Kurbel- oder Getriebewellen sowie Zahnrädern und Ritzeln.

Die chemische Zusammensetzung des verwendeten Werkstoffs gemäß Lieferzeugnis ist in Tabelle 4.1 dargestellt. Sämtliche Versuchsproben wurden zuerst aus dem Grundwerkstoff, einem quadratischen Stab mit einer Kantenlänge von 85 mm und einer Gesamtlänge von 1100 mm, mittels Drahtfunkenerosion herausgetrennt.

Tabelle 4.1: Chemische Zusammensetzung von 42CrMo4 gemäß Lieferzeugnis

Chemical composition of 42CrMo4 according to delivery certificate

Element	C	Si	Mn	Cr	Mo	S	Fe
Gewichts-%	0.415	0.40	0.75	1.05	0.225	0.03	97.13

Die gefertigten Proben des unvergüteten Grundwerkstoffs mit einer Dicke von 3,3 mm wurden anschließend gemäß den folgenden Prozessstufen wärmebehandelt:

1) Aufheizen im Vakuum mit 10 K/min bis auf 850°C,
2) Halten für 120 Minuten,
3) Abschrecken in Öl auf 60°C,
4) Anlassen bei 400°C für 240 Minuten und anschließend
5) Abkühlen bei Raumtemperatur.

Nach der Wärmebehandlung folgte die Endkonturfertigung der Werkstoffproben für den orthogonalen Schnitt mittels Flachschleifen. Eine minimale Schleifzustellung und damit verbundene lange Prozesszeit beugten ungewollten Modifikationen der Werkstückrandzone vor. Gleichzeitig wurden in der Wärmebehandlung begründete Verzüge entfernt und eine Rechtwinkligkeit der Probe sowie Planparallelität der Außenflächen eingestellt. Die Endmaße der vergüteten Werkstoffproben betrugen:

Höhe x Tiefe x Breite: 80 mm x 40 mm x 3,00 mm

Die Werkstückbreite entsprach somit der Spanungsbreite des orthogonalen Schnitts. Abbildung 4.1 zeigt eine lichtmikroskopische Aufnahme des vergüteten Grundwerkstoffs einer Probe. Das Werkstoffgefüge wies nach der Wärmebehandlung einen Martensitgehalt von 99% auf, wobei der Ferritanteil weniger als 1% betrug [TEKK23].

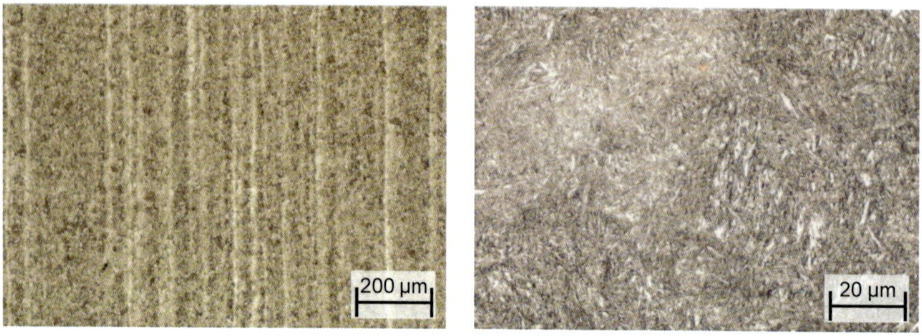

Abbildung 4.1: Geätzte Gefügeschliffe der untersuchten Werkstoffproben aus vergütetem 42CrMo4

Etched micrographs of the examined material samples made of tempered AISI 4140 (42CrMo4)

Weitere Werkstoffuntersuchungen desselben Werkstoffs und Wärmebehandlungszustand ähnlicher Geometrie mittels EBSD zeigten eine durchschnittliche Fläche der Korngröße von 0,464 µm^2. Unter Annahme einer rechtwinkligen Kornstruktur kann von einer Kornkantenlänge von 680 nm ausgegangen werden. [BUCH17b] Die mechanischen Eigenschaften des Werkstoffs nach BUCHKREMER sind in Tabelle 4.2 dargestellt, wobei TEKKAYA ET AL. diese Ergebnisse unter Berücksichtigung unterschiedlicher Werkstoffproben bestätigen konnten [BUCH17b; TEKK23].

Tabelle 4.2: Mechanische Eigenschaften des untersuchten Werkstoffs 42CrMo4 in vergütetem Zustand nach BUCHKREMER [BUCH17b, S. 39]

Mechanical properties of the investigated material 42CrMo4 in quenched and tempered condition according to BUCHKREMER [BUCH17b, S. 39]

Elastizitätsmodul E **[MPa]**	**Untere Streckgrenze** R_{el} **[MPa]**	**Obere Streckgrenze** R_{eh} **[MPa]**
204.223	1.428	1.444
Zugfestigkeit R_m **[MPa]**	**Gleichmaßdehnung** A_g **[MPa]**	**Härte** δ
1570	0,03	48 HRC (467 HV 30)

4.2 Versuchsaufbau

Experimental Set-up

Mit dem Ziel, die mechanische Werkstückbelastung experimentell abzuleiten, wurden die orthogonalen Schnittversuche unter Einsatz eines hochauflösenden und laserbelichteten Kamerasystems durchgeführt. Daher werden im Folgenden zuerst der Versuchsaufbau als solches und anschließend der Aufbau und die Funktionsweise des DIC-Systems erläutert.

4.2.1 Versuchsaufbau der Zerspanuntersuchungen

Experimental Set-up of the Cutting Experiments

Sämtliche orthogonalen Schnitte mit den vorab beschriebenen Werkstoffproben erfolgten auf einer vertikalen Außenräummaschine des Typs FORST RASX 8 x 2200 x 600 M/ CNC. Der Versuchsaufbau und die Werkzeugmaschine sind entsprechend in Abbildung 4.2 dargestellt. Die Schnitte erfolgten, indem die Werkstücke in den Räumbalken eingespannt und anschließend vertikal nach unten die Schnittbewegung ausgeführt wurden. Die Werkzeuge und der Werkzeughalter waren fest auf einer Sonderanfertigung der piezoelektrischen Kraftmessplattform des Typs Z21289 der Firma Kistler montiert, welche wiederum mit dem Maschinentisch in zwei Achsen verfahrbar war.

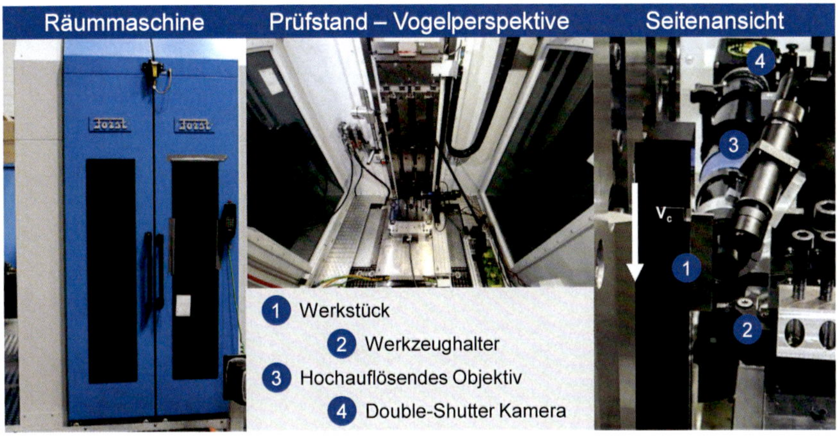

Abbildung 4.2 Versuchsaufbau der orthogonalen Schnittversuche auf der vertikalen Außenräummaschine des Typs FORST RASX 8 x 2200 x 600 M / CNC

Experimental setup of orthogonal cutting experiments on the vertical external broaching machine tool of type FORST RASX 8 x 2200 x 600 M / CNC

Die technischen Spezifikationen der eingesetzten Außenräummaschine sind in Tabelle 4.4 dargestellt. Der Versuchsaufbau erlaubte eine optische Begutachtung der Zerspanzone von beiden Seiten bei feststehendem Werkzeug und

Schnittgeschwindigkeiten von bis zu v_c = 150 m/min. Aufgrund der hohen Steifigkeit der Werkzeugmaschine konnte bei festgelegter Spanungsbreite von b = 3 mm ein großer Bereich an Spanungsdicken h_c untersucht werden. Gleichzeitig ermöglichten die optischen Aufnahmen und gemessenen Zerspankräfte wegen der geraden, freien und linearen Schnittbewegung eine direkte Vergleichbarkeit mit einer zweidimensionalen Spanbildungssimulation, welche in Kapitel 4.4 beschrieben wird.

Tabelle 4.3: Technische Spezifikationen der verwendeten Außenräummaschine

Technical specifications of the broaching machine tool

Maschinentyp	**Steuerung**	**Maximale Räumkraft**
Forst RASX 8x 2200 x 600 M / CNC	Siemens 840 DSL	80 kN bei ≤ 30 m/min 20 kN bei > 30 m/min
Maximale Schnittlänge	**Kraftmesssystem**	**Mögliche Schnitt-geschwindigkeiten**
2200 mm	Kister Dynamometer Z21289	0,5 – 150 m/min

Der Versuchsplan umfasste eine vollfaktorielle Variation der Schnittgeschwindigkeit v_c und der Spanungsdicke h_c und eine dreifache Wiederholung sämtlicher Versuchsbedingungen. Die eingesetzten Parameter der Schnittgeschwindigkeit waren $v_c = 50; 75;\ 100; 150\ m/min$ und Spanungsdicken von $h_c = 0{,}05; 0{,}10; 0{,}15; 0{,}175; 0{,}20\ mm$. Nach jedem dritten Schnitt wurden die Werkzeuge ausgetauscht und lichtmikroskopisch untersucht, um den Einfluss von fortschreitendem Werkzeugverschleiß auf die Randzonenmodifikation zu minimieren.

Die technischen Spezifikationen der Versuchswerkzeuge sind in Tabelle 4.4 aufgelistet. Es wurden zwei unterschiedliche Werkzeugtypen der FA. SANDVIK und somit der Einfluss des Schneidstoffs auf die Werkstoffbelastung und -modifikation untersucht. Diese sind für den zu untersuchenden Werkstoff im Schneidstoff und Schneidkantenmikrogeometrie charakteristisch. Neben beschichteten Hartmetallwerkzeugen (kurz HM) der Sorte H13A kamen unbeschichtete Werkzeuge aus CBN zum Einsatz. Die makroskopische Werkzeuggeometrie war mit einem Spanwinkel von $\gamma_{0,HM} = 6°$ für das Hartmetallsubstrat und $\gamma_{0,CBN} = 0°$ und jeweils einem Freiwinkel von $\alpha_0 = 3°$ definiert, wenngleich eine für den jeweiligen Schneidstoff und die Beschichtung typische Schneidkantenmikrogeometrie vorgesehen war.

Tabelle 4.4 Technische Spezifikationen der eingesetzten Schneidwerkzeuge

Technical specifications of the utilized cutting inserts

Nr.	**Schneid-stoff**	**Beschichtung**	**Spanwinkel γ_0**	**Freiwinkel α_0**	**Schneidkantenradius r_β / -mikrogeometrie**
1	Sandvik H13A	Ti(C,N)+TiN +Al_2O_3	6°	3°	≈ 60 µm
2	Sandvik CBN	keine	0°	3°	Fase 0,1 mm x 10°

4.2.2 Aufbau und Funktionsweise des DIC-Systems

Structure and Working Fundamentals of the DIC-System

Die Erzeugung von hochauflösenden Bildern der Zerspanzone mit Bildabständen von wenigen Mikrosekunden ($1\mu s < t < 20\mu s 1$) erfolgte mithilfe eines für diesen Versuchsaufbau entwickelten, laserbelichteten Kamerasystems. Kamera und Laseroptik sind in Abbildung 4.2 und der schematische Aufbau des Gesamtsystems in Abbildung 4.3 dargestellt.

Die zentralen Komponenten des Messaufbaus sind:

- sCMOS Double Shutter Kamera
- Langstreckenmikroskop
- Digitale 3D Mikrometertraverse
- Elektronischer Synchronizer
- Doppelpulslaser mit Gelenkspiegelarm

Die sCMOS Kamera erlaubt eine Auflösung von 2560 x 2160 Pixeln (~ 6 MP) mit einer Pixelgröße des Sensors von 6,5 x 6x5 µm^2 bei einer dynamischen Bandbreite A/D von 16 Bit. Somit wird das empfangene Lichtspektrum in 2^{16} = 65.536 Graustufen aufgelöst. Der minimale Bildabstand der Kamera beträgt 120 ns, wobei dieser Bildabstand nur zwischen zwei aufeinanderfolgenden Bildern eingehalten werden kann. In Summe erzeugt die Kamera auf diese Weise 15 hochauflösende Bildpaare pro Sekunde. Die Belichtungszeit der einzelnen Bilder war auf $t_{Bel\_Kam} = 20\ \mu s$ eingestellt und somit länger als der Bildabstand.

Mit dem Langstreckenmikroskop des Typs Infinity K2-DistaMax und einer damit verbundenen optischen Blende konnte eine optische Auflösung des Bildes von ca. 0,36 µm^2 pro Pixel erreicht werden. Kamera und Langstreckenmikroskop waren auf einer stabilisierten, hochpräzisen Mikrometertraverse ($\Delta(x, y, z) < 1\mu m$) montiert, welche elektronisch in den drei Raumrichtungen verfahrbar war. Auf diese Weise wurden sowohl der korrekte Fokuspunkt als auch die Positionierung der Optik relativ zur Zerspanzone sichergestellt. Wegen der hohen Auflösung des Systems war eine kontinuierliche Anpassung und Überprüfung der Fokuslage bei Austausch des Werkstücks erforderlich.

Die Belichtung der Doppelbilder erfolgte mit einem Doppelpulslaser des Typs EverGreen 70 der Fa. Quantel bei einer Wellenlänge von $\lambda = 532\ nm$ und Wiederholrate von 15 Hz. Die Einzelpulsdauer wurde herstellerseitig mit $t_{Puls} \leq 10\ ns$ angegeben. Zur Sicherheit der Umgebung und der technischen Mitarbeiter*innen war die verwendete Räummaschine im Versuchsbetrieb vollständig optisch versiegelt und ein Auslösen des Lasers durch Sicherheitsschalter elektrisch gesichert.

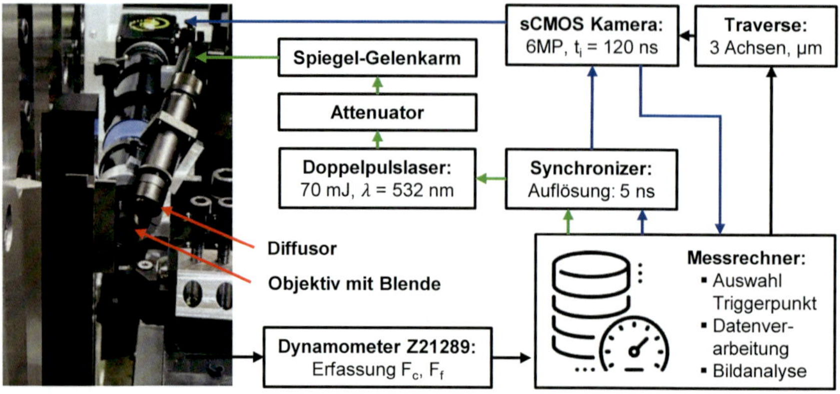

Abbildung 4.3 Schematischer Aufbau der DIC-Bilderzeugung, Triggerung und Belichtung

Schematic structure of DIC image generation, triggering and exposure

Nach Erzeugung der Laserimpulse wurden diese mit einem elektronisch steuerbaren Dämpfungsglied abgeschwächt, was eine variable Anpassung der auf den Prozess einfallenden Lichtintensität erlaubte. Nachdem sie über den Gelenkspiegelarm in einen Diffusor geleitet wurden, welcher auf der Kameraoptik montiert war, stellten die Laserimpulse eine homogene Beleuchtung der Zerspanzone in einem kreisrunden Bereich mit einem Durchmesser von ca. 4 mm sicher. Die Bilderzeugung wurde durch einen elektronischen Synchronizer mit einer Auflösung von 5 ns getriggert. Das Eintreten des Werkzeugs in das Werkstück erzeugte einen Anstieg des an der Kraftmessplattform anfallenden Kraftsignals und wurde anschließend mithilfe eines A/D-Wandlers in einen Spannungssprung von 1 V gewandelt und an den Synchronizer geleitet. In Abhängigkeit der Schnittgeschwindigkeit wurde die Verzögerung für Kamera und Lasertrigger so gewählt, dass eine Bilderzeugung stets nach einem Schnittweg von $l_c = 65mm$ erfolgte. Auf diese Weise wurden stationäre Schnittbedingungen außerhalb des Ein- oder Auslaufbereichs der Werkstücke sichergestellt.

Für die DIC-Analyse der angefertigten Bildpaare ist eine vergleichbare Bildhelligkeit der beiden Bilder erforderlich. Aus diesem Grund ist in Abbildung 4.4 (a) die charakteristische Intensitätskurve der beiden Laserpulse in Abhängigkeit der Zeit t ist exemplarisch aufgetragen. Deutlich erkennbar zeigen beide Kurven, bedingt im Funktionsprinzip des Lasers, einen steilen Anstieg bis zur maximalen Intensität und anschließend eine flachere abfallende Flanke, wobei die Kurven nicht phasengleich sind. Darüber hinaus zeigte sich eine Verschiebung und Diskontinuität der Intensitätsverteilung mit anhaltender Nutzungsdauer und Umgebungsbedingungen. Der Nulldurchgang der jeweiligen Intensitätskurve erfolgte nach ca. 350 µs, das Erreichen der Amplitude etwa bei 140-180 µs. Im praktischen Betrieb wurden beide Laserpulse jeweils in einem Bereich von $t_v = 160 - 200$ µs getriggert und die Pulszeitpunkte $t_{v,i}$ in Abhängigkeit der auftretenden Bildhelligkeit regelmäßig angepasst.

Das eingesetzte Langstreckenmikroskop und die optische Blende erzwangen eine Blindheit der Kamera gegenüber der Intensität des Umgebungslichts, weshalb die Belichtung der Bilder ausschließlich über die jeweiligen Laserpulse erfolgte und die tatsächliche Belichtungszeit der Dauer des Laserpulses von wenigen Nanosekunden ($< 10ns$) gleichzusetzen ist. Eine Bewegungsunschärfe der Bilder konnte so weitestgehend ausgeschlossen werden. Um das Risiko einer Falschbelichtung weiter zu reduzieren, wurde der erste Laserimpuls ca. eine Mikrosekunde vor dem Bildwechsel der Kamera gelegt, wie dem Schaubild in Abbildung 4.4 (b) zu entnehmen ist.

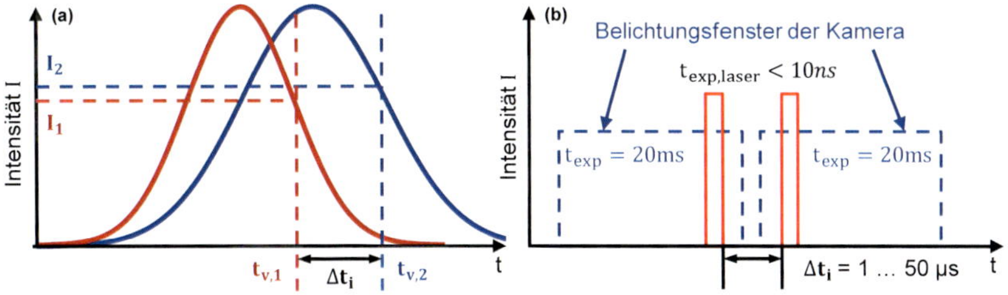

Abbildung 4.4: Schaubild des zeitlichen Verlaufs der Laserintensität (a); Darstellung der Belichtungszeit des DIC-Bildpaares (b)

Diagram of the temporal course of the laser intensity (a); representation of the exposure time of the DIC image pair (b)

Neben der Bildauflösung, der Belichtungsintensität und -dauer ist unter anderem der Abstand der beiden Bilder t_i (engl. interframing time) für die spätere DIC-Analyse entscheidend, siehe Kapitel 5. Wird dieser zu groß gewählt, tritt eine große Bewegung des Werkstoffs von Bild zu Bild auf und der Berechnungsaufwand und das Risiko von Fehlkalkulationen steigen. Wird der Bildabstand t_i zu klein definiert, geht die auftretende Bewegung gegen null und der Analysealgorithmus wird instabil. Die Grenzwerte des jeweiligen Bildabstands sind logischerweise von der Schnittgeschwindigkeit und der Bildqualität abhängig. Darüber hinaus erleichtern über die unterschiedlichen Schnittgeschwindigkeiten konstante Bewegungsvektoren innerhalb der Bilder eine einfachere, qualitative Analyse des Einflusses der Prozessparameter auf die resultierenden Bewegungsfelder.

Aus diesem Grund wurde der Bildabstand gemäß (4.1) in Abhängigkeit der Schnittgeschwindigkeit gewählt und betrug mindestens $t_i = 4\mu s$, wobei immer auf ganzzahlige Mikrosekunden gerundet wurde:

$$t_i \approx \frac{150 \frac{m}{min}}{v_c} * 4\mu s \tag{4.1}$$

Die auf diesem Wege erzeugten hochauflösenden Bilder der Zerspanzone sind exemplarisch für eine Schnittgeschwindigkeit von $v_c = 50\,m/min$ und eine Spanungsdicke von $h_c = 0{,}075\,mm$ in Abbildung 4.5 für Bild (a) und Bild (b) dargestellt. Mit menschlichem Auge ist der jeweilige Bewegungsvektor, welcher im Mittel ca. 7 Pixel, also ca. 4,2 µm beträgt, nicht erkennbar, weshalb Abbildung 4.5, (c) die Überlagerung der beiden Bilder zeigt. Die daraus resultierende Bewegungsunschärfe wird insbesondere in der Scherzone im Vergleich zu Bild (a) und Bild (b) deutlich.

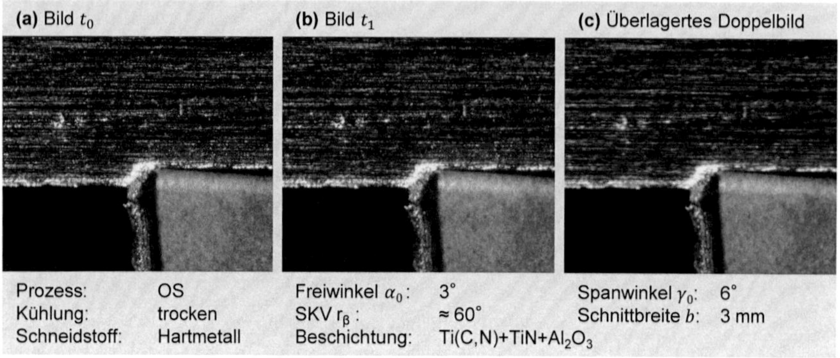

Abbildung 4.5: Exemplarische Darstellung der angefertigten Bilder: (a) Bild t_0, (b) Bild t_1, (c) Bild mit Bewegungsunschärfe

Exemplary representation of the images made: (a) image t_0, (b) image t_1, (c) double image with motion blur

Deutlich erkennbar sind die für das Herstellen der Oberflächenparallelität eingesetzte Flachschleifen typischen Schleifriefen sowie die Deformations- oder Scherzone. Darüber hinaus ist eine Unschärfe des Werkzeugs erkennbar. Diese ist im Eckenradius der Werkzeuge begründet, welcher chargenabhängig zwischen r_ε = 0,1 bis 0,2 mm betrug und aus Fertigungsgründen nicht auf null eingestellt werden konnte. Da ein Schnitt im Bereich des Radius vermieden werden musste, stand das Werkzeug jeweils die anderthalbe bis zweifache Länge des Eckenradius senkrecht zur Bildebene vor dem Werkstück. Aus der dennoch sichtbaren Unschärfe folgt eine sehr geringe Tiefenschärfe der erzeugten Bilder von weniger als $\pm 25\mu m$ und die Notwendigkeit, die Fokuslage regelmäßig zu überprüfen.

Die erzeugten Bildpaare des Zerspanprozesses weisen eine Auflösung von 2560 x 2160 Pixeln auf. Jedem dieser Pixel ist ein spezifischer Grauwert G zugeordnet, welcher als die Helligkeit des abgebildeten Objekts am Ort des Pixels entspricht. Dieser stellt somit eine Repräsentanz der Belichtungsverhältnisse und der Oberflächenbeschaffenheit bzw. des lokalen Reflexionsgrads der betrachteten Körper dar. Der Wertebereich der Grauwerte ist von der Farbtiefe F_{Grau} der Kamera abhängig und beträgt im betrachteten Fall $F_{Grau} = 16\,bit = \{2^{16}\} = \{0,1,\dots,65535\}$ Werte.

Abbildung 4.6 zeigt ein charakteristisches Bild des Zerspanprozesses (Abbildung 4.6, a) und die dazugehörige Aufstellung der Grauwertverteilung (Abbildung 4.6, b). Die hohe Menge der möglichen Grauwerte legte eine Gruppierung nahe. Zusätzlich wurde die Anzahl der Grauwerte auf $F_{Grau} = 8\ bit$ und somit $2^8 = 256$ reduziert. Eine Überbelichtung der Bilder liegt vor, wenn eine hohe Anzahl an Grauwerten den Maximalwert innehaben, wobei analog ein schwarzes Bild lediglich den Grauwert $G = 0$ aufweist.

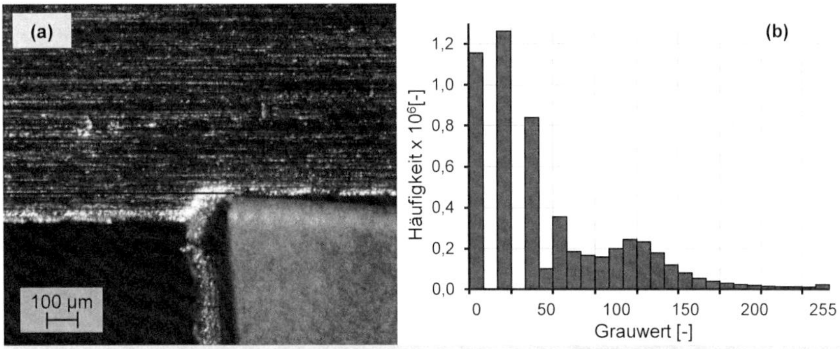

Prozess:	OS	Freiwinkel α_0:	3°	Spanwinkel γ_0:	6°
Kühlung:	trocken	SKV r_β :	≈ 60°	Schnittbreite b:	3 mm
Schneidstoff:	Hartmetall	Beschichtung:	Ti(C,N)+TiN+Al_2O_3		

Abbildung 4.6: Graustufen-Histogramm als Grundlage der Digital Image Correlation

Greyscale histogram as the basis for digital image correlation

Aus physikalischen Überlegungen folgt, dass unscharfe Bildbereiche nur geringe Gradienten des Grauwerts zwischen einzelnen Pixeln aufweisen, vgl. Abbildung 4.5, und somit Grenzen der betrachteten Körper oder gar Bewegungen weder mit dem menschlichen Auge noch mithilfe eines Algorithmus detektierbar sind. Ebenso folgt, dass die Belichtung des Bildpaares derart eingestellt werden muss, dass möglichst eine breite Verteilung der Grauwerte vorherrscht.

4.3 Experimentelle Ergebnisse

Experimental Results

Im folgenden Abschnitt werden die Ergebnisse der experimentellen Untersuchungen dargestellt. Hierzu zeigt Abbildung 4.7 die mittels der piezoelektrischen Kraftmessplattform gemessenen Zerspankraftkomponenten F_c und F_f in Schnitt- (engl. Cutting Direction) und Vorschubrichtung (engl. Feed Direction). Die Zerspankraftkomponenten wurden dabei über die Schnittlänge gemittelt und der Beginn des Werkstücks mit einer Länge von $l_{ein} = 15\,mm$ und dessen Ende mit einer Länge von $l_{aus} = 10\,mm$ nicht betrachtet. Jeder Versuch wurde mindestens zweimalig wiederholt und über alle Schnitte hinweg gemittelt.

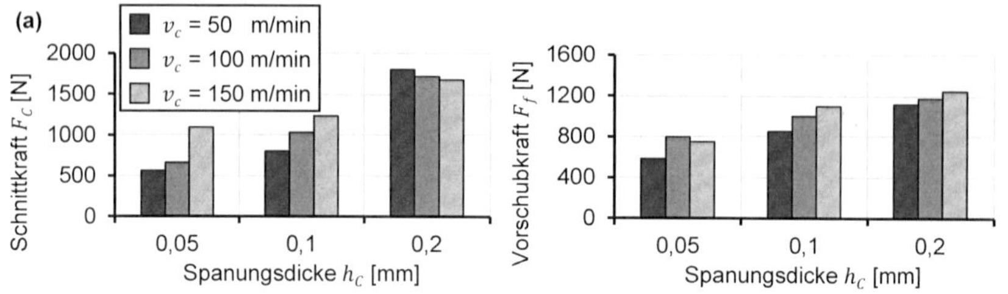

Prozess:	OS	Freiwinkel α_0:	3°	Spanwinkel γ_0:	6°
Kühlung:	trocken	SKV r_β:	≈ 60°	Schnittbreite b:	3 mm
Schneidstoff:	Hartmetall	Beschichtung:	Ti(C,N)+TiN+Al_2O_3		

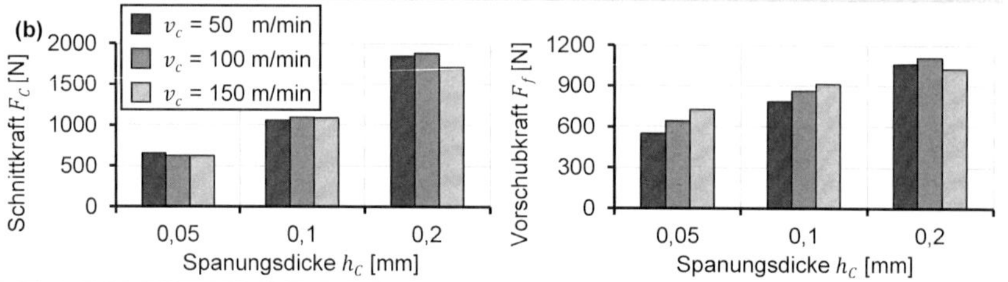

Prozess:	OS	Freiwinkel α_0:	3°	Spanwinkel γ_0:	0°
Kühlung:	trocken	Schneidkante:	Fase 0,1x10°	Schnittbreite b:	3 mm
Schneidstoff:	CBN	Beschichtung:	-		

Abbildung 4.7: Ergebnisse der orthogonalen Zerspanversuche: Zerspankraftkomponenten

Results of the orthogonal cutting tests: Cutting force components

Deutlich erkennbar ist für beide Werkzeugtypen der Anstieg der Schnittkraft F_c und Vorschubkraft F_f mit steigender Spanungsdicke h_c. Dies kann auf den linear ansteigenden Spanungsquerschnitt A_c zurückgeführt werden, wodurch die zur Spanbildung erforderliche mechanische Arbeit und die damit korrelierenden Schnittkräfte ansteigen.

Steigt die Schnittgeschwindigkeit, ist für eine Spanungsdicke von $h_c = 0{,}2\,mm$ eine geringfügige Absenkung der individuellen Schnittkräfte F_c und der Vorschubkräfte F_f zu beobachten.

Dieses Phänomen kann auf eine Überlagerung verschiedener gegenläufiger Mechanismen zurückgeführt werden und wurde bereits in vorangegangenen Arbeiten vielfach diskutiert [BUCH17b; KLOC18]. Ein Anstieg der Schnittgeschwindigkeit v_c ruft dabei folgende Effekte im Bereich der Scherzone hervor:

- Anstieg der Temperatur T => Senkung der Fließspannung (thermische Entfestigung, engl. Thermal Softening) => Abfall der Schnittkraft F_c
- Abfall des Reibkoeffizienten μ => Abfall der Schnittkraft F_c
- Steigende Dehnrate => Steigende Fließspannung (Dehnratenverfestigung, engl. Strain Rate Hardening) => Anstieg der Schnittkraft F_c

Die Versuchsergebnisse deuten darauf hin, dass die abschwächenden Effekte des Temperaturanstiegs (thermische Entfestigung) und abfallenden Reibkoeffizients den Effekt der Dehnratenverfestigung für die untersuchten Prozessbedingungen dominieren.

In Abbildung 4.8 und Abbildung 4.9 sind die vom Zerspanprozess angefertigten hochauflösenden Bilder in Abhängigkeit des verwendeten Werkzeugs und der jeweiligen Prozessparameter dargestellt. Aus Gründen der Übersichtlichkeit ist jeweils nur das erste Bild eines Bildpaares A_{t_0} und jeweils nur ein Bild pro Schnittbedingung aufgeführt, wenngleich für jede Parameterkombination mehrere Bildpaare vorlagen. Ebenfalls sind diese optisch mittels MATLAB-Algorithmus auf ein vergleichbares Helligkeitsniveau angehoben und in der Realität dunkler. Sämtliche Bilder wurden nach einer Schnittlänge von $65\,mm$ aufgenommen.

Zuerst zeigt Abbildung 4.8 die Ergebnisse für die Zerspanung mit Hartmetall-Werkzeugen. Alle Bilder zeigen eine gut ausgeprägte Scherzone und einen gegenüber dem Grundwerkstoff modifizierten Bereich der Werkstückrandzone. Lediglich für eine Schnittgeschwindigkeit von $v_c = 50\,m/min$ und eine Spanungsdicke von $h_c = 0{,}050\,mm$ konnte kein auswertbares Bild erzeugt werden. Neben Abschattungen durch herumfliegende Späne bildeten die Prozessbedingungen nur eine sehr kleine Scherzone aus, welche eine Analyse verhinderte. Zusätzlich erfolgte die Bildaufnahme in mehreren Versuchsreihen, weshalb keine konstante Beleuchtung sichergestellt werden konnte.

Scherzone und deformierte Werkstückrandzone sind deutlich erkennbar. Ebenfalls trat für niedrige Schnittgeschwindigkeiten von $v_c = 50 - 75\,m/min$ überwiegend Fließspanbildung auf, wobei erst ab einer Geschwindigkeit von $v_c = 150\,m/min$ die Segmentspanbildung dominierte. Bei genauerer Begutachtung ergibt sich eine Abhängigkeit der Segmentspanbildung mit dem Produkt aus Schnittgeschwindigkeit und Vorschub $P_{Vh} = v_c * h_c$. Im Vergleich zum Einsatz von CBN-Werkzeugen begann die Segmentspanbildung bereits ab einem Produkt aus Schnittgeschwindigkeit und

Spanungsdicke von $P_{Vh} \approx 180$. Entgegen der vorangegangenen Aufstellung wurde ab diesem Wert die Fließspanbildung vollständig unterdrückt, was auf divergierende thermo-mechanische Belastungen in der Scherzone zurückzuführen ist.

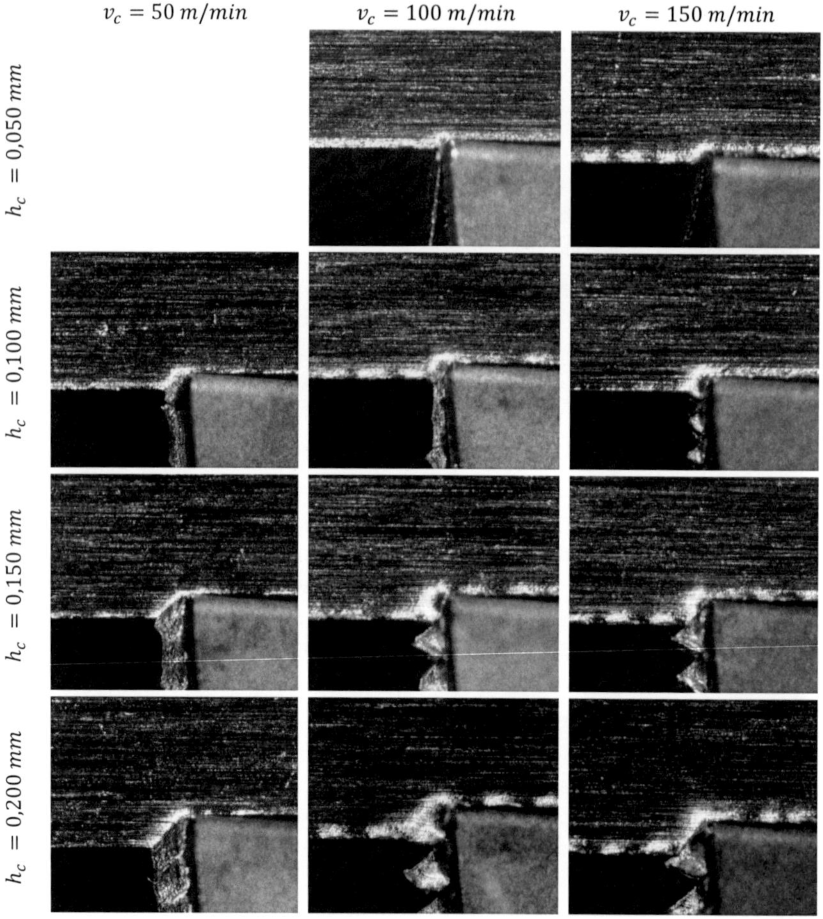

Abbildung 4.8: Ergebnisse der orthogonalen Zerspanversuche: hochauflösende Bilder des Spanabflusses bei der Zerspanung mit HM-Werkzeugen

Results of the orthogonal cutting experiments: high resolution images of the chip flow when cutting with CC-tools

Für niedrige Schnittgeschwindigkeiten von $v_c = 50\ und\ 75\ m/min$ trat bei CBN-Werkzeugen überwiegend Fließspanbildung auf, wobei diese mit steigender Schnittgeschwindigkeit für $v_c = 150\ m/min$ vollständig in Segmentspanbildung überging, vgl. Abbildung 4.9. Für Spanungsdicken von $h_c = 0{,}05 - 0{,}10\ mm$ waren keine Segmentspäne zu beobachten, wobei erst ab einer Spanungsdicke von $h_c = 0{,}20\ mm$

sämtliche Späne als Segmentspäne eingestuft werden konnten. Es ist im Weiteren zu überprüfen, ob die Segmentspanbildung ebenfalls in Abhängigkeit ihres Status eine variierende Werkstoffmodifikation in der gefertigten Oberfläche erzeugt.

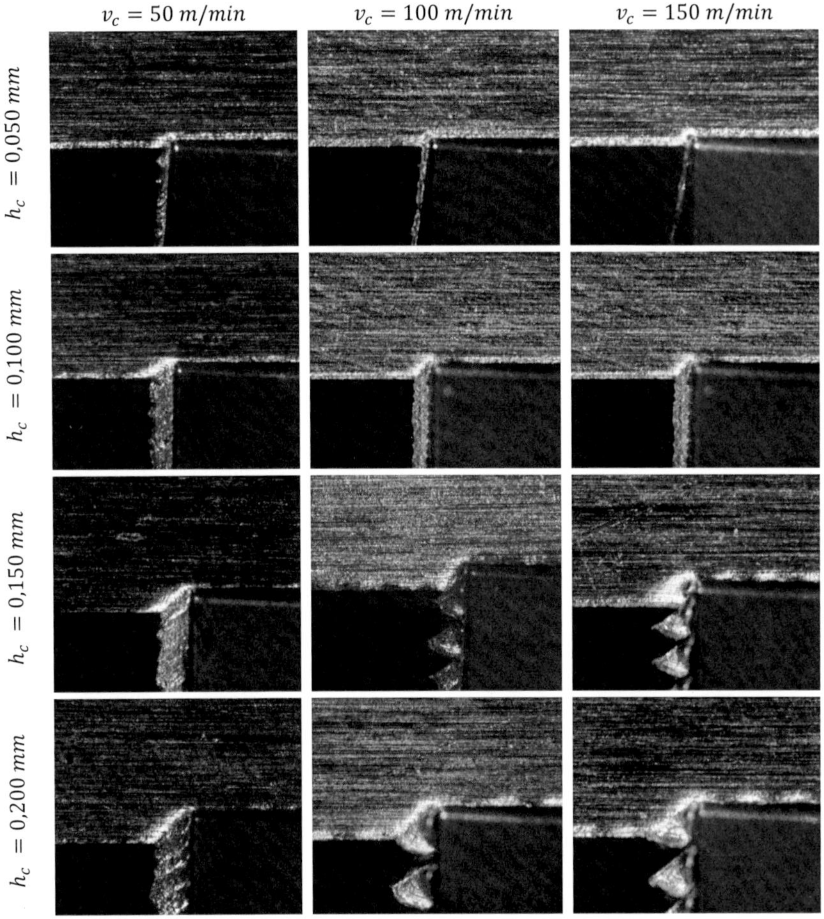

Abbildung 4.9: Ergebnisse der orthogonalen Zerspanversuche: hochauflösende Bilder des Spanabflusses bei der Zerspanung mit CBN-Werkzeugen

Results of the orthogonal cutting experiments: high resolution images of the chip flow when cutting with CBN-tools

Bei der Zerspanung mit den CBN-Werkzeugen traten Segmentspäne erst ab einem Produkt von $P_{Vh} \approx 200$ auf, ab einem Produkt von $P_{Vh} \approx 300$ verschwand die Fließspanbildung vollständig. Der hier dargestellte Zusammenhang muss auf das lokale thermo-mechanische Lastkollektiv zurückgeführt werden und wird daher in den folgenden Kapiteln weiter untersucht.

Die Analyse der mikrostrukturellen Gefügemodifikation erfolgte im ersten Schritt mithilfe geätzter mikroskopischer Schliffbilder der gefertigten Werkstückrandzone. Diese sind in Abbildung 4.10 für beide Werkzeugtypen jeweils für die Schnittgeschwindigkeiten $v_c = 50\ und\ 150 m/min$ Spanungsdicken $h_c = 0{,}050\ mm$ und $h_c = 0{,}200\ mm$ aufgeführt. Deutlich erkennbar weisen alle gefertigten Oberflächen eine Ausbildung von White Layern mit einer maximalen Dicke von wenigen Mikrometern auf. Die dargestellten „Messwerte“ der maximalen Dicke der White Layer $d_{WL,max}$ wurden händisch den Schliffbildern entnommen und je Schnittbedingung über 6 Gefügeschliffe gemittelt. Qualitativ zeigen die Schliffbilder der mit den HM-Werkzeug zerspanten Werkstückproben gegenüber den CBN-Werkzeugen dickere White Layer auf. Neben dem Vergleich der unterschiedlichen Werkstoffoberflächen ist ebenfalls eine Schwankung des White Layers entlang der Werkstückoberfläche sichtbar. Eine Ursache in den beobachteten Schwankungen kann in variierenden thermo-mechanischen Lasten angenommen werden, welche entlang der unterschiedlichen Stadien der Spanbildung auftreten.

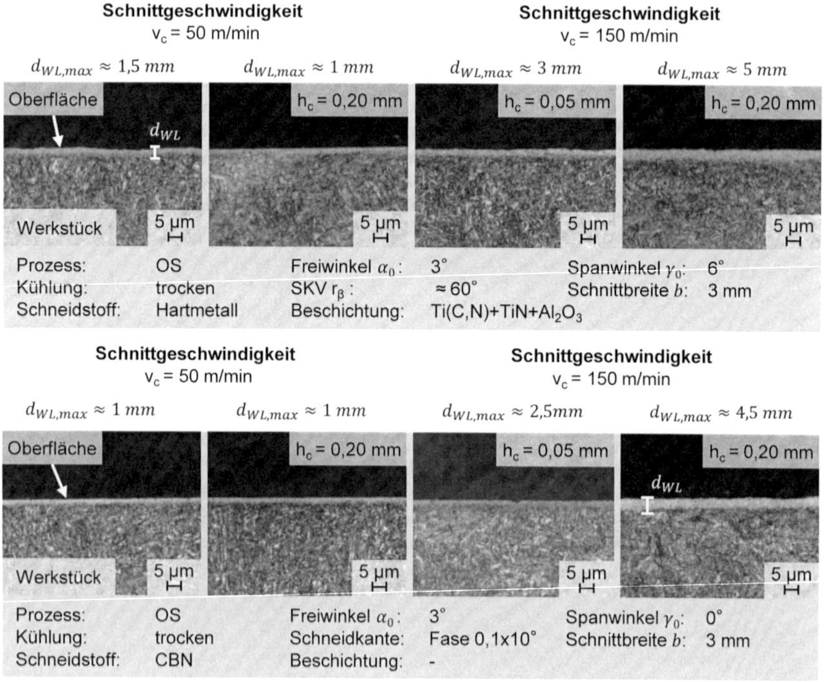

Abbildung 4.10: Ergebnisse der orthogonalen Zerspanversuche: Geätzte mikroskopische Schliffbilder der gefertigten Werkstückoberflächen

Results of the orthogonal cutting experiments: Etched micrographs of the machined workpiece surface

Die dargestellten Untersuchungen zeigen dabei eine gute Übereinstimmung mit den Ergebnissen der einschlägigen Literatur [BUCH17b], wenngleich die exakte Dicke des White Layer anhand der geätzten Schliffbilder nicht möglich ist. Eine weitere Untersuchung der gefertigten Werkstückoberflächen und Messung der Schichtdicke d_{WL} ist mithilfe der Transmissionselektronenmikroskopie (kurz TEM) möglich, welche die Detektion einzelner Korngrößen in definierten Abständen zur Werkstückoberfläche erlaubt. Hauptnachteil der TEM-Messung ist die Reduktion des beobachteten Bereichs auf wenige Mikrometer Breite bei gleichzeitig enormem Zeit- und Kostenaufwand. Hierdurch ist die Bestimmung der Schichtdicke lediglich eine stark lokale Aussage mit hoher Auflösung innerhalb einer Schnittbedingung, welche aufgrund der oben diskutierten Schwankungen innerhalb einer einzelnen Werkstückprobe keine Allgemeingültigkeit besitzen kann. Aus diesem Grund erfolgt die weitere Untersuchung der Werkstoffmodifikation zusätzlich auf Basis eines mehrfach validierten Spanbildungsmodells, welches im folgenden Kapitel vorgestellt wird.

4.4 Aufbau des numerischen Spanbildungsmodells

Set-Up of the Numerical Chip Formation Model

Die Validierung der in den folgenden Kapiteln modellierten thermischen und mechanischen Werkstoffbelastung sowie der auftretenden Randzonenmodifikation ist wie in Kapitel 2 dargestellt nur mit unzureichender Auflösung oder enormem experimentellen Aufwand möglich. Aus diesem Grund erfolgt die Validierung im Rahmen dieser Arbeit indirekt mit den Daten eines mehrfach validierten numerischen Spanbildungsmodells, welches von TEKKAYA ET AL. entwickelt wurde und auf den Annahmen und Erkenntnissen von BUCHKREMER und KLOCKE ET. AL. beruht. Der Modellaufbau und die wichtigsten Randbedingungen sind hier dargelegt, während eine tiefergehende Darstellung der Literatur entnommen werden kann. [BUCH17b; BUCH16; KLOC16; TEKK23; TEKK21; TEKK20]

Der schematische Aufbau des numerischen Spanbildungsmodells ist in Abbildung 4.11 skizziert. Das Modell wurde in der kommerziellen und im Forschungsumfeld weit verbreiteten Simulationsumgebung Abaqus/Explicit umgesetzt und beruht auf der Coupled Eulerian-Lagrangian (CEL) Methode. Hierbei ist das Werkzeug als Lagrange-Körper vernetzt, das FE-Netz ist also fest mit dem Körper verbunden. Das Werkstückvolumen demgegenüber bewegt sich im sog. Euler-Raum mit definierten Startbedingungen frei, das FE-Netz ist dabei ortsfest und der Werkstoff „fließt“ durch das Netz. Mithilfe dieser Formulierung werden starke Netzdeformationen vermieden und eine stabile Simulation selbst bei hohen Dehnungen und Dehnraten ermöglicht.

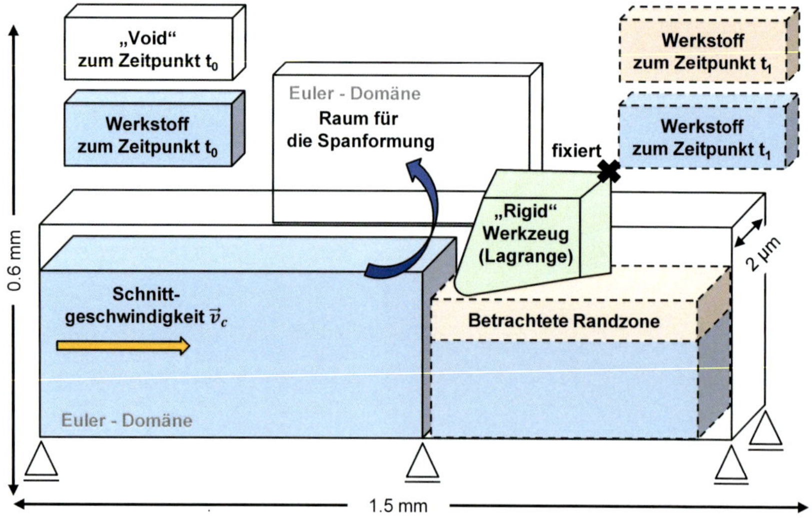

Abbildung 4.11 Aufbau des numerischen Spanbildungsmodells [TEKK23]

Set-up of the numerical chip formation simulation [TEKK23]

Die Validierung des Spanbildungsmodells erfolgte über den Vergleich der simulierten und experimentell gemessenen Spandickenverhältnisse, der Prozesskräfte und der experimentell bestimmten Dicke des prozessinduzierten White Layers.

Die Beschreibung des mechanischen Werkstoffverhaltens erfolgte maßgeblich mithilfe des Plastizitätsmodells nach JOHNSON UND COOK gemäß Gleichung (4.2):

$$\sigma_{yld} = [A + B * \varepsilon^n] * \left[1 + C * \ln\left(\frac{\dot{\varepsilon}}{\dot{\varepsilon}_0}\right)\right] * \left[1 - \left(\frac{T - T_0}{T_m - T_0}\right)^m\right] \tag{4.2}$$

Die erforderlichen Werkstoffkennwerte hierfür wurden der Literatur entnommen und mittels Zugversuchs oder inverser Parameterkalibrierung ermittelt. Sie können Tabelle 4.5 und der Literatur entnommen werden.

Tabelle 4.5 Johnson-Cook Werkstoffkennwerte für 42CrMo4 nach Buchkremer [BUCH17b]

Johnson-Cook plasticity constants for steel AISI 4140 (42CrMo4) according to Buchkremer [BUCH17b]

Kennwert	A [MPA]	B [MPA]	n [-]	$\dot{\varepsilon}_0$ [s^{-1}]	T_0 [°C]	T_m [°C]	C [-]	m [-]
Wert	356	1135	0,44	0,002	25	153´6	0,020	0,604

Neben dem mechanischen Werkstoffverhalten kommt der Beschreibung der Körperreibung zwischen Werkstoff und Werkzeug eine besondere Bedeutung zu, da diese die Wärmeentwicklung in der Kontaktzone definiert. Die gemessenen Reibkoeffizienten in Abhängigkeit der Schnittgeschwindigkeit nach PULS ET AL. für den untersuchten Werkstoff sind in Tabelle 4.6 dargestellt. Reibwerte für die nicht dargestellten Schnittgeschwindigkeiten wurden entsprechend mit den Nachbarstützstellen interpoliert.

Tabelle 4.6 Reibkoeffizienten gemäß des Coulomb'schen Reibgesetzes für die eingesetzten Reibpartner [BUCH16]

Coefficients of friction according to Coulomb's friction law for the friction partners used [BUCH16]

Relative Geschwindigkeit v_{rel} [m/min]	20	40	80	120	150
Reibkoeffizient μ [-]	0,21	0,15	0,09	0,10	0,07

Die Vorhersage der dynamischen Rekristallisation setzten TEKKAYA ET AL. mithilfe eines Modells der Versetzungsdichte nach ESTRIN [ESTR98] und DING [DING13] um, welche mit einer User-Subroutine in den FE-Code implementiert wurde. Dabei wurde kein klares Kriterium für die lokale dynamische Rekristallisation definiert, sondern die Korngröße immer dann angepasst, wenn die lokal auftretende gesamte Versetzungsdichte größer war als im vorherigen Rechenschritt. Das verwendete Modell zeigte sehr gute Übereinstimmungen sowohl zu den experimentellen und numerischen Untersuchungen von BUCHKREMER [BUCH17b] und den numerischen Untersuchungen basierend auf dem in Kapitel 2.3 dargestellten Ansatz der irreversiblen Thermodynamik [TEKK20].

4.5 Zwischenfazit

Intermediate Conclusion

Die in Kapitel 4 vorgestellten experimentellen und numerischen Untersuchungen adressierten Forschungsfrage 1 und bereiten die weitere Untersuchung der thermo-mechanischen Werkstückbelastung und -modifikation der Werkstückrandzone vor. Sie stellen somit eine wichtige Grundlage zur Beantwortung von Forschungsfragen 2 und 3 dar.

Zu diesem Zweck wurde zuerst ein Grundlagenprüfstand entwickelt und vorgestellt, mit dessen Hilfe der orthogonale Zerspanprozess und im Speziellen die Scherzone mit hoher Auflösung (Pixelgröße ~ 0,36 μm^2) untersucht werden kann. Im zweiten Schritt wurde ein numerisches Spanbildungsmodell in Zusammenarbeit mit TEKKAYA ET AL. entwickelt und validiert, welches eine Vorhersage der prozessinduzierten White Layer-Dicke anhand zweier unterschiedlicher Modellansätze erlaubt. Die angefertigten Prozessbilder, die optisch mittels Schliffbildern bestimmte Randzonenmodifikation sowie die gemessenen Zerspankraftkomponenten werden im Folgenden als Eingangs- bzw. Validierungsgrößen für die Modellierung in Kapitel 5, 6 und 7 herangezogen.

Die empirischen Ergebnisse können wie folgt zusammengefasst werden:

- Die in den Zerspanversuchen gemessenen Zerspankraftkomponenten wiesen erwartungsgemäß für beide Werkzeugtypen eine gute Korrelation zwischen steigender Spanungsdicke h_c und steigender Schnittkraft F_c und Vorschubkraft F_f für beide Werkzeugtypen auf.
- Für die Zerspanung mit HM-Werkzeugen war ein vergleichbarer Anstieg der Schnittkraft F_c auch mit steigender Schnittgeschwindigkeit v_c sichtbar, wenngleich sich dieser für hohe Spanungsdicken von $h_c = 0{,}2\ mm$ umkehrte.
- Für die Zerspanung mit CBN-Werkzeugen konnte keine eindeutige Korrelation der Schnittgeschwindigkeit mit der Schnittkraft festgestellt werden.
- Das Verhalten der Zerspankraftkomponenten deutet auf ein stark wechselndes thermo-mechanisches Lastkollektiv hin, welches in Abhängigkeit der Prozessparameter und des verwendeten Werkzeugtyps individuell von thermischen oder mechanischen Effekten dominiert wird.
- Die Analyse der hochauflösenden Bildpaare des Zerspanprozesses zeigte eine Abhängigkeit der Spanbildung von den gewählten Prozessparametern und dem eingesetzten Werkzeugtyp.
- Hohe Schnittgeschwindigkeiten und hohe Spanungsdicken begünstigten die Ausbildung von Segmentspänen, wobei diese bei der Zerspanung mit den HM-Werkzeugen bereits bei kleineren Werten auftrat.
- Sämtliche untersuchten Werkstückoberflächen wiesen White Layer auf, wobei diese eine Dicke von etwa $d_{WL} \approx 5\mu m$ nicht überschritten. Erneut provozierten höhere Schnittgeschwindigkeiten und Spanungsdicken sowie der Einsatz der HM-Werkzeuge in der Tendenz größere mikrostrukturelle Modifikationen.

- Der Einfluss steigender Schnittgeschwindigkeiten v_c auf die Ausbildung der White Layern war dem Einfluss der Spanungsdicke gegenüber dominant.
- Die Auswertung der prozessinduzierten Randzonenmodifikation mithilfe der optischen Auswertung geätzter Gefügeschliffe war aufwändig und fehleranfällig, da der Übergang zwischen White Layer und Grundgefüge nicht eindeutig messbar war.

Ausgehend von diesen Ergebnissen erfolgt im nächsten Schritt die Berechnung des in die Werkstückrandzone induzierten mechanischen Lastkollektivs (Kapitel 5), bevor dieses in Kombination mit der modellierten thermischen Belastung (Kapitel 6) zur analytischen Vorhersage von Randzonenmodifikationen (Kapitel 7) herangezogen wird.

5 Modellgestützte Messung der mechanischen Werkstückbelastung

Model-based Measurement of the Mechanical Workpiece Loadings

Das folgende Kapitel adressiert Forschungsfragen 1 und 2 im Hinblick auf die mechanische Werkstückbelastung bei der orthogonalen Zerspanung von 42CrMo4. Die Berechnung des mechanischen Lastkollektivs erfolgt mithilfe der digitalen Bildkorrelation, weshalb hier zuerst auf die Funktionsweise des Algorithmus selbst eingegangen wird. Anschließend folgt die Weiterentwicklung dessen und die Untersuchung der tatsächlichen Werkstückbelastung.

Teile dieses Kapitels, insbesondere die methodische Vorgehensweise, wurden bereits in Rahmen mehrerer Arbeiten des *Journals Procedia CIRP* [BERG21; MEUR23; MEUR20b] und des *Journal of Manufacturing Science and Engineering* [ZHAN22] veröffentlicht.

5.1 Spezifische Funktionsweise des verwendeten DIC-Algorithmus

Specific Functionality of the Digital Image Correlation Algorithm

Die Berechnung der mechanischen Werkstückbelastung erfolgte mit der Open Source Software NCORR, welche in die Umgebung der Software MATLAB implementiert wurde. Die mathematischen Grundlagen des Algorithmus sind der einschlägigen Literatur zu entnehmen [BLAB15b; BLAB15a; ZOUA21], weshalb hier nur auf seine übergeordnete Funktionsweise eingegangen wird.

Die Verschiebung und Deformation eines jeden Punktes einer beliebigen Größe auf dem ersten Bild A_{t_0} eines Bildpaares (A_{t_0}, B_{t_1}) kann gemäß Gleichung (5.1) anhand seines Deformationsvektors $\mathbf{p}$ wie folgt beschrieben werden:

$$\mathbf{p} = \left\{u \quad v \quad \frac{\partial u}{\partial x} \quad \frac{\partial u}{\partial y} \quad \frac{\partial v}{\partial x} \quad \frac{\partial v}{\partial y}\right\}^T \tag{5.1}$$

Neben den direkten Verschiebungen u und v in den Richtungen x und y beschreiben deren Gradienten in die beiden Raumrichtungen die Deformation des Punktes vollständig. Im ersten Schritt der Analyse eines Bildpaares mit bekanntem Bildabstand t_i (vgl. Kapitel 4.3) erfolgt lediglich die Berechnung der örtlich auftretenden Verschiebung, sodass gilt:

$$\mathbf{p} = \{u \quad v \quad 0 \quad 0 \quad 0 \quad 0\}^T \tag{5.2}$$

Hierfür werden im ersten Bild A_{t_0} kreisförmige Segmente (engl. Subsets) mit einem Radius r_{sub} definiert und diese mit festem Abstand der Segmentmittelpunkte (engl. Subset Spacing) s_{sub} vollständig über den betrachteten Bildbereich (engl. Region of Interest, kurz ROI) verteilt.

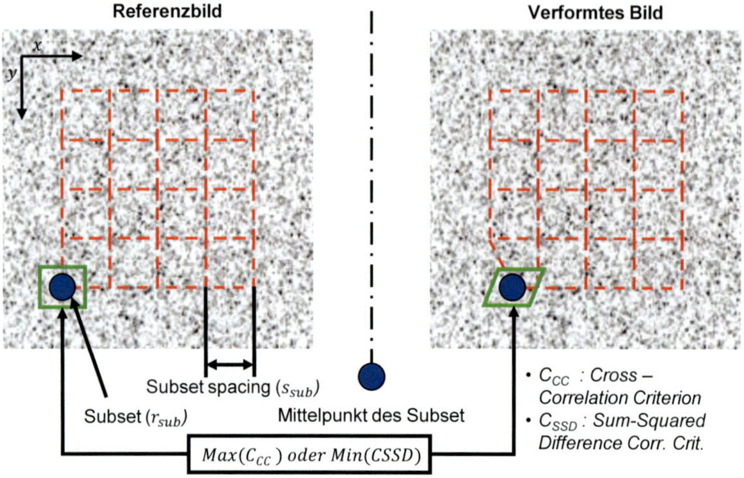

Abbildung 5.1 Schematische Darstellung des DIC-Algorithmus mit lokalem Lösungsansatz gemäß Zouabi [ZOUA21]

Schematic representation of the DIC algorithm with local solution approach according to Zouabi [ZOUA21]

Abbildung 5.1 zeigt eine exemplarische Darstellung dieser Verteilung, wenngleich in der realen Berechnung üblicherweise die Berechnungsparameter derart gewählt werden, dass eine deutliche Überlappung der individuellen Subsets auftritt ($r_{sub} \gg s_{sub}$) um die Robustheit des Algorithmus und gleichzeitig die Auflösung der berechneten Bewegungsfelder zu erhöhen. Jedes Subset umfasst somit eine festgelegte Position und Anzahl an Pixeln, welche jeweils individuell aufgrund der Oberflächentopografie des Werkstücks und der Belichtungssituation einen definierten Grauwert besitzen (vgl. Abbildung 4.6). Diese können in der spezifischen Grauwertfunktion $f_{i,A_{t_0}}(\overline{x_\iota}, \overline{y_J})$ zusammengefasst werden.

Mit der oben dargestellten Vorgehensweise wird nun jedes Subset ausgehend von einem Startpunkt (engl. Seed) unter Vorgabe eines maximalen Bewegungsradius $r_{s,DIC}$ in die Raumrichtungen x und y verschoben und mit Bild B_{t_1} verglichen. Mittels Kreuzkorrelationsfunktion kann mathematisch die Korrelation der Grauwertfunktion $f_{i,A_{t_0}}(\overline{x_\iota}, \overline{y_J})$ des Ursprungssubsets und der Grauwertfunktion des Vergleichssubsets $f_{j,B_{t_1}}(\overline{x_\iota}, \overline{y_J})$ berechnet werden. Die wahrscheinlichste Bewegung bzw. Deformation liegt nun am Extremum der Korrelationsfunktion vor, wobei umliegende, bereits berechnete Deformationsvektoren $\mathbf{p}_i$ mit in die Korrelationsfunktion aufgenommen und so die Homogenität der Bewegungsfelder gesteigert wird.

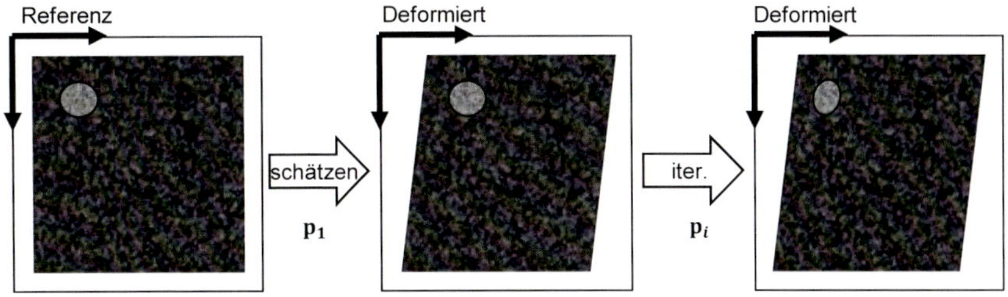

Abbildung 5.2 Vorgehensweise bei der Berechnung des örtlichen Deformationsvektors mit Ncorr nach BLABER ET AL. [BLAB15a]

Procedure for the calculation of the local deformation vector using Ncorr according to BLABER ET AL. [BLAB15a]

Ist für jedes definierte Subset ein geeigneter Verschiebungsvektor u und v gefunden, werden anschließend iterativ analog zum vorangegangenen Vorgehen die restlichen Komponenten des Deformationsvektors $\mathbf{p}$ ermittelt.

Abbildung 5.3 zeigt exemplarisch ein Deformationsfeld in den Richtungen x und y. Die Validität der Berechnungen kann nun einerseits durch den Vergleich der bekannten, bzw. aus Schnittgeschwindigkeit v_c und Bildabstand t_i berechneten, Bewegung des Werkstücks und der von NCORR ermittelten Verschiebung überprüft werden. Unter der Annahme eines lokal stetigen Verlaufs der Bewegung können Irregularitäten direkt im Bewegungsbild erkannt oder mathematisch detektiert werden.

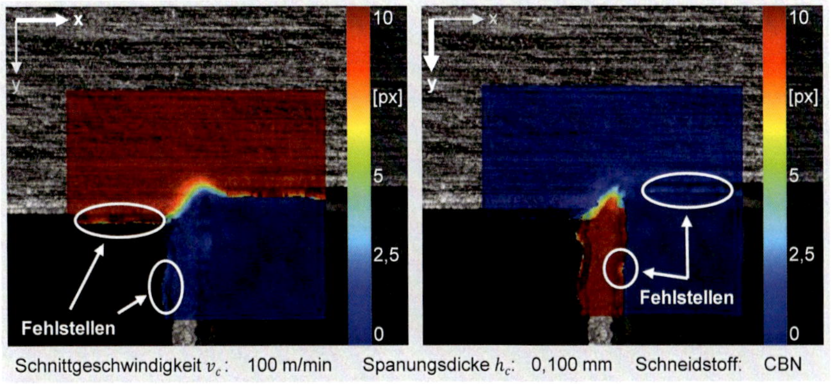

Abbildung 5.3 Exemplarisches Beispiel eines Deformationsfeldes in x- und y-Richtung,

Example of a deformation field in x- and y-direction

Im dargestellten Beispiel wurden die in der Berechnungssoftware vorgeschlagenen Standardwerte eingesetzt und ein quadratischer Berechnungsbereich definiert. Grundsätzlich ist bereits optisch ein gutes Berechnungsergebnis zu beobachten, da keine Berechnungsfehler auftreten und Übergänge in der Bewegungsrichtung, bspw. in der Scherzone homogen und stetig verlaufen. An den Körpergrenzen dagegen treten vereinzelt Fehlstellen auf, welche im späteren Verlauf der Analyse zu vermeiden sind.

Ausgehend vom, für jedes Subset lokal berechneten, Deformationsvektor $\mathbf{p}$, können mithilfe der Verschiebungsgradienten die GREEN-LAGRANGE-Dehnungen gemäß den Gleichungen (5.3), (5.4) und (5.5) berechnet werden:

$$\varepsilon_{xx} = \frac{1}{2}\left(2\frac{\partial u}{\partial x} + \left(\frac{\partial u}{\partial x}\right)^2 + \left(\frac{\partial v}{\partial x}\right)^2\right) \tag{5.3}$$

$$\varepsilon_{xy} = \frac{1}{2}\left(\frac{\partial u}{\partial y} + \frac{\partial v}{\partial x} + \frac{\partial u}{\partial x}\frac{\partial u}{\partial y} + \frac{\partial v}{\partial x}\frac{\partial v}{\partial y}\right) \tag{5.4}$$

$$\varepsilon_{yy} = \frac{1}{2}\left(2\frac{\partial v}{\partial y} + \left(\frac{\partial u}{\partial y}\right)^2 + \left(\frac{\partial v}{\partial y}\right)^2\right) \tag{5.5}$$

Die mathematische Berechnung der Green-Lagrange-Dehnungen erfordert die Differenziation der Verschiebungsvektoren, weshalb diese stark vom Eingangssignal sowie den Verschiebungsfeldern abhängig und somit für Störverhalten bspw. Rauschen (engl. Noise) sehr anfällig sind. Gründe für Rauschen in den DIC-Bildern können Belichtungsfehler, Schattierungseffekte, drastische Verschiebungsgradienten und hohe Verformungen sowie Übergänge zwischen Werkstoffen oder Grenzflächen sein. Aus diesem Grund nutzt NCORR den sog. Dehnungs-Fenster-Algorithmus (engl. Strain Window Algorithm). Hierbei werden unter Definition eines Dehnungsradius (engl. Strain Radius) r_{strain} umliegende Werkstoffpunkte zur Glättung der Dehnungswerte herangezogen. [BLAB15a; PAN09]

Wird der Dehnungsradius zu groß gewählt, werden Maxima der Dehnwerte, beispielsweise in der Scherzone, stark abgemindert. Wird dieser zu gering festgesetzt, sinkt die Stabilität des Algorithmus und resultiert in stark inhomogenen Dehnfeldern [BLAB15a; MEUR23]. Aus diesem Grund wird hierfür im folgenden Kapitel ein geeigneter Wert hergeleitet.

5.2 Erweiterung des DIC-Algorithmus und Postprocessing

Extension of the DIC Algorithm and Post-Processing

Im vorangegangenen Kapitel wurden die Funktionsweise der digitalen Bildkorrelation und die Berechnung lokaler, richtungsabhängiger Dehnungskomponenten dargestellt. Darauf aufbauend wurde ein semi-automatischer Algorithmus zur Berechnung von optischen Masken entwickelt, welcher im Folgenden vorgestellt wird. Im Anschluss daran erfolgen die Herleitung geeigneter Berechnungsparameter und die Weiterverarbeitung der berechneten Dehnfelder.

5.2.1 Semi-automatische Definition von Berechnungsmasken

Semi-automatic Definition of Calculation Masks

Die Qualität der Ergebnisse der DIC-Auswertung in der Zerspanung ist von zahlreichen Faktoren abhängig. Neben der Bild- und Belichtungsqualität (siehe Abbildung 4.2) sind dies die gewählten DIC-Parameter (Subset Radius r_{sub}, Subset Spacing s_{sub} und Strain Radius r_{strain}) und im Bild oder dem Algorithmus auftretendes Rauschen. Das Rauschen wird dabei bereits bei der Berechnung des Verschiebungsvektors offensichtlich und ist durch eine starke Abweichung eines einzelnen Wertes oder eines Werteclusters von den Werten seiner Umgebung gekennzeichnet ($g_{lok} \gg g_{surr}$ oder $g_{lok} \ll g_{surr}$). Tritt bereits bei der Berechnung des Verschiebungsvektors starkes Rauschen auf, wird dies über die Berechnung des lokalen Dehnungstensors verstärkt. Die gängigsten Ursachen für Rauschen können wie folgt zusammengefasst werden:

- Große tatsächliche Verschiebungsvektoren innerhalb des Bildpaares (A_{t_0}, B_{t_1}) bedingt durch zu hohe Einstellung des Bildabstandes t_i erzwingen die Definition großer Subsets und großer Suchradien $r_{s,DIC}$, somit jedoch geringerer lokaler Korrelationskoeffizienten und gleichzeitig inhomogene Deformationsfelder.
- Belichtungsfehler wie bspw. Schattierungen, Unschärfen oder Überbelichtung ($g_{lok} \approx g_{max}$) erschweren einen Vergleich der Subsets und somit die eindeutige Berechnung von Verschiebungsvektoren.
- Grenzflächen zwischen den betrachteten Körpern bedingen abrupte Verschiebungsgradienten. Im Fall des orthogonalen Schnitts sind dies insbesondere die Grenzflächen Werkstück-Spanfläche, Werkstück-Freifläche und Werkstück-Umgebung.

Neben dem Versuch, Rauscheffekte zu eliminieren, besteht die Möglichkeit, das Eingangsbildpaar oder berechnete Dehnungs- und Deformationsfelder nachträglich zu filtern. Auch die Annäherung der ermittelten Größen mithilfe mathematischer Funktionen erlaubt es, einen stetigen Verlauf über den Betrachtungsraum sicherzustellen. In Zusammenarbeit mit ZHANG ET AL. wurde die Wirkungsweise einer derartigen mathematischen Annäherung für den untersuchten Werkstoff und Prozessbereich erarbeitet. Die Annäherung der berechneten Dehnratenfelder erfolgte dabei mithilfe einer glockenförmigen Verteilungskurve, deren Funktionsparameter entweder von den Schnittbedingungen abhängig waren oder individuell kalibriert wurden. Wenngleich die mathematische Beschreibung des Dehnratenfelds in der primären Scherzone mit guter Übereinstimmung möglich war, wurden einige Schwächen des Vorgehens offensichtlich: Einerseits erforderte die Berechnung einen hohen manuellen Aufwand zur Wahl individueller Funktionsparameter, andererseits konnten Rand- und Einlaufbereiche der Scherzone nur mangelhaft abgebildet werden. Diese umfassten insbesondere die Bereiche der gefertigten Werkstückoberfläche, weshalb dieser Ansatz für die Anwendung im Rahmen dieser Arbeit nicht zum Einsatz kommt. [ZHAN22]

Die Grenzflächen des analysierten Bildbereichs, aber auch Übergänge zwischen unterschiedlichen Körpern (WKZ-Span, WKZ-Werkstück, Werkstück-Umgebung) beeinflussen die Ergebnisgüte der DIC-Analyse stark. Qualitativ sind dabei nur geringe Unterschiede in der optischen Analyse erkennbar, quantitativ zeigen sich jedoch Differenzen insbesondere in den oberen µm der gefertigten Werkstückoberfläche. Geeignete Masken für den ROI können mithilfe von NCORR händisch für jedes Bildpaar eingefügt und somit die Berechnung auf den relevanten Bereich beschränkt werden.

Zur Steigerung der Berechnungsqualität und gleichzeitigen Reduktion der Berechnungszeit wurde ein Algorithmus zur Herleitung geeigneter Masken entwickelt und in der Software-Umgebung MATLAB umgesetzt. Die Funktionsweise des Algorithmus ist in Abbildung 5.4 dargestellt und kann wie folgt zusammengefasst werden:

1. Automatisierte Detektion der Grenzlinie l_1 zwischen Werkstück und Umgebung vor der Scherzone (Abbildung 5.4, b).
2. Berechnung der Position der Grenzlinie l_2 zwischen Werkstück und Umgebung hinter der Scherzone über die Spanungsdicke h_c. Anschließender Vergleich mit automatisierter Detektion von l_2.
3. Automatisierte Definition einer maximalen relevanten Eindringtiefe $d_{max,rel}$ und somit oberen Grenze des ROI.
4. Händische Selektion der Werkzeugschneidkante und automatisierte Definition der Schneidkantenmikrogeometrie sowie Spanfläche als Grenzlinie zwischen Span und Werkzeug.

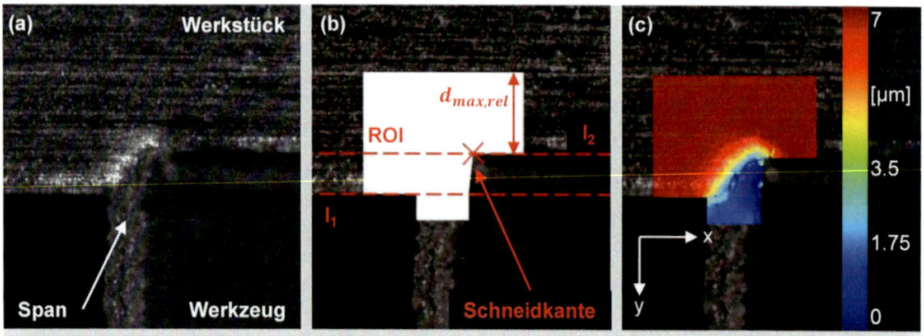

Schnittgeschwindigkeit v_c: 100 m/min Spanungsdicke h_c: 0,100 mm Schneidstoff: CBN

Abbildung 5.4 Prozedur zur Berechnung geeigneter Masken und eines ROI für CBN- und HM-Werkzeuge

Procedure for calculating suitable masks and ROI for CBN- and CC-tools

Abschließend können die Berechnung des Bewegungsfeldes im relevanten Bereich der Zerspanzone durchgeführt und Berechnungsfehler an den Grenzflächen der beteiligten Körper reduziert werden (siehe Abbildung 5.4, c).

5.2.2 Identifikation geeigneter DIC-Modellparameter

Identification of suitable DIC Model Parameter

Nach der semi-automatischen Vorbearbeitung der angefertigten Bilder und Erstellung geeigneter Masken folgte die tatsächliche DIC-Analyse. Ein Kernziel dieser Arbeit war die Entwicklung einer standardisierten, bestmöglich automatisierten Berechnungsmethode der mechanischen Werkstückbelastung. Hieraus folgt im Falle der DIC die Notwendigkeit, für alle Bildpaare gleiche oder standardisierte Auswerteparameter zu wählen, welche lediglich von den Prozessparametern abhängig sind.

Der Einfluss der charakteristischen DIC-Parameter auf das Berechnungsergebnis wurde bereits in den Vorarbeiten qualitativ anhand der ermittelten Verschiebungs- oder Deformationsfelder und quantitativ anhand der berechneten Dehnratenverläufe untersucht und ist in Tabelle 5.1 zusammengefasst [MEUR23]. Bewertet wurde hierbei der Einfluss der Parameter auf die Dauer der Berechnung, deren Stabilität, die Menge des produzierten Rauschens und die quantitative Güte des Ergebnisses in Bezug auf über- oder unterschätzte Deformationsfelder.

Tabelle 5.1: Gegenüberstellung des Einflusses der DIC-Parameter auf die Berechnung der mechanischen Werkstückbelastung

Comparison of the influence of DIC parameters on the calculation of the mechanical workpiece load

Parameter [px]	Rel. Wertebereich [px]	Einfluss auf DIC-Analyse bei steigendem Parameter				Gewählter Wert [px]
		Dauer Berechnung	Stabilität DIC	Rauschmenge	Ergebnisgüte	
Größe des ROI	0 – ~ 6 mio.	↑↑	–	–	–	~ 0,5 mio.
Tiefe ROI im Werkstück	0 - ~ 1,5 tsd.	↑	–	–	–	$2 * h_c$
r_{sub}	0 – 100	↑	↑	↓	↑	60
s_{sub}	0 – 20	↓↓	↓	↑	↓↓	5
r_{strain}	0 – 30	–	↑	↓	↓↓	15

Sowohl die Größe des ROI als auch die Tiefe des ROI in das Werkstückvolumen besitzen keinen Einfluss auf die Stabilität des Algorithmus, die Menge des produzierten Rauschens oder die Ergebnisgüte. Die Gesamtberechnungsdauer dagegen nimmt stark zu. Während die Berechnung eines Dehnratenfelds für den kompletten Bildbereich mehrere Minuten in Anspruch nehmen kann, ist diese für einen fokussierten ROI innerhalb von 20-30 Sekunden möglich. In der finalen Untersuchung wurde daher die Eindringtiefe in das Werkstück zu $d_{max,rel} = 2 * h_c$ gewählt, woraus eine Größe des gesamten ROI von ca. 0,5 Megapixeln resultierte.

Analog zu den Überlegungen aus Kapitel 5.1 erhöht ein größerer Subsetradius r_{sub} die Berechnungsdauer der DIC, steigert jedoch deren Stabilität und reduziert die Menge an Rauscheffekten, da je Subset eine größere Anzahl an Grauwerten zur Korrelation zur Verfügung stehen. Dieser Effekt wird umgekehrt, wenn die Größe des Subsets die Größe der maximalen Verschiebungsgradienten um ein Vielfaches überschreitet ($r_{sub} \gg |\{u, v\}|$), weshalb lediglich eine maximale Subsetgröße von $r_{sub} = 100\, px$ sinnvoll erscheint.

Der Subsetgröße gegenüber reduziert ein steigender Subsetabstand s_{sub} die Berechnungszeit drastisch, da weniger überlappende Subsets berechnet werden müssen. Gleichzeit steigt die Menge des auftretenden Rauschens und sinkt die Qualität der Ergebnisse, da weniger Stützstellen für die Korrelation vorhanden sind. Zusätzlich darf der Subsetabstand die maximal auftretenden Verschiebungen nicht überschreiten (($s_{sub} \leq |\{u, v\}|$), da sonst Änderungen in der Bewegungsrichtung nicht oder nicht stetig detektiert werden. Zur Analyse der Deformationsfelder wurde der Subsetradius zu $r_{sub} = 60\, px$ und der Subsetabstand zu $s_{sub} = 5\, px$ festgelegt.

Der Dehnungsradius r_{strain} beschreibt die Glättung der Dehnungswerte bei den berechneten Dehnratenfeldern (vgl. Kapitel 5.1). Wird dieser zu groß ausgewählt, steigt die Stabilität der DIC bei sinkender Menge an Rauschen. Gleichzeitig sinkt jedoch die Aussagefähigkeit der Analyse, da er auf die Berechnung der Dehnungs- und Dehnratenfelder starke Dämpfungseigenschaften aufweist. Abbildung 5.5 zeigt die mittels NCORR lokal berechneten Normaldehnungen ε_{yy} in y-Richtung für unterschiedliche Dehnungsradien $r_{strain} = 30, 15, 7, 2\, px$. [MEUR23]

Zwei gegenläufige Effekte sind direkt erkennbar. Einerseits nimmt die Homogenität des Dehnungsfelds mit sinkendem Dehnungsradius stark ab. Der nominelle Unterschied zwischen Grundwerkstoff und Scherzone bei einem Dehnungsradius von $r_{strain} = 30\, px$ ist nur sehr schwer erkennbar und es bildet sich keine klare Scherzone aus. Sinkt der Dehnungsradius auf $r_{strain} = 2\, px$ ab, wird die Scherzone aus mehreren Clustern gebildet, welche untereinander selbst einen hohen Gradienten aufweisen. Diese Beobachtung ist auf die glättenden Effekte eines steigenden Dehnungsradius zurückzuführen.

Andererseits werden Unterschiede sowohl in den ermittelten maximalen als auch durchschnittlichen Normaldehnungen $\varepsilon_{yy,max}$ und $\varepsilon_{yy,mean}$ sichtbar. Die gemessenen Normaldehnungen stiegen dabei mit fallendem Dehnungsradius stark an und erreichen eine lokale Schwankung um den Faktor vier bis fünf. In einer detaillierten Analyse mehrerer Bildpaare konnte im Bereich eines Dehnungsradius von $r_{strain} = 10 - 20\, px$ ein statisches Plateau ermittelt werden, in welchem die maximalen und gemittelten Normaldehnungen nur geringen Gradienten unterlagen. In diesem Bereich wurde ebenfalls eine gute Übereinstimmung zu Werten der Literatur gefunden [ZHAN22]. Zur Absicherung einer robusten automatisierten Berechnung wurde daher der Dehnradius für die weitere Auswertung zu $r_{strain} = 15\, px$ festgelegt.

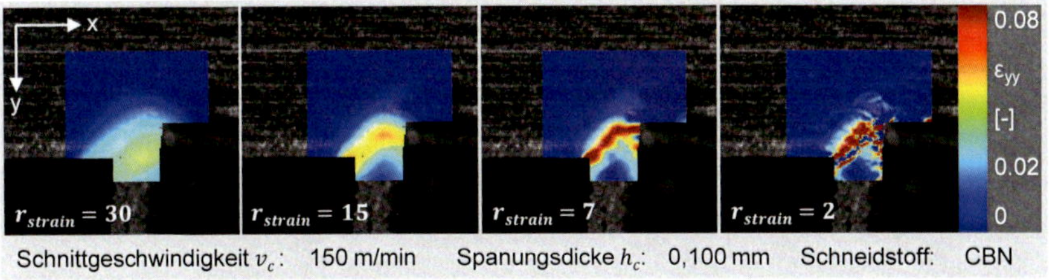

Abbildung 5.5: Einfluss des Dehnungsradius r_{strain} auf die berechneten Dehnungsfelder [MEUR23]

Influence of the strain radius r_{strain} radius on the calculation of strain fields [MEUR23]

5.2.3 Berechnung der plastischen Vergleichsdehnung

Calculation of the Plastic Equivalent Strain

Die mechanische Werkstückbelastung in der Zerspanung beschreibt die richtungsabhängige, ortsaufgelöste Werkstoffdehnung, deren Akkumulation entlang eines Bewegungspfades durch die Scherzone und die orts- und richtungsabhängige Dehnrate entlang dieses Pfades. Erst die Kombination dieser beiden Komponenten erlaubt eine physikalisch getriebene Vorhersage dynamischer Rekristallisation.

Aus diesem Grund wurde für jeden Werkstoffpunkt die äquivalente plastische Vergleichsdehnung $\varepsilon_{eq,AB}$ nach VAN MISES gemäß der Formel (5.6) berechnet. Diese beschreibt die örtlich induzierte Dehnung zwischen zwei Bildern A_{t_0} und B_{t_1}, welche somit stark vom individuellen Bildabstand t_i abhängig ist. Wenngleich dieser gemäß Gleichung (4.1) mit der Schnittgeschwindigkeit korrelierend gewählt wurde, erlaubt die äquivalente plastische Vergleichsdehnrate nach Gleichung (5.7) einen prozessparameterunabhängigen Vergleich der mechanischen Werkstückbelastung.

$$\varepsilon_{eq,AB} = \frac{1}{3}\sqrt{\left[\frac{2}{3}\left(\left[\varepsilon_{xx} - \varepsilon_{yy}\right]^2 + \varepsilon_{xx}{}^2 + \varepsilon_{yy}{}^2\right) + \varepsilon_{xy}{}^2\right]} \tag{5.6}$$

$$\dot{\varepsilon}_{eq} = \frac{\varepsilon_{eq,AB}}{t_i} \tag{5.7}$$

Die Ausbildung von White Layer aufgrund von dynamischer Rekristallisation ist gemäß den Erkenntnissen aus Kapitel 2 bei der orthogonalen Zerspanung des Versuchswerkstoffs lediglich in den oberen zehn bis maximal 20 Mikrometern Abstand von der gefertigten Werkstückoberfläche zu erwarten. Aus physikalischen Überlegungen folgt, dass eine mikrostrukturelle Gefügemodifikation maßgeblich im oberflächennahen Bereich erfolgt und anschließend mit größerem Abstand von der Werkstückoberfläche abnimmt. Daher kann angenommen werden, dass die maximale thermo-mechanische Werkstückbelastung ($\varepsilon_{eq,AB,max}$) an der Oberfläche in das Werkstück induziert wird.

In Abbildung 5.6 (a) ist das prozessinduzierte Dehnungsfeld $\varepsilon_{eq,AB}$ für eine Schnittgeschwindigkeit von $v_c = 50\ m/min$, eine Spanungsdicke von $h_c = 0{,}050\ mm$ und den Schneidstoff Hartmetall dargestellt. Folgend werden die Koordinaten x und y derart eingeführt und verwendet, dass x stets in die der Schnittgeschwindigkeit entgegengesetzte Richtung zeigt, während y dazu orthogonal in Richtung des steigenden Abstands von der Werkstückoberfläche ausgerichtet ist. Der Nullpunkt (x_0, y_0) dieses Koordinatensystem beschreibt den Punkt der höchsten mechanischen (oder thermischen) Werkstücklast (x_0) auf der Werkstückoberfläche (y_0). Auf diese Weise ist sowohl eine direkte qualitative Gegenüberstellung der Belastungsfelder als auch ein quantitativer Vergleich in definierten Abständen zur Werkstückoberfläche möglich.

Die Analyse der Dehnungsfelder in Abbildung 5.6, (a) zeigt, dass eine exakte Identifikation der Werkstückoberfläche mithilfe von Masken (vgl. Kapitel 5.2.1) nicht möglich war. Ursache hierfür waren Reflexionen des Werkzeugs oder Unschärfen im Bereich der gefertigten Werkstückoberfläche. Diese resultierten in berechneten Dehnungen oberhalb der gefertigten Oberfläche auf Grund von Rauschen.

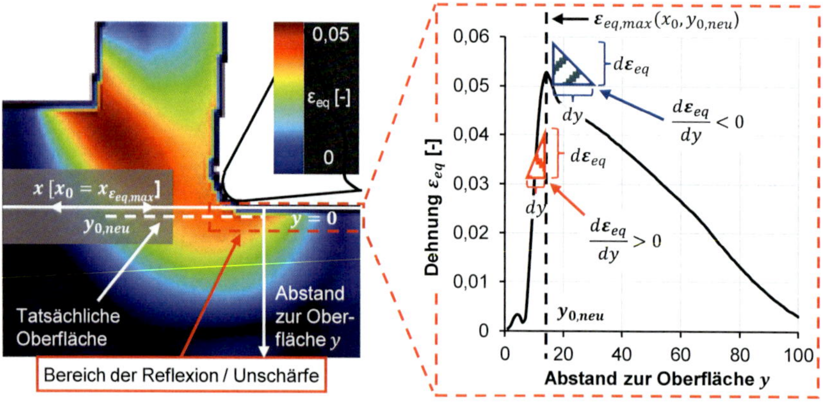

Abbildung 5.6: Prozessinduziertes Dehnungsfeld und Verlauf der plastischen Vergleichsdehnung in y-Richtung – Berechnung der tatsächlichen Oberfläche

Process induced plastic strain field and course of the plastic comparative strain y-direction – Calculation of effective workpiece surface

Aus diesem Grund wurde die tatsächliche Werkstückoberfläche für alle Bildpaare nachträglich automatisch ermittelt und so das relevante Werkstoffvolumen abgegrenzt. Die Berechnung erfolgte für jedes Bildpaar mithilfe des lokalen Gradienten der plastischen Vergleichsdehnung $\varepsilon'_{eq}(y) = d\varepsilon_{eq}/dy$, siehe Abbildung 5.6, (b). Beginnend mit der obersten Zeile des Dehnungsfelds im Bereich der gefertigten Werkstückoberfläche steigt die lokale Vergleichsdehnung $\varepsilon_{eq,AB}$ an, der Gradient ist positiv $(\varepsilon'_{eq}(y) > 0)$. Erreicht die Vergleichsdehnung ein Maximum, vollzieht der Gradient einen Vorzeichenwechsel und wird negativ, die Vergleichsdehnung fällt ab $(\varepsilon'_{eq}(y) < 0)$.

Bleibt das Vorzeichen des Gradienten über den weiteren Verlauf konstant, wird die tatsächliche Werkstückoberfläche auf die Zeile des letzten Vorzeichenwechsels festgelegt. Durch einen Vergleich des Gradientenverlaufs mehrerer Startpunkte konnte die Werkstückoberfläche ($y_{0,neu}$) für alle Bildpaare exakt bestimmt werden.

Neben der mechanischen Werkstückbelastung, welche zwischen den Zeitpunkten t_0 und t_1 entsteht, ist die Belastungshistorie eines Werkstoffpartikels essenziell, welcher die Scherzone durchläuft, im Span abgeführt wird oder aber in die gefertigte Werkstoffoberfläche eingeht. Unter der Annahme eines stationären Fließprozesses durch die Scherzone kann der Pfad eines Werkstoffpartikels (engl. Particle Movement Streamline) durch die Scherzone mithilfe, der über die DIC ermittelten Bewegungsvektoren berechnet werden. Abbildung 5.7 zeigt exemplarisch die Position der Bewegungsvektoren, wobei deren Richtungskomponenten $u_s(n,m)$ und $v_s(n,m)$ dem Quotienten der beiden ersten Komponenten des Deformationsvektors $\boldsymbol{p}$ und des Bildabstands t_i entsprechen.

Der Abstand der Vektorstartpunkte ist gleich dem vorab definierten Abstand der Subsets $s_{sub} = 5\ px$. Die Konstruktion der Bewegungslinien erfolgt nach Wahl eines Startpunkts P_0 durch Multiplikation mit einem vorab gewählten Zeitinkrement, welches hier zu $dt_{stream} = 1/20\ t_i$ gesetzt wird. Auf diese Weise wird selbst bei großen Geschwindigkeitsvektoren kein Subset übersprungen und eine neue Position P_1 entlang der Bewegungslinie bestimmt. Mittels linearer Interpolation wird nun erneut ein Geschwindigkeitsvektor ermittelt und die Sequenz über P_3, P_4, …, P_i wiederholt, bis der Rand des Bewegungsfelds für jede mögliche Startposition erreicht ist, vgl. Abbildung 5.7, b. Zuletzt ist der exemplarische Verlauf mehrerer Bewegungslinien durch die Scherzone in Abbildung 5.7 (c) dargestellt.

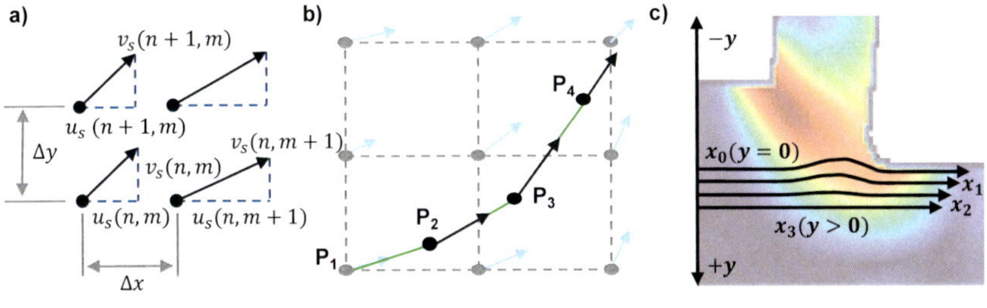

Abbildung 5.7: Schema eines individuellen Bewegungsfelds (a), Berechnung einer Bewegungslinie (b) und exemplarischer Bewegungslinien durch die Scherzone (c)

Schematic view of an individual motion field (a), the calculation of a motion line (b) and exemplary motion lines through the shear zone (c)

Entlang der Bewegungslinie kann im letzten Berechnungsschritt die plastische Vergleichsdehnung $\varepsilon_{eq,akk}$ akkumuliert werden, wobei jeweils die Einzeldehnungen der umliegenden Subsets zum Einsatz kommen. Für eine Schnittgeschwindigkeit von $v_c = 50\ m/min$, eine Spanungsdicke von $h_c = 0{,}100\ mm$ und den Schneidstoff Hartmetall sind die Ergebnisse der DIC-Analyse in Abbildung 5.8 dargestellt. Dies umfasst zuerst die entlang der Bewegungslinien akkumulierte Vergleichsdehnung $\varepsilon_{eq,akk}$ in Abhängigkeit des Abstands zur Werkstückoberfläche (a) sowie die lokale Vergleichsdehnrate entlang der Bewegungslinien (b). Die akkumulierte Vergleichsdehnung wird dabei für jeden Punkt entlang der einzelnen Bewegungslinien berechnet. Wenngleich die Berechnung von plastischen Vergleichsdehnungen, Temperaturen und der dynamischen Rekristallisation vollständig für den gesamten Betrachtungsrahmen erfolgt, sind deren Ergebnisse folgend quantitativ lediglich in definierten Abständen zur Werkstückoberfläche dargestellt. Diese umfassen Tiefen von $d_W = 0;\ 2{,}5;\ 5; 7{,}5; 10;\ 25\ und\ 50\ \mu m$. Wie vorab beschrieben ist dabei der Nullpunkt der x-Achse auf die Position der höchsten Dehnrate fixiert.

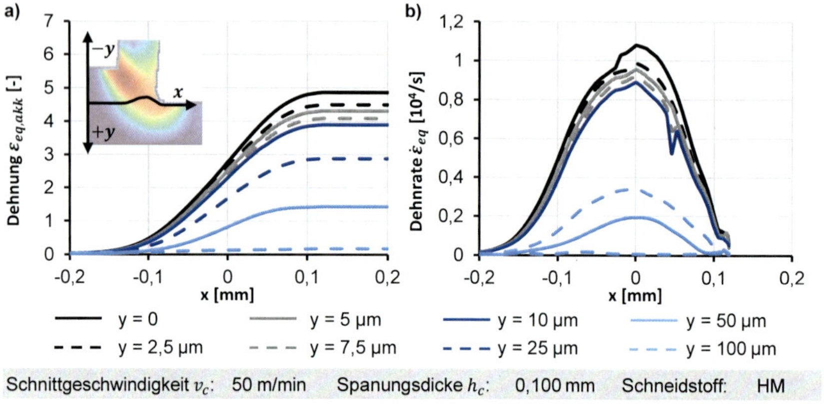

Abbildung 5.8 Akkumulierte Vergleichsdehnung entlang einer Bewegungslinie (a) und lokal auftretende Vergleichsdehnrate (b) mit steigendem Abstand zu Werkstückoberfläche

Accumulated comparative strain along a line of movement (a) and locally occurring comparative strain rate (b) with increasing distance to the workpiece surface

5.3 Analyse der mechanischen Werkstückbelastung

Analysis of the Mechanical Workpiece Load

Die Untersuchung und Diskussion der mechanischen Werkstückbelastung anhand der äquivalenten plastischen Vergleichsdehnung ε_{akk} und -dehnrate $\dot{\varepsilon}_{eq}$ erfolgt im Folgenden in drei Schritten. Zuerst werden getrennt die Einflüsse der Prozessparameter auf die mechanische Belastung jeweils für den Einsatz der CBN- und HM-Werkzeuge dargestellt, bevor diese im dritten Abschnitt untereinander verglichen werden.

Aufgrund der Menge der ausgewerteten Daten und Komplexität der berechneten Lastkollektive wird hierbei zuerst jeweils ein charakteristisches Beispiel für den jeweiligen Parametereinfluss vorgestellt und diskutiert, bevor eine Gesamtübersicht der ausgewerteten Parameter erfolgt. Eine Mittelung der gemessenen Vergleichsdehnung über mehrere Schnitte eines Parametersets hinweg erscheint aus physikalischen Überlegungen nicht sinnvoll. Um dem Anspruch der Reproduzierbarkeit und statistischen Absicherung gerecht zu werden, werden aus diesem Grund im Folgenden Versuchspunkte nur quantitativ dargestellt, wenn diese über mehrere Schnitte hinweg homogene Ergebnisse aufwiesen.

Die Auswertung erfolgt dabei anhand der akkumulierten Vergleichsdehnung und der Vergleichsdehnrate entlang der individuellen berechneten Partikelbewegungslinien in definierten Tiefen zur Werkstückoberfläche. Der Nullpunkt der x-Achse wurde auf den Punkt der höchsten ermittelten Vergleichsdehnrate festgelegt. Für die Interpretation der dargestellten Werte ist es wichtig, dass die berechneten Bewegungslinien die Scherzone nicht vollständig, sondern nur am Rande durchlaufen, da ein Großteil des Werkstoffs durch den Span abgeführt wird. Darüber hinaus ist im oberflächennahen Bereich durch Reibung zwischen Werkzeugfreifläche und Werkstück ein weiterer Anstieg der Dehnung hinter der Scherzone zu erwarten.

5.3.1 Mechanische Werkstückbelastung – HM-Werkzeuge

Mechanical Workpiece Loading – CC cutting tools

In Summe wurden unter Verwendung der HM-Werkzeuge die Spanungsdicke und die Schnittgeschwindigkeit jeweils vierstufig variiert. Von den 16 Versuchspunkten konnten dabei vier Versuche aufgrund ungünstiger Spanbildung trotz mehrfacher Versuchswiederholung nicht quantitativ reproduzierbar ausgewertet werden.

In Abbildung 5.9 ist der charakteristische Vergleich der äquivalenten Dehnung entlang der Bewegungslinien für eine konstante Schnittgeschwindigkeit von $v_c = 50\,m/\,min$ dargestellt. Bei allen dargestellten Schnittbedingungen lag Fließspanbildung vor, wobei eine Spanungsdicke von $h_c = 0{,}050\,mm$ in der Auswertung nicht berücksichtigt werden konnte. Im Vergleich der akkumulierten Dehnungen entlang der Oberflächenlage können zwei Beobachtungen aufgestellt werden. Einerseits sinkt die gemessene plastische Vergleichsdehnung im Endpunkt der Bewegungslinie mit steigender Spanungsdicke.

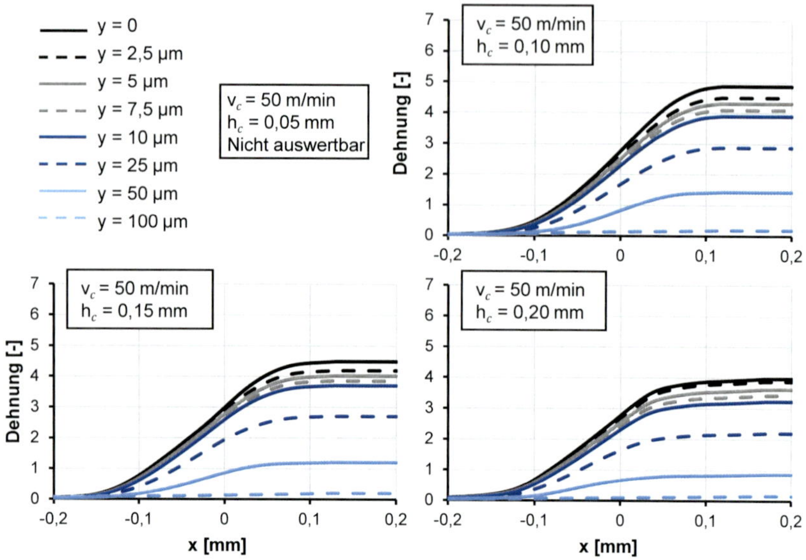

Abbildung 5.9: Prozessinduzierte äquivalente Dehnung in die Werkstückrandzone: HM-Werkzeuge und konstante Schnittgeschwindigkeit $v_c = 50\ m/min$

Process induced equivalent strain in the workpiece rim zone: CC-cutting tools and fixed cutting speed of $v_c = 50\ m/min$

Wird für eine Spanungsdicke von $h_c = 0{,}100\ mm$ eine Dehnung von $\varepsilon_{akk,max} \approx 5$ erreicht, sinkt diese bei $h_c = 0{,}150\ mm$ auf $\varepsilon_{akk,max} \approx 4{,}5$ und schließlich bei $h_c = 0{,}200\ mm$ auf $\varepsilon_{akk,max} \approx 4$ ab. Andererseits werden Unterschiede im charakteristischen Verlauf der akkumulierten Dehnungen deutlich. In allen Fällen steigt etwa $0{,}15\ mm$ vor Durchlaufen der maximalen Dehnrate ($x = 0$) die induzierte Dehnung mit steigendem Gradienten an und erreicht anschließend ein asymptotisches Maximum. Wird dieses Maximum für eine Spanungsdicke von $h_c = 0{,}100\ mm$ erst nach weiteren $ca.\ 0{,}15\ mm$ erreicht, geschieht dies bei höheren Spanungsdicken bereits bei $ca.\ 0{,}06\ mm$. Hieraus folgt, dass die induzierte Dehnung in einer kürzeren Zeitspanne in den Werkstoff eingebracht wird. Mit steigendem Abstand zur Werkstückoberfläche fallen die berechneten Dehnungen gleichmäßig ab, weisen jedoch noch in Tiefen von $d_w = 25\mu m$ Werte von $\varepsilon_{akk,max} \approx$ 2-3 auf und erreichen erst in einer Tiefe von $d_w = 25\mu m$ nahezu das Nullniveau.

Der charakteristische Vergleich bei einer konstanten Spanungsdicke von $h_c = 0{,}200\,mm$ ist in Abbildung 5.10 aufgetragen. Für eine Schnittgeschwindigkeit von $v_c = 50\,m/\,min$ dominierte die Fließspanbildung, während für $v_c \geq 100\,m/\,min$ Segmentspäne gebildet wurden.

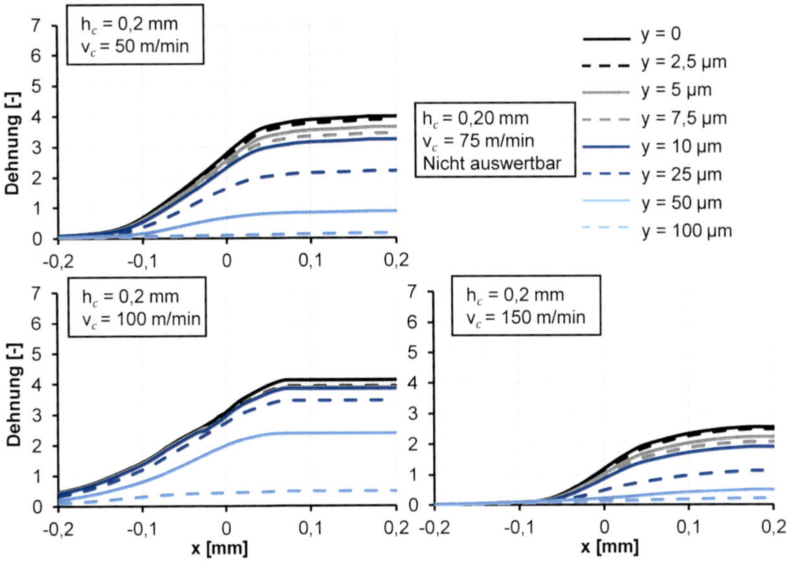

Abbildung 5.10: Prozessinduzierte äquivalente Dehnung in die Werkstückrandzone: HM-Werkzeuge und konstante Spanungsdicke $h_c = 0{,}200\,mm$

Process induced equivalent strain in the workpiece rim zone: CC-cutting tools and fixed uncut chip thickness $h_c = 0{,}200\,mm$

Die berechnete Dehnung der Oberflächenlage sinkt mit steigender Schnittgeschwindigkeit von $\varepsilon_{akk,max} \approx 4$ auf ein Niveau von ca. $\varepsilon_{akk,max} \approx 2{,}5$ ab und bleibt anschließend konstant. Im Vergleich der beiden segmentspanbildenden Schnittbedingungen fallen die berechneten Dehnungen für niedrige Schnittgeschwindigkeiten schneller mit dem Abstand zur Oberfläche ab.

Abbildung 5.11 zeigt die Übersicht über die jeweils maximal berechnete Dehnrate entlang der obersten Bewegungslinie bzw. der Oberflächenlage. Schnittbedingungen, bei denen Fließspäne auftraten, sind vollfarbig, segmentspanbildende Schnittbedingungen schraffiert dargestellt. Über alle Schnittbedingungen hinweg lag die maximal berechnete Dehnung bei $\varepsilon_{akk,max} \approx 5$, wobei eine Dehnung von $\varepsilon_{akk} \approx 2$ in der Oberflächenlage nicht unterschritten wurde. Qualitativ sind zwei deutliche Tendenzen zu erkennen. Zuerst sinkt mit steigender Spanungsdicke die berechnete Dehnung, wobei dieser Effekt sowohl für Fließspanbildung für Schnittgeschwindigkeiten von $v_c = 50\,m/\,min$ als auch im Bereich der Segmentspanbildung ab $v_c = 100\,m/\,min$ gültig ist.

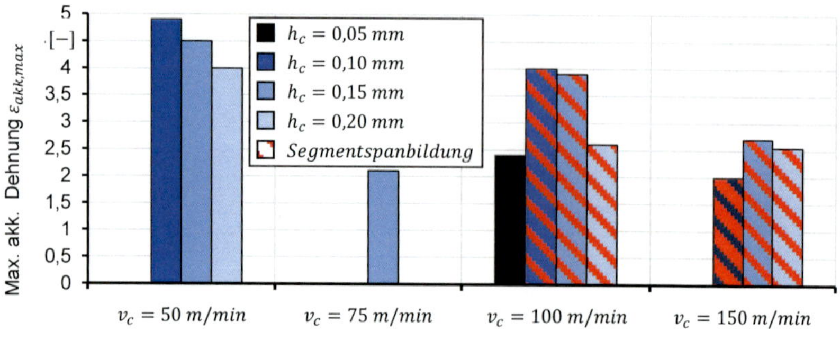

Abbildung 5.11: Übersicht der prozessinduzierten äquivalenten akkumulierten Dehnung in der Werkstückoberfläche ($d_w = 0\mu m$): Teil 1 – HM-Werkzeuge

Overview of process induced equivalent accumulated strain into the workpiece surface $d_w = 0\,\mu m$: Part 1 – CC-cutting tools

Analog zur Spanungsdicke bedingt auch eine Steigerung der Schnittgeschwindigkeit qualitativ einen Abfall der berechneten Dehnungen. Dieser ist jedoch nur für Spanungsdicken von $h_c > 0{,}050\,mm$ evident. Werden explizit die segmentspanbildenden Schnittbedingungen betrachtet, ist die Schnittgeschwindigkeit gegenüber der Spanungsdicke der dominierende Faktor und geht mit einer Absenkung der berechneten Dehnungen bei steigender Schnittgeschwindigkeit einher.

Abschließend ist der Verlauf der Dehnraten entlang der Bewegungslinien für eine konstante Schnittgeschwindigkeit von $v_c = 50\,m / min$ in Abbildung 5.12 dargestellt. Analog zu den vorab diskutierten Dehnungsverläufen sinkt die maximal bestimmte Dehnrate bei einer Verdopplung der Spanungsdicke von $\dot{\varepsilon}_{eq} = 1{,}1 * 10^4$ auf etwa $\dot{\varepsilon}_{eq} = 0{,}5 * 10^4$ stark ab.

Darüber hinaus ist für alle Schnittbedingungen in den oberen 10 Mikrometern Abstand zur Oberfläche nur ein geringer Abfall der Dehnraten erkennbar, wobei dieser darunter stark zunimmt. Zuletzt weisen alle Dehnratenverläufe einen stark parabelförmigen Charakter auf. Somit nimmt die Belastung entlang der Bewegungslinie zu und gleichermaßen wieder ab. Hieraus folgt, dass eine zusätzliche Belastung hinter der Scherzone, bspw. durch freiflächenseitige Reibung zwischen Werkzeug und Werkstückrandzone, ausbleibt.

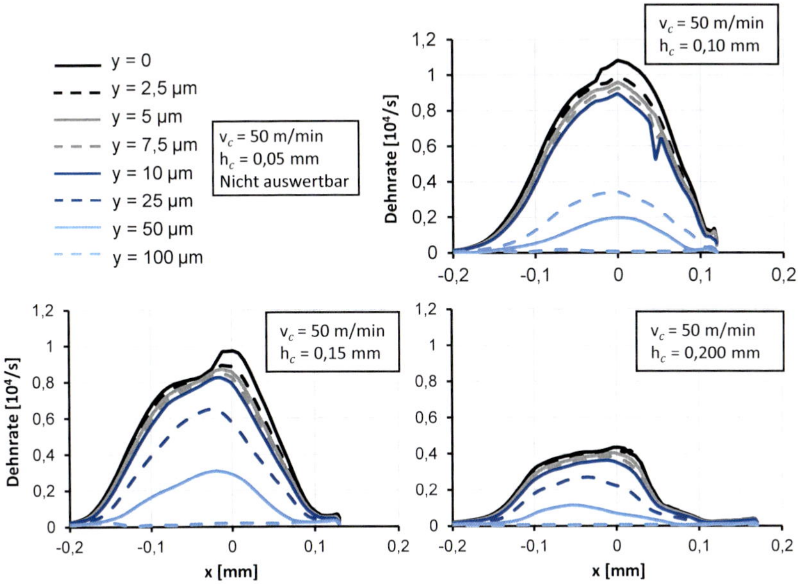

Abbildung 5.12: Prozessinduzierte Dehnrate entlang einer Bewegungslinie: HM-Werkzeuge und konstante Spanungsdicke $v_c = 50\ m/min$

Process induced strain rate along a particle moving streamline: CC cutting tools and constant uncut chip thickness $v_c = 50\ m/min$

Der Vergleich der maximal berechneten Dehnraten in der Oberflächenlage belegt die bisher dargestellten Ergebnisse, vgl. Abbildung 5.13. Unter Verwendung der Hartmetall-Werkzeuge betrug die maximale Dehnrate über alle Schnittbedingungen $\dot{\varepsilon}_{eq} = 1{,}4 * 10^4$, wobei diese nie unter $\dot{\varepsilon}_{eq} = 0{,}4 * 10^4$ abfiel. Getrennt nach Art der Spanbildung wiesen die Schnittbedingungen einen unterschiedlichen Einfluss auf die maximalen Dehnraten auf. Während für die Fließspanbildung sowohl höhere Schnittgeschwindigkeiten als auch höhere Spanungsdicken in geringeren Dehnraten resultierten, war dies im Falle der Segmentspanbildung und somit höheren Schnittgeschwindigkeiten umgekehrt. Hier stieg die Dehnrate sowohl mit der Schnittgeschwindigkeit als auch mit der Spanungsdicke, wobei die Spanungsdicke den dominierenden Faktor darstellte.

Über beide Spanformen hinaus ist besonders der Verlauf der Dehnrate mit steigender Schnittgeschwindigkeit interessant, welcher auf Grund der mangelnden Datenlage nur für eine Spanungsdicke von $h_c = 0{,}150\ mm$ durchgängig bestimmt werden konnte. Die Dehnrate sinkt zuerst ab, steigt ab einer Schnittgeschwindigkeit von $v_c = 100\ m/\ min$ jedoch erneut an. Als mögliche Ursachen hierfür können neben der einsetzten Segmentspanbildung eine mit der Schnittgeschwindigkeit ansteigende thermische Entfestigung identifiziert werden. Dies muss jedoch, unter Analyse der vollständigen Scherzone in zukünftigen Arbeiten tiefergehend untersucht werden.

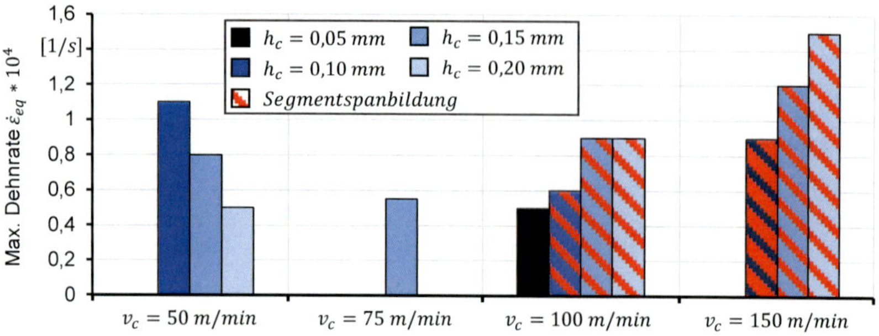

Abbildung 5.13: Übersicht über die maximal entlang einer Bewegungslinie berechneten Dehnrate bei einem Oberflächenabstand von $d_w = 0\ \mu m$: Teil 1 – HM-Werkzeuge

Overview of the maximum strain rate calculated along a line of motion at a surface depth of $d_w = 0\ \mu m$: Part 1 – CC cutting tools

Die Ergebnisse der Untersuchungen der mechanischen Werkstückbelastung bei der Verwendung der HM-Werkzeuge können wie folgt zusammengefasst werden:

- Eine Steigerung der Spanungsdicke resultierte in einer Verringerung der prozessinduzierten Deformation in die Werkstückrandzone, solange eine Fließspanbildung vorlag.
- Eine Steigerung der Schnittgeschwindigkeit ging tendenziell mit einer Senkung der berechneten akkumulierten Dehnungen einher, wobei dieser Effekt dem der Spanungsdicke unterzuordnen war.
- Die Maximal in der Oberfläche akkumulierten Dehnungen erreichten einen Wert von $\varepsilon_{akk,max} \approx 4{,}9$ wobei maximale Dehnungen in der Oberflächenlage von $\varepsilon_{akk,max} \approx 2$ nicht unterschritten wurden.
- Die berechneten Dehnraten entlang einzelner Bewegungslinien überschritten für keine Schnittbedingung einen Wert von $\dot{\varepsilon}_{eq} \approx 1{,}4 * 10^4$.
- Im Gegensatz zur Dehnung verursachte eine Steigerung der Schnittgeschwindigkeit mit Einsetzen der Segmentspanbildung eine Steigerung der Dehnraten.
- Wenngleich die berechneten maximalen Dehnraten bei niedrigen Schnittgeschwindigkeiten mit steigender Spanungsdicke absanken, steigen diese für höhere Schnittgeschwindigkeiten und beim Vorhandensein von Segmentspänen.

5.3.2 Mechanische Werkstückbelastung – CBN-Werkzeuge

Mechanical Workpiece Loading – CBN cutting tools

Analog zu den Experimenten mit HM-Werkzeugen wurden mit den CBN-Werkzeugen die Versuchsparameter vierstufig variiert. Von den insgesamt 16 Parameterkombinationen konnten 15 reproduzierbar ausgewertet werden. Lediglich für eine Schnittgeschwindigkeit von $v_c = 75\, m/\, min$ und $h_c = 0{,}050\, mm$ konnte aufgrund der ungünstigen Spanbildung keine DIC-Analyse durchgeführt werden, weshalb auf die Darstellung der entsprechenden Ergebnisse verzichtet wird. Abbildung 5.14 zeigt charakteristisch die akkumulierte Vergleichsdehnung ε_{akk} in Abhängigkeit der Spanungsdicke bei konstanter Schnittgeschwindigkeit $v_c = 50\, m/\, min$. Die Vergleichsdehnung steigt in der direkten Oberflächenlinie mit der Spanungsdicke geringfügig an und zeigt erst bei einer Spanungsdicke von $h_c = 0{,}200\, mm$ einen deutlichen Sprung auf einen Wert von $\varepsilon_{akk,max} = 6$.

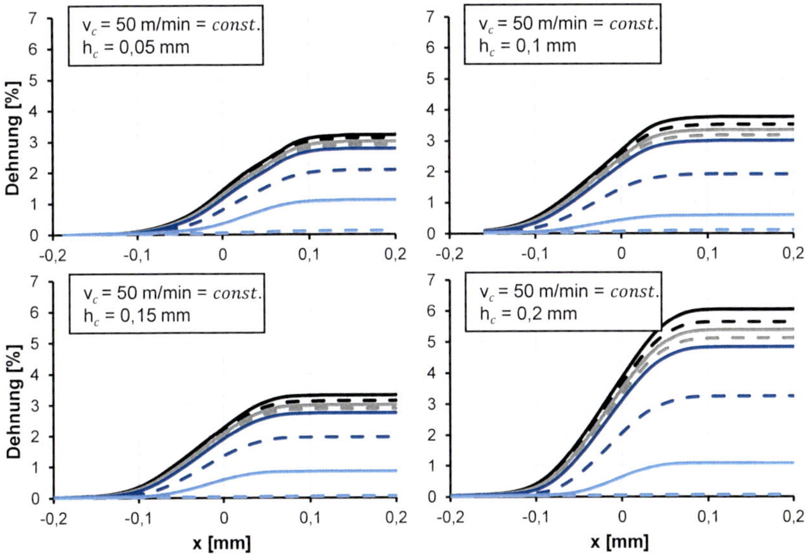

Abbildung 5.14: Prozessinduzierte äquivalente Dehnung in der Werkstückrandzone: CBN-Werkzeuge und konstante Schnittgeschwindigkeit $v_c = 50\, m/min$

Process induced equivalent strain in the workpiece rim zone: CBN-cutting tools and fixed cutting speed of $v_c = 50\, m/min$

Neben dem Anstieg der akkumulierten Dehnung ist ebenfalls eine Auffächerung des Dehnfelds mit steigender Spanungsdicke zu beobachten. So verbleibt die gemessene Dehnung in einer Tiefe von $d_w = 25\mu m$ konstant bei einem Wert von $\varepsilon_{akk,max} \approx 2$. Hieraus folgt, dass eine größere über Dehnungen in die obere Werkstückrandzone induzierte mechanische Werkstückbelastung nicht zwangsläufig eine stärkere Dehnung in der Tiefe provozieren muss. Für alle Parameterkombinationen waren in einer Tiefe von ca. 100 µm keine Dehnungen mehr festzustellen.

Der Einfluss der Schnittgeschwindigkeit auf die akkumulierte Dehnung innerhalb der Werkstückrandzone bei einer konstanten Spanungsdicke von $h_c = 0{,}200\ mm$ ist in Abbildung 5.15 aufgetragen. Direkt offensichtlich wird der drastische Abfall der berechneten Dehnungen um den Faktor drei bei einem geringfügigen Anstieg von $v_c = 50\ m/min$ auf $v_c = 75\ m\ /\ min$. Ein weiterer Anstieg der Schnittgeschwindigkeit resultiert lediglich in einer Steigerung der berechneten Dehnungen und diese übersteigen selbst bei hohen Schnittgeschwindigkeiten einen Wert von $\varepsilon_{akk,max} \approx 2{,}5$ nicht.

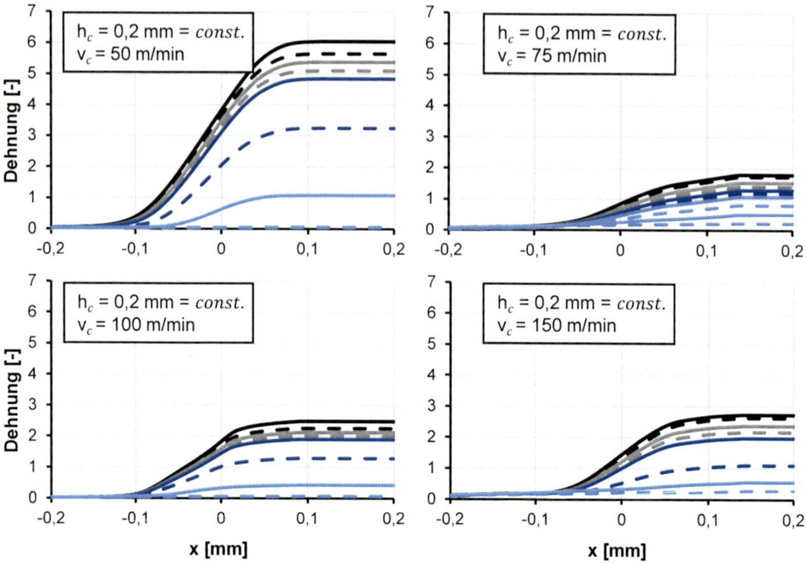

Abbildung 5.15: Prozessinduzierte äquivalente Dehnung in die Werkstückrandzone: CBN-Werkzeuge und konstante Spanungsdicke $h_c = 0{,}200$ mm

Process induced equivalent strain in the workpiece rim zone: CBN-cutting tools and fixed uncut chip thickness of $h_c = 0{,}200\ mm$

Abseits des drastischen Dehnungsabfalls ist erneut eine starke Stauchung des Dehnungsfelds bei kleineren Dehnungen zu erkennen. So wird für Schnittgeschwindigkeiten von $v_c \geq 75\ m\ /\ min$ in der Tiefe von $d_w = 25\mu m$ eine Dehnung von $\varepsilon_{akk,max} \approx 1$ nicht mehr überschritten. Eine mögliche Erklärung für den drastischen Abfall der Vergleichsdehnung kann Abbildung 5.16 entnommen werden. Dargestellt ist eine Übersicht der jeweils maximal induzierten Vergleichsdehnung $\varepsilon_{akk,max}$ in der Oberflächenlage, somit in einer Tiefe von $d_w = 0\mu m$. Schraffiert markiert sind diejenigen Schnittbedingungen, unter denen eine Segmentspanbildung auftrat. Generell ist ersichtlich, dass die Segmentspanbildung eine geringe in der Randzone verbleibende Vergleichsdehnung zur Folge hatte.

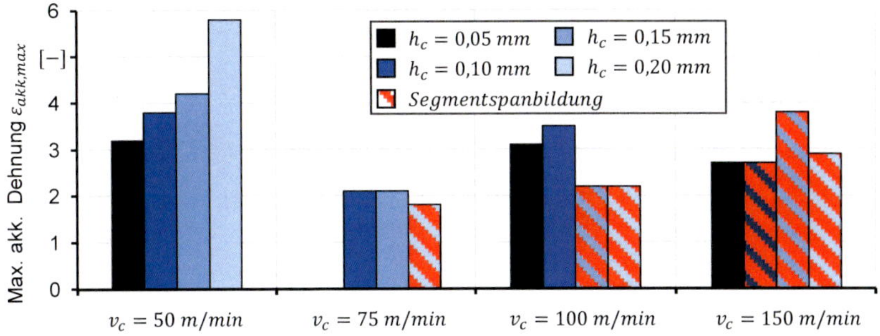

Abbildung 5.16: Übersicht der prozessinduzierten äquivalenten akkumulierten Dehnung in der Werkstückoberfläche ($d_w = 0 \mu m$): Teil 2 – CBN-Werkzeuge

Overview of process induced equivalent accumulated strain in the workpiece surface ($d_w = 0\ \mu m$): Part 2 – CBN-cutting tools

Der Verlauf der berechneten Dehnraten für eine konstante Spanungsdicke von $h_c = 0{,}1$ mm und Zerspanung mit CBN-Werkzeugen ist in Abbildung 5.17 dargestellt. Erneut ist diese entlang der Bewegungslinien einzelner Partikel durch die Scherzone in die Werkstückrandzone dargestellt.

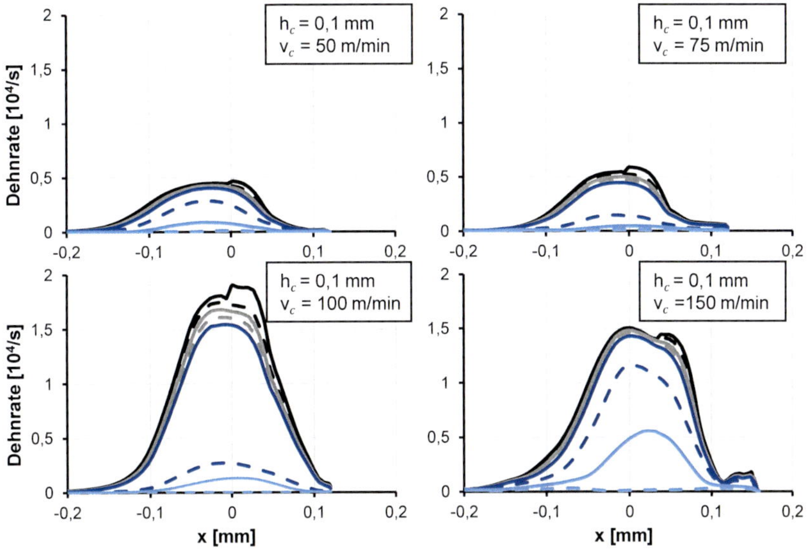

Abbildung 5.17: Prozessinduzierte Dehnrate entlang einer Bewegungslinie: CBN-Werkzeuge und konstante Spanungsdicke $h_c = 0,100\ mm$

Process induced strain rate along a particle moving streamline: CBN cutting tools and constant uncut chip thickness of $h_c = 0{,}100\ mm$

Die jeweils maximal auftretende Dehnrate steigt von einem Wert von $\dot{\varepsilon}_{eq} = 0{,}5 * 10^4$ bei einer Schnittgeschwindigkeit von $v_c = 50\,m\,/\,min$ mit der Schnittgeschwindigkeit an und erreicht bei $v_c = 100\,m\,/\,min$ Werte von $\dot{\varepsilon}_{eq} \approx 2 * 10^4$. Eine weitere Steigerung der Schnittgeschwindigkeit hat keinen weiteren Anstieg der Dehnraten zur Folge. Dieser Effekt kann erneut in der Segmentspanbildung begründet werden.

In Abbildung 5.18 ist jeweils die maximal berechnete Dehnrate entlang der obersten Bewegungslinie für alle betrachteten Schnittbedingungen aufgeführt. Für alle Spanungsdicken erreichten die Dehnraten niedriger Schnittgeschwindigkeiten Werte von $\dot{\varepsilon}_{eq} \approx 0{,}7 * 10^4$, wobei für höhere Schnittgeschwindigkeiten über $v_c = 100\,m\,/\,min$ Dehnraten von $\dot{\varepsilon}_{eq} \approx 2{,}2 * 10^4$ möglich waren. Analog zu den Ergebnissen der Vergleichsdehnung erschwert die auftretende Segmentspanbildung einen Vergleich der Ergebnisse untereinander.

Erwartungsgemäß besitzt die Spanungsdicke nur einen untergeordneten Einfluss auf die gemessenen Dehnraten, sowohl für Fließspan- als auch Segmentspanbildung. Dem gegenüber hat eine Steigerung der Schnittgeschwindigkeit eine Steigerung der Dehnrate zur Folge. Dies ist jedoch nur im Vergleich gleicher Spanbildung gültig.

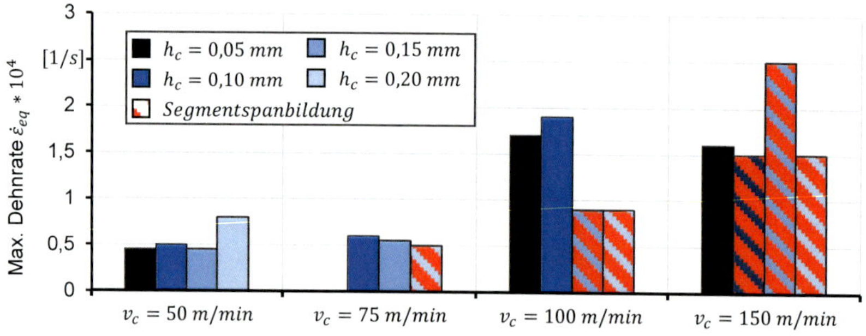

Abbildung 5.18: Übersicht über die maximal entlang einer Bewegungslinie berechnete Dehnrate bei einem Oberflächenabstand von $d_w = 0\mu m$: Teil 1 – CBN-Werkzeuge

Overview of the maximum strain rate calculated along a line of motion at a surface spacing of $d_w = 0\,\mu m$: Part 1 – CBN cutting tools

Aus den dargestellten Ergebnissen können unter Verwendung der CBN-Werkzeuge folgende Schlüsse gezogen werden:

- Eine Steigerung der Spanungsdicke bedingt eine Steigerung der prozessinduzierten Deformation in die Werkstückrandzone, solange weiterhin eine Fließspanbildung vorliegt.
- Eine Steigerung der Schnittgeschwindigkeit geht tendenziell mit einer Senkung der gemessenen Dehnungen einher, wenngleich diese dem Einfluss der Spanungsdicke unterzuordnen sind.

- Die maximal in der Oberfläche akkumulierten Dehnungen erreichten einen Wert von $\varepsilon_{akk,max} \approx 6$, wobei im Mittel etwa eine Dehnung von $\varepsilon_{akk,max} \approx 3$ Werkstückrandzone auftrat.
- Die Intensität der Dehnung nimmt über alle Prozessparameter hinweg mit größerem Abstand von der Oberfläche stark ab und erreicht bereits in einer Tiefe von $d_w = 25\mu m$ Werte von unter $\varepsilon_{akk} \approx 1$.
- Die berechneten Dehnraten entlang einzelner Bewegungslinien überschritten für keine Schnittbedingung einen Wert von $\dot{\varepsilon}_{eq} \approx 2{,}4 * 10^4$.
- Analog zur Dehnung verursachte eine Steigerung der Schnittgeschwindigkeit eine Steigerung der Dehnraten, während die Spanungsdicke nur einen untergeordneten Effekt aufwies.

5.3.3 Vergleich der mechanischen Werkstückbelastung

Comparison of the mechanical Workpiece Loading

In der vorangegangenen Darstellung wurde der Einfluss der Prozessparameter auf die mechanische Werkstückbelastung für beide Werkzeugtypen getrennt aufgezeigt. Im Folgenden wird der direkte Vergleich hergestellt und somit der Einfluss des Werkzeugs bzw. der Werkzeugmikrogeometrie untersucht. Aufgrund der beiden vorherrschenden Spanformen – Fließ- und Segmentspan – werden diese jeweils getrennt diskutiert. Hauptunterschied der beiden Werkzeugtypen ist neben dem Schneidstoff und der Beschichtung die Schneidkantenmikrogeometrie (vgl. Kapitel 4.2). Die beschichteten Hartmetall-Werkzeug wiesen einen Spanwinkel $\gamma_0 = 6°$ auf und waren an der Schneidkante mit einem Radius von $r_\beta \approx 60\ \mu m$ verrundet. Die CBN-Werkzeuge dagegen waren mit einem Spanwinkel von $\gamma_0 = 0°$ und einer 10° Fase an der Schneidkante ausgeführt, wobei beide Werkzeugtypen einen Freiwinkel von $\alpha_0 = 3°$ aufwiesen.

Aus theoretischen Überlegungen folgt, dass die Wahl des Schneidstoffs und der Werkzeugbeschichtung gegenüber der Werkzeuggeometrie nur sekundären Einfluss auf die mechanische Werkstoffbelastung hat. Wenngleich insbesondere die thermischen Eigenschaften der Beschichtung oder des Schneidstoffs das Verschleißverhalten der Werkzeuge und die jeweilige Wärmestromaufteilung in Werkstück-Werkzeug-Span beeinflussen, sollte dieser Effekt für das mechanische Lastkollektiv eine untergeordnete Rolle aufweisen. Da die hier betrachteten Bewegungslinien nur einen Randbereich der Scherzone durchlaufen und nicht in den Span abgeführt werden, ist daher kein signifikanter Einfluss des Spanwinkels auf die mechanische Werkstückbelastung zu erwarten. Als verbleibender Unterschied der beiden Werkzeugtypen kann die Werkzeugschneidenmikrogeomtrie adressiert werden. Eine hohe Schneidkantenverrundung provoziert einen großen Druck auf die Werkstückoberfläche und kann bei Überschreiten der eingestellten Spanungsdicke die Spanbildung unterdrücken, der Werkstoff wird lediglich gequetscht und gleitet an der Werkstoffoberfläche ab (engl. Ploughing) [KLOC18, S. 244]. Wenngleich die Mindestspanungsdicke selbst für das verrundete Werkzeug für alle Spanungsdicken überschritten wurde, konnte lediglich eine von vier möglichen Schnittgeschwindigkeiten mit einer Spanungsdicke von $h_c = 0{,}05mm < r_\beta$ quantitativ ausgewertet werden. Ferner ist davon auszugehen, dass der Effekt der Schneidkantenmikrogeometrie mit ansteigender Spanungsdicke abnimmt, dieser jedoch insbesondere im Bereich kleiner Spanungsdicken dominiert. Die individuell bestimmte Vergleichsdehnung zeigt einen widersprüchlichen Verlauf für eine Schnittgeschwindigkeit von $v_c = 50\,m/min$ (vgl. Abbildung 5.19, a). Steigt diese für CBN-Werkzeuge mit der Spanungsdicke stetig an, fällt sie in gleichem Maß mit steigender Spanungsdicke für die eingesetzten HM-Werkzeuge. Einen vergleichbaren Verlauf zeigen die maximal berechneten Dehnraten in der Oberflächenlage.

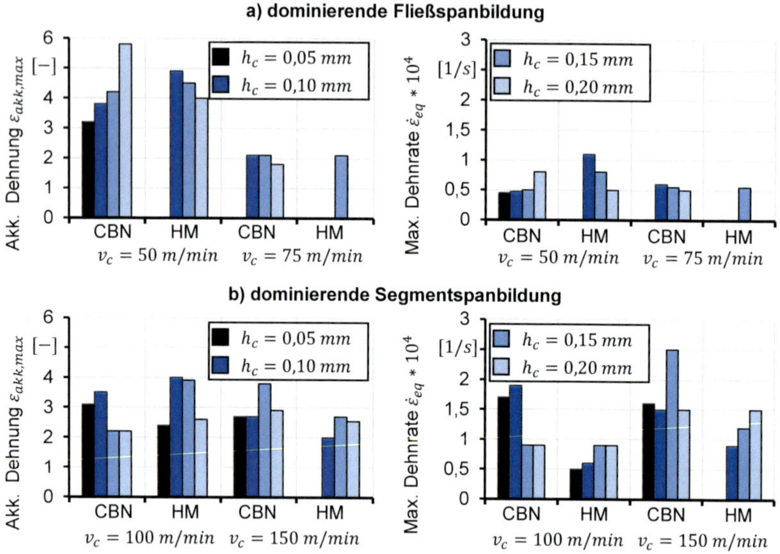

Abbildung 5.19: Maximal berechnete Dehnungen und Dehnraten entlang einer Bewegungslinie bei einem Oberflächenabstand von $d_w = 0\,\mu m$: a) dominierende Fließspanbildung; b) dominierende Segmentspanbildung

Maximum calculated strains and strain rates along a line of motion at a surface spacing of $d_w = 0\,\mu m$: a) dominating continuous chip formation; b) dominating segmented chip formation

Eine mögliche Erklärung kann in der Verrundung des HM-Schneidkeils gefunden werden, welcher bei niedrigen Spanungsdicken über den vorab skizzierten Ploughing-Effekt einen hohen Anteil der Gesamtdeformation um den Schneidkeil bündelt. Hieraus folgt eine hohe Deformation in der obersten, in die Werkstückoberfläche fließenden Bewegungslinie. Steigt die Spanungsdicke, wird die Scherzone und somit Hauptdeformationszone stärker auf Höhe der Spanfläche gebildet, der Deformationsanteil auf der Höhe der Werkstückoberfläche sinkt, da die Scherzone breiter und nach oben verlagert ausgebildet wird. Wichtig ist hierbei, dass in den hier dargestellten Ergebnissen nicht die Scherzone selbst, sondern lediglich diejenigen Bewegungslinien dargestellt sind, welche in die spätere Werkstückrandzone übergehen (vgl. Abbildung 5.6). Die dargestellte These wird ebenfalls durch die Analyse der Dehnungen in größerem Abstand zur Werkstückoberfläche bestätigt, da für HM-Werkzeuge höhere Dehnungen in größerer Tiefe auftreten.

Im Bereich der dominierenden Segmentspanbildung ist ein quantitativer Vergleich beider Werkzeugtypen schwierig und es sind keine klaren Korrelationen erkennbar (vgl. Abbildung 5.19, b). In der Tendenz bedingt eine höhere Schnittgeschwindigkeit bei der Zerspanung mit gefasten CBN-Werkzeugen höhere akkumulierte Vergleichsdehnungen in der Randzone, während dieser Effekt für die verrundeten Hartmetallwerkzeuge leicht gegenläufig ist. Über alle Schnittbedingungen und beide Werkzeugtypen werden jedoch vergleichbare Dehnungsniveaus erreicht ohne das Hervorstechen einzelner Schnittbedingungen. Für die in der Oberflächenlage maximal berechneten Dehnraten ergeben sich drastische Unterschiede zwischen beiden Werkzeugtypen. Hierbei übersteigen die Dehnraten entlang der Bewegungslinie bei der Zerspanung mit CBN-Werkzeugen diejenigen mit HM-Werkzeugen um einen Faktor von bis zu vier. Bei ähnlicher Dehnung ergibt sich hieraus ein deutlich steilerer Anstieg der akkumulierten Dehnung entlang der Bewegungslinie.

Auf einen Vergleich der numerisch und analytisch berechneten Dehnungen und Dehnraten wurde an dieser Stelle verzichtet, da die numerisch berechneten Werte in der oberflächennahen Zone physikalisch nicht sinnvolle Werte einnahmen. So erreichte die plastische Vergleichsdehnung bereits für die kleinste Spanungsdicke von $h_c = 0{,}05\,mm$ und niedrigste Schnittgeschwindigkeit von $v_c = 50\,m/min$ Werte von $\varepsilon_{PEEQ,max} = 7$, wohingegen diese für hohe Spanungsdicken und Schnittgeschwindigkeiten ($h_c = 0{,}200\,mm$ und $v_c = 150\,m/min$) sogar Werte von $\varepsilon_{PEEQ,max} = 17$ überstieg.

Als Ursache für die drastische Überschätzung der simulierten Dehnungen können zwei mögliche Begründungen herangezogen werden. Zuerst ist das verwendete Materialmodell nach Johnson-Cook rein phänomenologischer Natur und wurde lediglich mit integralen Messgrößen eines Analogieexperiments iterativ kalibriert. Somit ist seine Gültigkeit maßgeblich auf diese integralen Größen beschränkt. Gleichzeitig sind auf diese Weise kalibrierte Materialmodelle nicht eineindeutig und stark von den gewählten Ausgangsparametern abhängig. Somit ist eine Überschätzung einzelner Teilgrößen, wie bspw. der Dehnung, möglich, obwohl integrale Validierungsgrößen korrekt wiedergegeben werden. Eine zweite mögliche Ursache ist die im Rahmen der Arbeit verwendete CEL-Methode, welche das Werkstoffvolumen im Euler-Raum vernetzt. In diesem werden Dehnungen nicht wie im Lagrange-Raum durch die Verschiebung des FE-Netzes, sondern als diskrete Werte in den Mittelpunkten des Gitters berechnet und gespeichert. Aus diesem Grund sind diese deutlich sensitiver gegenüber den eingestellten Gitter- und Berechnungsparametern, wie bspw. Gittergröße und Länge der Rechenschritte. Wenngleich eine genaue Identifikation der Ursachen an dieser Stelle nicht möglich ist, sollte dies in zukünftigen Arbeiten erfolgen.

5.4 Zwischenfazit

Intermediate Conclusion

Die in Kapitel 5 dargestellten Untersuchungen adressierten Forschungsfragen 1 und 2 und somit insbesondere die prozessinduzierte mechanische Werkstoffbelastung in der Werkstückrandzone in Abhängigkeit der Prozessparameter und verwendeten Werkzeugtypen. Sie bilden somit eine wichtige Grundlage für die spätere maschinennahe Vorhersage auftretender Randzonenmodifikationen.

Zu diesem Zweck wurde zuerst die generelle Funktionsweise der digitalen Bildkorrelation zur Berechnung von prozessinduzierten Bewegungs- und Dehnratenfeldern in der Zerspanung am Beispiel des im Rahmen der Arbeit verwendeten Open Source Codes NCORR erläutert. Darauf folgte eine Diskussion der vorhandenen Eingabeparameter und Bildqualitäten auf die Berechnungsgüte und -dauer. Zusätzlich wurde eine semi-automatischer Algorithmus zur Ableitung geeigneter Berechnungsmasken entwickelt.

Ein Kernaspekt vor der Bewertung der individuellen mechanischen Werkstückbelastung waren sowohl die Berechnung einer richtungsunabhängigen Vergleichsdehnung und -dehnrate mit hoher örtlicher Auflösung als auch die Ableitung eines individuellen, von der Partikelbewegung durch die Scherzone abhängigen Belastungskollektivs. Zu diesem Zweck wurden Bewegungslinien einzelner Werkstückpartikel und die entlang dieser Bewegungslinien akkumulierten Dehnungen in definierten Abständen zur gefertigten Werkstückoberfläche berechnet.

Im Hinblick auf den ersten Teil der Forschungsfragen 1 und 2 können die folgenden Schlussfolgerungen gezogen werden:

- Mithilfe der digitalen Bildkorrelation ist es möglich, teilautomatisiert prozessinduzierte Bewegungs- bzw. Dehnungs- und Dehnratenfelder bei der orthogonalen Zerspanung von gehärteten Stählen zu berechnen.
- Eine Weiterverarbeitung erlaubt die Beurteilung des über die vollständige Belastungszone ertragenen mechanischen Lastkollektivs in definierten Abständen zur gefertigten Werkstückoberfläche.
- Die angefertigten hochauflösenden Bildpaare erfordern vor der DIC-Analyse eine manuelle Nachbearbeitung und Aufbereitung.
- Aufgrund ungünstiger Spanbildung oder Abschattungseffekte konnten nicht alle Schnittbedingungen quantitativ ausgewertet werden.
- Im Hinblick auf den Einfluss der Prozessparameter und der Werkzeugtypen auf die mechanische Werkstückbelastung provozierte der Einsatz von CBN- und HM-Werkzeugen stark unterschiedliche mechanische Lastkollektive.
- Solange eine Fließspanbildung vorlag, stieg beim Einsatz von CBN-Werkzeugen die prozessinduzierte Dehnung in der Werkstückrandzone mit steigender Spanungsdicke, bei HM-Werkzeugen fiel diese ab.

- Eine Steigerung der Schnittgeschwindigkeit bedingte für beide Werkzeugtypen eine Absenkung der akkumulierten Dehnungen in der obersten Bewegungslinie.
- Die Intensität der Dehnung nahm über alle Prozessparameter hin mit größerem Abstand von der Oberfläche stark ab und erreicht bereits in einer Tiefe von $d_w = 25\mu m$ Werte von unter $\varepsilon_{akk} \approx 1$ für CBN-Werkzeuge und $\varepsilon_{akk} \approx 1 - 3$ für HM-Werkzeuge
- Die berechneten maximalen Dehnraten in der obersten Bewegungslinie überschritten nie Werte von $\dot{\varepsilon}_{eq} \approx 2{,}4 * 10^4$ und entsprechend somit den theoretisch erwarteten Werten.
- Im Fall einer dominierenden Segmentspanbildung konnte lediglich für HM-Werkzeuge und die maximal berechnete Dehnrate ein qualitativer Zusammenhang zwischen Prozessparametern und Zustandsgrößen identifiziert werden.
- Hierbei stieg die Dehnrate mit steigender Spanungsdicke und steigender Schnittgeschwindigkeit an, wobei der Effekt der Schnittgeschwindigkeit denjenigen der Spanungsdicke dominierte.
- Für CBN-Werkzeuge konnte im Falle der Segmentspanbildung kein direkter Zusammenhang der der Prozessparameter und der prozessinduzierten Dehnung oder Dehnrate dargestellt werden.

Zusammenfassend konnten die Forschungsfragen 1 und 2 in Bezug auf die mechanische Werkstückbelastung beantwortet werden. Eine schnellrechende, analytische Modellierung der prozessinduzierten Dehnungs- und Dehnraten auf Basis gemessener integraler Prozesszustandsgrößen war nicht möglich. Dennoch erlaubte die Messung mittels DIC die Untersuchung des Einflusses der Prozessparameter und Werkzeugcharakteristika auf die mechanische Werkstückbelastung. Im nächsten Schritt muss die prozessnahe Berechnung eines hochauflösenden thermischen Lastkollektivs auf Basis der gemessenen Prozesszustandsgrößen erfolgen, bevor dieses in Kombination mit dem mechanischen Lastkollektiv zur Vorhersage von Randzonenmodifikationen eingesetzt werden kann.

6 Modellierung der thermischen Werkstückbelastung

Modelling of the thermal Loading of the Workpiece Rim Zone

Die in Kapitel 6 dargestellten Arbeiten adressieren Forschungsfragen 1 und 2 und im Speziellen die analytische, schnellrechnende Modellierung der thermischen Werkstückbelastung mit hoher Auflösung.

Zu diesem Zweck wird zuerst das modifizierte analytische Temperaturmodell nach JAEGER [JAEG42] vorgestellt und entsprechend der Prozessbedingungen kalibriert, bevor die thermische Werkstoffbelastung im untersuchten Prozessparameterbereich validiert wird. Teile dieses Kapitels, insbesondere die methodische Vorgehensweise, beruhen auf Ergebnissen und Darstellungen, die bereits im Rahmen des Journals *Technisches Messen* [MEUR20a] veröffentlicht wurden.

6.1 Aufbau der analytischen Temperaturmodellierung

Set-up of the analytical Temperature Modelling

Die Modellierung der thermischen Werkstückbelastung mithilfe der JAEGER-Lösung basiert auf dem Ansatz einer bewegten Wärmequelle und wird vielfach in der Literatur verwendet [AUGS20; BERG20]. Unter der Voraussetzung des zweidimensionalen Raums ohne Wärmeverlust an der Oberfläche kann das stationäre Temperaturfeld, welches durch eine über die Oberfläche bewegte Wärmebandquelle induziert wird, durch Gleichung (6.1) beschrieben werden:

$$T(x,y) = \frac{\dot{q}''}{\pi\lambda} \int_{-l_i}^{+l_i} exp\left[\frac{v_{\dot{q}}(x-\tilde{x})}{2a}\right] * K_0 * \left[\frac{v_{\dot{q}}}{2a}\sqrt{(x-\tilde{x})^2 + y^2}\right] d\tilde{x} \tag{6.1}$$

Während x und y die Koordinaten parallel und senkrecht zur Oberfläche darstellen, repräsentiert K_0 die BESSEL-Funktion zweiter Ordnung oder null. Als werkstoffspezifische Konstanten sind die Temperaturdiffusivität a und die Wärmeleitfähigkeit λ zu nennen. Mit der Geschwindigkeit $v_{\dot{q}}$ und dem Betrag der bewegten Wärmequelle $\dot{q}''$ wird die Temperatur an allen Positionen x und y durch die Lösung des Integrals bestimmt, wobei der Abstand von $-l_i$ bis $+l_i$ die Länge der Wärmequelle repräsentiert.

Die Grundbedingung der JAEGER-Lösung, die Annahme eines zweidimensionalen Raums, kann durch die geometrischen Bedingungen des orthogonalen Schnitts angenähert werden (vgl. Kapitel 2.2). Wird das Niveau der zerspanten Oberfläche als Grenzfläche des zweidimensionalen Körpers ohne Strahlungsverlust definiert, kann die bewegte Wärmequelle $\dot{q}''$ als Summe der auf dieses Niveau mittels Wärmetransport geleiteten oder auf ihm entstehenden Wärme interpretiert werden (siehe Abbildung 6.1). Hieraus folgt, dass Gleichung (6.1) ebenfalls zur Berechnung eines prozessinduzierten Temperaturfelds unter der Werkstückoberfläche angewendet werden kann. Die Geschwindigkeit der bewegten Wärmequelle kann mit der die Schnittgeschwindigkeit des Prozesses ($v_{\dot{q}} = v_c$) gleichgesetzt werden.

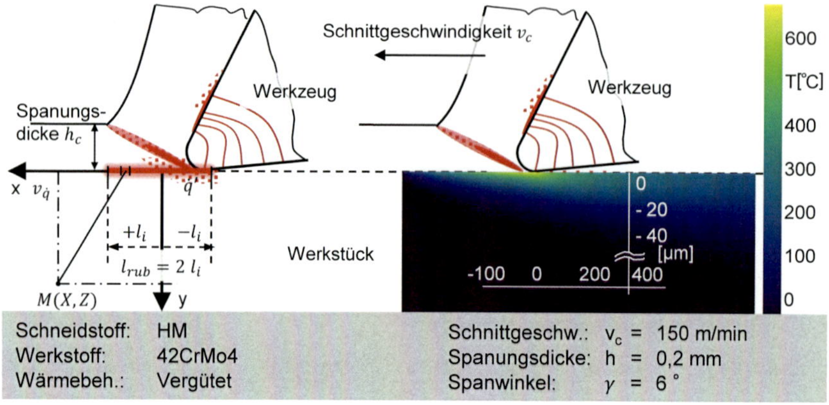

Abbildung 6.1: Schematische Darstellung der JAEGER-Lösung zur Berechnung der thermischen Werkstückbelastung in der Zerspanung

Schematic representation of the JAEGER-solution for calculating the thermal workpiece load in machining

Zur Berechnung des induzierten Temperaturfelds sind nun ferner der Betrag der bewegten Wärmequelle $\dot{q}''$ und deren Länge $l_{rub} = 2l_i(-l_i, +l_i)$ erforderlich. Kerngedanke der analytischen prozessnahen Modellierung ist es, notwendige Modellparameter direkt aus Prozesseingriffsgrößen oder direkten Messgrößen des Prozesses zu bestimmen. Während der Betrag der Wärmequelle im Folgenden thematisiert wird, existiert für die Länge der Wärmequelle keine direkte Äquivalenz in den Prozesseingriffs- oder Messgrößen. Aus diesem Grund werden zur Herleitung eines geeigneten Wertes folgende vereinfachende Annahmen getroffen:

- Das Werkzeug ist verschleißfrei (vgl. Kapitel 4) und die Schneide ideal scharf. Freiflächenseitige Reibung zwischen Werkstück und Werkzeug wird somit vernachlässigt.
- Die bewegte Wärmequelle kann in Schnittrichtung mit der Spitze des Werkzeugs zusammengelegt werden.
- Der in den Untersuchungen auftretende Scherwinkel Φ nimmt im Bereich des Prozessfensters einen Wert von etwa $\Phi = 45°$ an.
- Die vom Prozess in das Werkstück induzierte Wärmemenge entsteht maßgeblich im Bereich der primären Scherzone.

Hieraus folgt, dass die Länge der Projektion der entstehenden Wärme auf die Ebene der gefertigten Werkstückoberfläche und die Spanungsdicke An- und Gegenkathete eines gleichschenkligen Dreiecks bilden, dessen Hypotenuse durch die Scherzone beschrieben wird. Die Länge der bewegten Wärmequelle l_{rub} nach JAEGER kann somit geometrischen Überlegungen folgend direkt gemäß Gleichung (6.2) berechnet und der Spanungsdicke $\mathrm{h_c}$ gleichgesetzt werden.

$$l_{rub} = 2l_i\{-l_i, +l_i\} \approx h_c \tag{6.2}$$

Der Betrag der bewegten Wärmequelle $\dot{q}''$ kann nach Gleichung (6.3) aus der gesamten in das Werkstück fließenden Wärmeenergie $\dot{Q}_{WP}$, der Breite des Werkstücks b = 3 mm und der Spanungsdicke h_c berechnet werden:

$$\dot{q}'' = \frac{\dot{Q}_{WP}}{b * h_c} \tag{6.3}$$

Mit Kenntnis der im Versuch gemessenen Schnittkraft F_c ergibt sich die gesamte in das Werkstück fließende Wärmeenergie aus der Prozessleistung und dem werkstückseitigen Wärmestromanteil B_{WP} nach Gleichung (6.4):

$$\dot{Q}_{WP} = F_c * v_c * B_{WP} \tag{6.4}$$

Der verbleibende Wärmestromanteil im Werkstoff B_{WP} ist erneut von den Prozessgrößen und Werkstoffeigenschaften abhängig und wurde bereits in zahlreichen Arbeiten für unterschiedliche Zerspanprozesse untersucht [AUGS18; SÖLT12]. Über empirische Untersuchungen konnte ein qualitativer Zusammenhang des werkstückseitigen Wärmestromanteils und der Schnittgeschwindigkeit v_c, bzw. der Spanungsdicke h_c identifiziert werden. Basierend auf den Kenntnissen der Wärmeübertragung schlug schließlich BOOTHROYD erstmalig die Verwendung der PÉCLET-Zahl [BOOT63] zur thermischen Beurteilung von orthogonalen Zerspanprozessen vor. Diese kann gemäß Gleichung (6.5) unter Kenntnis der werkstoffspezifischen Temperaturleitfähigkeit a_c und den Schnittbedingungen berechnet werden:

$$N_E = v_c * \frac{h_c}{a_c} \tag{6.5}$$

Im direkten Zusammenhang mit dem in das Werkstück fließenden Wärmestromanteil konnten SÖLTER ET AL. mittels experimenteller und numerischer Untersuchungen des Fräsens, Bohrens und Drehens verschiedener Stahl- und Aluminiumlegierungen zuerst einen sinkenden Wärmestromanteil bei steigender PÉCLET-Zahl beobachten. Nach der Bestätigung dieser Beobachtung durch andere Autoren gelang mit Gleichung (6.6) eine erste Näherung für dieses Verhältnis [AUGS18; AUGS19; SÖLT17; SÖLT12]:

$$B_{WP} = 0{,}4815 * N_{PE}^{-0{,}302} \tag{6.6}$$

Das hier dargestellte grundlegende Modell wurde mithilfe der Programmiersprache PYTHON umgesetzt und wird im Folgenden zur Berechnung der prozessinduzierten Temperaturfelder eingesetzt.

6.2 Modellerweiterung und Kalibrierung

Model Extension and Calibration

Wie in Kapitel 4.4 angeführt, schließt sich dem Modellaufbau der analytischen Berechnung der Temperaturfelder die Validierung mithilfe der numerischen Simulation an. Zu diesem Zweck wurden die numerischen Simulationen anhand des in Kapitel 5.2 vorgestellten Interpolationsverfahrens automatisiert ausgewertet und in ein neues Koordinatensystem übertragen. Aufgrund des geringen empirischen Aufwands und im Sinne einer großen Datenbasis wurde sowohl numerisch als auch analytisch die Schnittgeschwindigkeit vierstufig ($v_c = 50, 75, 100, 150\ m/min$) und die Spanungsdicke siebenstufig ($h_c = 0{,}05;\ 0{,}075; \dots ; 200\ mm$) variiert. Erneut wurde lediglich der Bereich der gefertigten Werkstückoberfläche betrachtet und, wie in Kapitel 5 erarbeitet, wurden die Koordinatenachsen derart gewählt, dass ein Wert von $y = 0\ mm$ der obersten Bewegungslinie und ein Wert von $x = 0\ mm$ der Position der größten Temperatur entspricht. Auf diese Weise konnte eine quantitative Vergleichbarkeit der Temperaturfelder ermöglicht werden.

In Abbildung 6.2 sind sowohl das numerisch mittels FEM berechnete (a) als auch das analytisch nach JAEGER ermittelte Temperaturfeld (b) für HM-Werkzeuge, eine Spanungsdicke von $h_c = 0{,}05\ mm$ und eine Schnittgeschwindigkeit von $v_c = 50\ m\ /\ min$ dargestellt. Das numerisch ermittelte Temperaturfeld wurde dabei im vorletzten Frame der Simulation entnommen, bei der von einem stabilen Gleichgewichtszustand des Temperaturfelds ausgegangen werden kann. Die Wahl der Modellparameter erfolgte analog zu den vorab vorgestellten Gleichungen (6.2) bis (6.6) unter Verwendung der gemessenen Zerspankraft F_c und den gegebenen Schnittbedingungen. Deutlich erkennbar sind qualitative Unterschiede in der maximal berechneten Temperatur, als auch in der Ausbildung des Feldes. Das analytische Feld nach JAEGER ist dabei kompakter, ragt weniger stark in die Tiefe des Werkstücks, weist jedoch höhere Maximaltemperaturen auf. Neben dem qualitativen Vergleich erfolgt die quantitative Bewertung der Temperaturfelder anhand der Temperatur mit steigendem Abstand zur Werkstückoberfläche ($x = 0\ mm$, Abbildung 6.2, c) und anschließend der Temperaturverlauf in der Werkstückoberfläche ($y = 0\ mm$, Abbildung 6.2, d).

Der quantitative Vergleich zeigt eine gute Übereinstimmung der berechneten Temperaturfelder in der Tiefe des Werkstücks, wenngleich die maximale Temperatur der Oberfläche mithilfe des analytischen Modells um etwa 100°C überschritten wird. Dieser Effekt ist insbesondere für niedrige Spanungsdicken evident, kann mehrere hundert Grad Celsius betragen und erreicht somit physikalisch nicht sinnvolle Temperaturbereiche. Im Vergleich entlang der Werkstückoberfläche wird die Diskrepanz der beiden berechneten Felder offensichtlich. Neben dem deutlichen Übersteigen der maximalen numerisch simulierten Oberflächentemperatur ist eine Stauchung des Temperaturfelds erkennbar. Dieser Effekt wird mit steigender Schnittgeschwindigkeit, also mit steigender in das Werkstück eingebrachter Wärmemenge, stärker und nimmt mit steigender Spanungsdicke und somit stärkerer Verteilung der Gesamtwärmemenge auf die gefertigte Werkstückoberfläche ab.

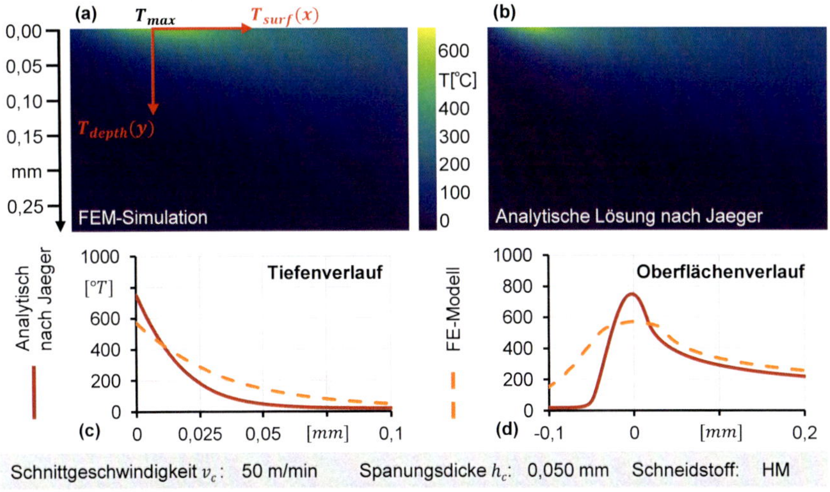

Abbildung 6.2: Vergleich berechneter Temperaturfelder: a) Mittels FEM; b) Analytisch nach JAEGER berechnetes Temperaturfeld; c) Temperaturvergleich mit steigendem Abstand von der Oberfläche; d) Temperaturvergleich an der Oberfläche

Comparison of calculated temperature fields: a) temperature calculation using FEM; b) temperature calculation according to JAEGER; c) comparison with increasing depths of the machined surface; d) comparison of the surface temperature

Aus der Betrachtung des vorab skizzierten Modellaufbaus (vgl. Kapitel 6.1) können drei mögliche Optimierungsansätze für die analytischen berechneten Temperaturfelder nach JAEGER identifiziert werden:

1. Die Länge der bewegten Wärmequelle l_{rub}
2. Die Art der Verteilung der Wärmequelle entlang ihrer Länge l_{rub}
3. Die Größe der in das Werkstück induzierten Wärmemenge $\dot{q}''$ bzw. der Wärmestromaufteilung B_{WP}

Eine wichtige Eigenschaft einer optimierten Modellbetrachtung im Rahmen dieser Arbeit ist die automatisierte standardisierte Berechnung und die Übertragbarkeit auf neue Prozessbedingungen. Somit erfolgt die Optimierung nicht für jeden Parametersatz individuell, sondern lediglich global aufgrund mathematischer Zusammenhänge oder physikalischer Überlegungen, wenngleich hiermit nicht für alle Schnittbedingungen eine optimierte Übereinstimmung der modellierten Temperaturfelder erreicht werden kann. Unter Rücksichtnahme auf die Ergebnisse aus Kapitel 5 wurde die Modelloptimierung getrennt für Versuche mit HM- und CBN-Werkzeugen durchgeführt, wobei die Methodik folgend lediglich für HM-Werkzeuge dargestellt und anschließend auf die Ergebnisse beider Werkzeugtypen eingegangen wird.

Als Bewertungsgröße der Abweichung zwischen analytischen Temperaturfeldern nach JAEGER und numerisch simulierten Feldern wird der Temperaturfehlerwert $\bar{R}_T$ definiert. Dieser beschreibt die mittlere Temperaturabweichung innerhalb eines definierten Bereichs um den Punkt der maximal berechneten Temperatur nach Gleichung (6.7):

$$\bar{R}_T = \frac{1}{n_i} \sum_{x_0,y_0}^{x_1,y_1} \Delta T_i = \frac{1}{n_i} \sum_{x_0,y_0}^{x_1,y_1} \left| T_{i,Sim} - T_{i,Jaeger} \right| \tag{6.7}$$

Wird der relevante Temperaturbereich zu groß angenommen, verliert er an Aussagekraft, da Bereiche der Modellierung berücksichtigt werden, welche im Spanbildungsprozess keine oder nur sehr geringe Aufheizung erfahren. Wird dieser zu klein definiert, werden einzelne Charakteristika der Temperaturfelder optimiert, bspw. der Oberflächenverlauf, obwohl die generelle Abbildung der realen Temperaturen abnimmt. Aus diesem Grund wurde der relevante Temperaturbereich auf die Umgebung der maximalen Temperatur begrenzt, da lediglich hier eine starke thermische Belastung der Randzone erwartet wird. Somit wurde dieser auf eine maximale Tiefe von $d_w = 0{,}15\,mm$ $(y_0 = 0\,mm,\ y_1 = 0{,}15\,mm)$ und eine Breite von $0{,}2\,mm$ $(x_0 = -0{,}1\,mm,\ x_1 = 0{,}1\,mm)$ festgelegt. Die Auflösung der simulierten und analytischen Temperaturfelder betrug $dx = dy \approx 3{,}5\,\mu m$, weshalb für den Temperaturfehler eines jeden Prozessparameters etwa 3.300 Werte betrachtet wurden. Mit den aus Kapitel 6.1 bekannten Modellannahmen konnte für alle Schnittbedingungen unter Verwendung eines HM-Werkzeuge ein mittlerer Temperaturfehler $\bar{R}_T = 35{,}47°C$ erzielt werden.

Die Länge der bewegten Wärmequelle l_{rub} wurde vorab unter der Annahme eines Scherwinkels von $\Phi = 45°$ mit der Spanungsdicke h_c gleichgesetzt. Dies setzt ferner voraus, dass die Wärmemenge, welche in die Werkstückoberfläche induziert wird, vollständig in der Scherzone entsteht. Hierbei wird bspw. entstehende Reibwärme in der Kontaktzone zwischen Werkstück und Freifläche ignoriert und hat bei niedrigen Spanungsdicken eine starke Bündelung der induzierten Wärme zur Folge (vgl. Abbildung 6.2). Bereits BERGS ET AL. konnten zeigen, dass eine Steigerung der Länge der Wärmequelle l_{rub} um die am Werkzeug gemessenen Verschleißmarkenbreite VB die Übereinstimmung zwischen berechneten und gemessenen Temperaturfeldern verbesserte [BERG20].

Hier wurden daher drei unterschiedliche Stufen der Länge der bewegten Wärmequelle untersucht. Zuerst die vorab betrachtete Variante, bei der l_{rub} der Spanungsdicke gleichgesetzt wird, siehe Gleichung (6.8).

$$l_{rub,1} = h_c \tag{6.8}$$

Anschließend erfolgte ausgehend von einer über alle Spanungsdicken konstanten Verlängerung der Wärmequelle die Addition der Spanungsdicke um einen festen Wert von $0{,}01\,mm$ (siehe Gleichung (6.9)). Diese beruht maßgeblich auf der Berücksichtigung einer kurzen Reibzone zwischen Freifläche und Werkstück, welche von der Spanungsdicke unabhängig ist. Diese Annahme ist gültig, da die zur Validierung der

Temperaturfelder herangezogene Spanbildungssimulation keinen Werkzeug- bzw. Initialverschleiß berücksichtigt und somit eine Werkzeug-Werkstückreibung bei konstanter Werkzeuggeometrie von der Spanungsdicke unabhängig sein sollte.

$$l_{rub,2} = h_c + 0{,}01\ mm \tag{6.9}$$

In Kapitel 5 wurde eine starke Abhängigkeit der prozessinduzierten Dehnungsfelder von der Spanungsdicke dargestellt. Neben einer Veränderung ihrer Magnitude zeigte sich, dass eine Steigerung der Spanungsdicke eine breitere Deformationszone auf Höhe der gefertigten Werkstückoberfläche bedingte (vgl. Abbildung 5.9). Gemäß des aktuellen wissenschaftlichen Konsens wird in der Zerspanung ca. 90% der eingebrachten mechanischen Energie lokal in Wärme umgewandelt [M'SA08]. Hieraus folgt die Annahme, dass auch die Breite des Temperaturfelds kontinuierlich mit der Spanungsdicke ansteigt. Aus diesem Grund wurde als dritte Variation der Wärmequellenlänge l_{rub} diese gemäß Gleichung (6.10) mit einem konstanten Faktor von $1{,}1$ multipliziert.

$$l_{rub,3} = 1{,}1 * h_c \tag{6.10}$$

Die Auswertung der unter Variation der Wärmequellenlänge berechneten Temperaturfelder anhand des Temperaturfehlerwerts $\bar{R}_T$ ist in Abbildung 6.3 aufgezeigt, wobei diese entsprechend den Spanungsdicken zusammengefasst sind. In der vorab dargestellten Modellierung wird die gesamte auf die Werkstückoberfläche projizierte Wärmemenge $\dot{q}''$ konstant auf die Länge der Wärmequelle verteilt (Abbildung 6.4, a).

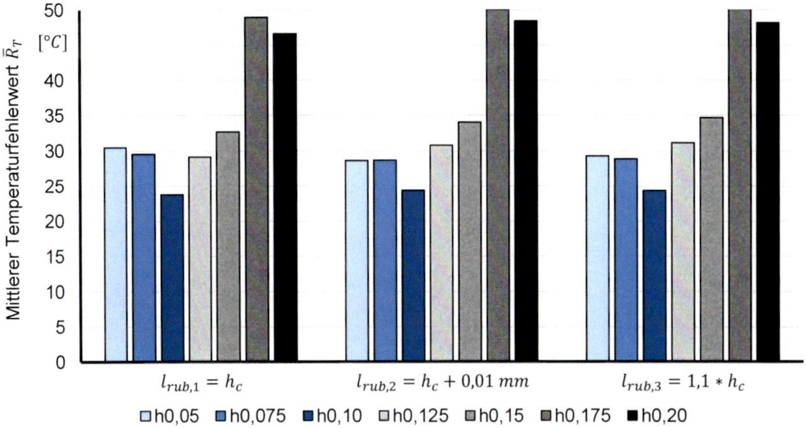

Abbildung 6.3: Mittlerer Fehlerwert $\bar{R}_T$ der analytisch berechneten Temperaturfelder in Abhängigkeit der gewählten Wärmestromlänge l_{rub}

Mean error R_T of the analytically calculated temperature fields depending on the selected length of the moving heat source l_{rub}

Diese Annahme muss in der Übertragung der ursprünglichen Lösung nach JAEGER auf die orthogonale Zerspanung hinterfragt werden. Aus diesem Grund wurden drei weitere Verteilungen untersucht, welche auf geometrischen Überlegungen der Wärmeleitung und -entstehung gemäß Abbildung 6.1 beruhen. Diese können wie folgt zusammengefasst werden und sind in Abbildung 6.4 dargestellt:

- Die für die Werkstückoberfläche relevante Wärmeentwicklung erfolgt maßgeblich im Bereich der Werkzeugspitze und nimmt mit größerem Abstand zur Werkzeugspitze linear ab. (Abbildung 6.4, b)
- Neben der maximalen Wärmeentwicklung an der Werkzeugspitze wird über die Scherzone Wärme in die Werkstückoberfläche induziert. Wärmeentstehung aufgrund von Reibung kann vernachlässigt werden. Somit steigt die eingebrachte Wärmemenge linear auf ihr individuelles Maximum an. (Abbildung 6.4, c)
- Die maximale Wärmeentwicklung wird an der Werkzeugspitze erreicht. Wärmeleitungseffekte der Scherzone und Reibungswärme sind relevant, jedoch in größerem Abstand zur maximalen Wärmemenge parabolisch abfallend. (Abbildung 6.4, d)

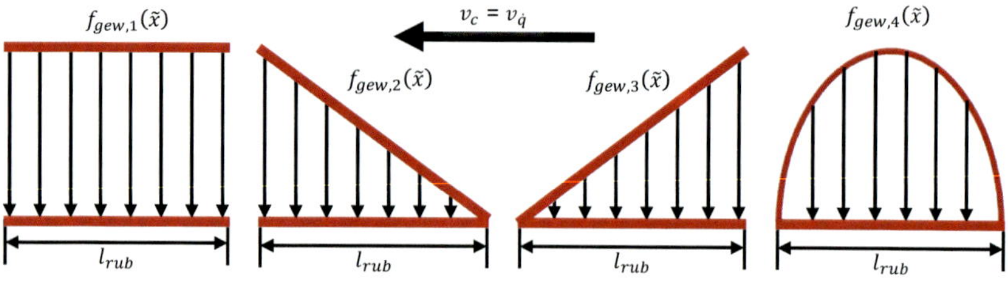

Abbildung 6.4: Gewichtung der bewegten Wärmequellen entlang ihrer Länge l_{rub} nach JAEGER: a) gleichverteilt; linear b) abfallend und c) ansteigend; d) parabolisch

Weighting of the moving heat sources along their length l_{rub} according to JAEGER: a) equally distributed; linearly b) decreasing and c) increasing; d) parabolic

Bereits JAEGER stellte in seiner ursprünglichen Arbeit verschiedene prinzipielle Lösungen für ungleich über ihre Länge verteilte Wärmequellen vor [JAEG42]. Die mathematische Umsetzung der Wärmestromverteilung erfolgt in dieser Arbeit anhand geeigneter Gewichtungsfunktionen $f_{gew,i}(\tilde{x})$, welche in das zu lösende Integral gemäß Gleichung (6.11) integriert werden

$$T(x,y) = \frac{\dot{q}''}{\pi\lambda}\int_{-l_i}^{+l_i} exp\left[\frac{v_{\dot{q}}(x-\tilde{x})}{2a}\right] * K_0 * \left[\frac{v_{\dot{q}}}{2a}\sqrt{(x-\tilde{x})^2+y^2}\right] * f_{gew,i}(\tilde{x})\, d\tilde{x} \quad (6.11)$$

und folgende Gewichte ausweisen:

$$f_{gew,1}(\tilde{x}) = 1; \qquad f_{gew,2}(\tilde{x}) = 2 * \frac{\tilde{x}}{l_{rub}}; \qquad f_{gew,3}(\tilde{x}) = 2 * \frac{l_{rub}-\tilde{x}}{l_{rub}};$$

$$f_{gew,4}(\tilde{x}) = \frac{-6}{{l_{rub}}^2} * \left(\tilde{x} - \frac{l_{rub}}{2}\right)^2 + \frac{3}{2}$$

Die Gewichtungsfunktionen müssen dabei derart gewählt sein, dass ihre Integration in den gegebenen Grenzen von $\{-l_i, +l_i\}$ immer einen Wert von 1 ergibt und so die gesamte Wärmestrommenge $\dot{q}''$ konstant bleibt.

In Abbildung 6.5 ist der Einfluss der Gewichtungsfunktion auf die Güte der Temperaturmodellierung anhand des Temperaturfehlerwerts $\bar{R}_T$ für alle betrachteten Schnittbedingungen dargestellt, wobei diese entsprechend auf die unterschiedlichen Spanungsdicken gemittelt sind. Deutlich erkennbar sind sämtliche neuen Verteilungsvarianten der Wärmestrommenge einem gleichverteilten Wärmestrom hin überlegen und erreichen mit einem mittleren Fehlerwert von $\bar{R}_T \approx 30°C$ eine um ca. 5°C geringere mittlere Abweichung. Dieser Unterschied kann maßgeblich der Modellierungsgüte hoher Spanungsdicken ($h_c \geq 0{,}15\ mm$) zugesprochen werden, welche um eine mittlere Temperaturdifferenz von bis zu 20°C absanken.

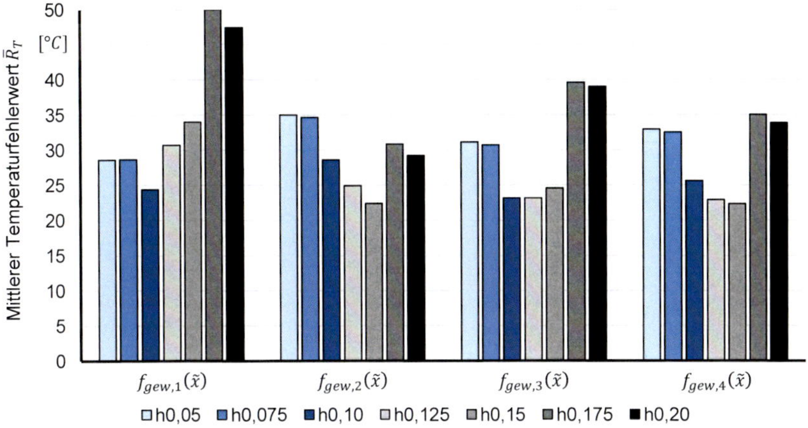

Abbildung 6.5: Mittlerer Fehlerwert $\bar{R}_T$ der analytisch berechneten Temperaturfelder in Abhängigkeit der gewählten Gewichtungsfunktion

Mean error R_T of the analytically calculated temperature fields depending on the selected weighting function

Im Vergleich der drei ungleichen Wärmequellen sind nur geringe Unterschiede in den berechneten Fehlerwerten erkennbar, wobei deren mittlere Abweichung untereinander maximal ein Grad Celsius beträgt. Während mithilfe der linear abfallenden Gewichtung Temperaturfelder höherer Spanungsdicken mit größerer Genauigkeit abgebildet werden können, erzielen die linear steigende und die parabolische Gewichtung für niedrigere Spanungsdicken eine geringere mittlere Temperaturabweichung. Als beste Gewichtungsfunktion wird für die folgende Berechnung die parabolische Gewichtung ($f_{gew,4}(\tilde{x})$) mit einem mittleren Fehlerwert von $\bar{R}_T = 29{,}31°C$ ausgewählt.

Im dritten Schritt folgt die Optimierung der Wärmestrommenge $\dot{q}''$ als Funktion der gesamten Prozessleistung $P = F_c * v_c$ und dem werkstückbezogenen Wärmestromanteil B_{wp}. Schnittkraft und Schnittgeschwindigkeit als Prozesszustandsgrößen wurden entweder gemessen oder vorab definiert, ergibt sich der werkstückbezogene

Wärmestromanteil als Funktion der PÉCLET-Zahl N_{PE}. Die hierfür ursprünglich eingesetzte Abschätzung (siehe Gleichung (6.6)) entstammt der Literatur und basiert weitestgehend auf empirisch gemessenen Werten. Die verwendete große Datenmenge wurde mithilfe einer Ausgleichsfunktion angenähert, welche dementsprechend keine physikalische Gesetzmäßigkeit widerspiegelt.

Die qualitative Analyse der berechneten Temperaturfelder zeigte große Abweichungen der berechneten Maximaltemperaturen, wobei diese insbesondere sowohl bei sehr hohen als auch bei niedrigen Spanungsdicken auftragen. Eine klare Tendenz zur Überschätzung oder Unterschätzung der Maximaltemperatur trat nicht auf. Aus diesem Grund wird eine Änderung des werkstückbezogenen Wärmestromanteils gemäß Gleichung (6.12) eingeführt und die bisherige Berechnung um den Korrekturfaktor μ_i erweitert:

$$B_{WP;\mu_i} = 0{,}4815 * \mu_i * N_{PE}^{-0{,}302} \text{ mit } \mu_i \in \{0{,}90; 0{,}95; 1{,}00; 1{,}05; 1{,}10\} \quad (6.12)$$

Die finale Optimierung der berechneten Temperaturfelder in Abhängigkeit der Korrekturfaktoren μ_i zeigt Abbildung 6.6. Klar erkennbar steigt der berechnete Fehlerwert für steigende Korrekturfaktoren und somit steigende Wärmestromanteile in das Werkstück insbesondere für hohe Spanungsdicken $h_c \geq 0{,}125\ mm$ stark an. Ein vergleichbarer Trend für niedrigere Spanungsdicken ist dagegen nicht erkennbar.

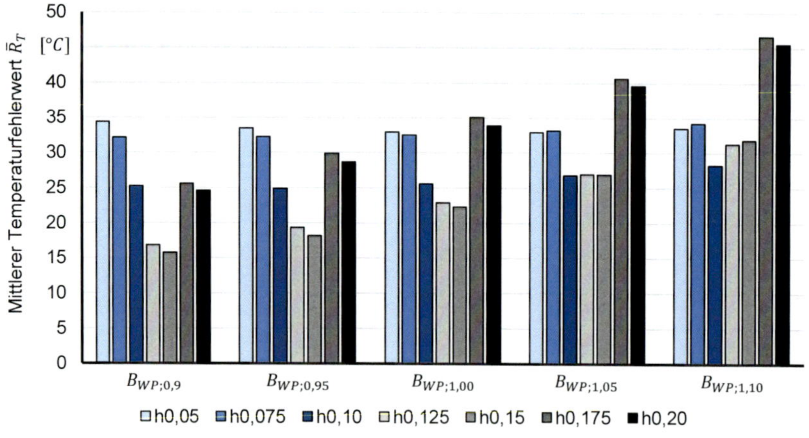

Abbildung 6.6: Mittlerer Fehlerwert $\bar{R}_T$ der analytisch berechneten Temperaturfelder in Abhängigkeit der gewählten Wärmestromaufteilung ins Werkstück B_{wp}

Mean error R_T of the analytically calculated temperature fields depending on the selected heat partition into the workpiece B_{WP}

Der absolut gesehen niedrigste Temperaturfehlerwert wurde mit einem Korrekturfaktor $\mu_i = 0{,}9$ zu $\bar{R}_{T,HM,opt} = 24{,}93°C$ berechnet. Die dargestellte Optimierung der drei charakteristischen Modellparameter erzielte somit eine Senkung des mittleren Temperaturfehlers gegenüber den Modellstartbedingungen um $\Delta\bar{R}_T \approx 10°C$, was einer Absenkung des Fehlerwerts um ca. 30% entspricht.

Analog zur Temperaturentwicklung für die Hartmetall-Werkzeuge wurden die Modellparameter für die Verwendung der CBN-Werkzeuge optimiert. Ohne Optimierung der Modellcharakteristika erreichte die JAEGER-Lösung einen über alle Prozessparameter gemittelten lokalen Fehlerwert von $\bar{R}_{T,CBN,start} = 63{,}50°C$. Prägnant hierbei war ein sehr niedriger Temperaturfehler im Bereich von $\bar{R}_T \approx 25°C$ für Spanungsdicken unter $h_c = 0{,}100\,m$ und einem starken Anstieg des mittleren Temperaturfehlers bis zu $\bar{R}_T \approx 100°C$ für große Spanungsdicken. In der Einzelbewertung wurden die numerisch ermittelten Temperaturfelder drastisch überschätzt. Ein optimierter Temperaturfehler für den Einsatz von CBN-Werkzeugen konnte mit folgenden Modellparametern erreicht werden:

- Länge der bewegten Wärmequelle $l_{rub} = h_c$
- Verwendung des Gewichts 2: Linearer Abfall der Wärmemenge entlang der bewegten Wärmequelle
- Korrekturfaktor der Wärmequelle $\mu_i = 0{,}8$

Nach Abschluss der Optimierung erreichte der mittlere Temperaturfehler einen Wert von $\bar{R}_{T,CBN,opt} = 35{,}02°C$ und somit eine Absenkung um ca. 45%. Von einer weiteren Optimierung der zugefügten Wärmeenergie durch eine stärkere Senkung des Korrekturfaktors μ_i wurde hier abgesehen. Obwohl der mittlere Fehlerwert mit sinkendem Korrekturfaktor weiter abfiel, stiegen extreme Abweichungen dramatisch an. So wurden bspw. für hohe Spanungsdicken Temperaturfehler von $\bar{R}_T > 100°C$ berechnet und Unterschiede in den Maximaltemperaturen von mehreren hundert Grad bestimmt.

In Abbildung 6.7 ist eine Übersicht der mittleren Temperaturfehlerwerte für beide Werkzeugtypen, sortiert nach den Bereiten der Spanungsdicke und der Schnittgeschwindigkeit, dargestellt. Für beide Werkzeugtypen erzielte die eingesetzte Lösung nach JAEGER eine gute Übereinstimmung zwischen numerisch simulierten und analytisch berechneten Temperaturfeldern im betrachteten oberflächennahen Bereich der gefertigten Werkstückoberfläche. Für CBN-Werkzeuge wiesen Simulationen mit hohen Spanungsdicken von $h_c \geq 0{,}175\,m$ eine um den Faktor zwei größere Abweichung des mittleren Temperaturfehlers auf als Berechnungen mit Spanungsdicken von $h_c \leq 0{,}075\,mm$. Der mittlere Temperaturfehler der HM-Werkezuge erreichte im Mittel niedrigere Werte als bei der Verwendung von CBN-Werkzeugen. Darüber hinaus konnten hier eine größte Modellgüte für mittlere Spanungsdicken i.d.H.v. $h_c = 0{,}125\,mm$ $h_c = 0{,}150\,mm$ erzielt werden, wobei diese mit steigenden und sinkenden Spanungsdicken abnahm. Im Vergleich der untersuchten Schnittgeschwindigkeitsbereiche wiesen die Modellierungen beider Werkzeugtypen den gleichen charakteristischen Verlauf auf. Bis zu einer Schnittgeschwindigkeit von $v_c = 100\,m/min$ stieg der Fehlerwert mit der Schnittgeschwindigkeit an und sank anschließend für $v_c = 150\,m/min$ erneut stark ab.

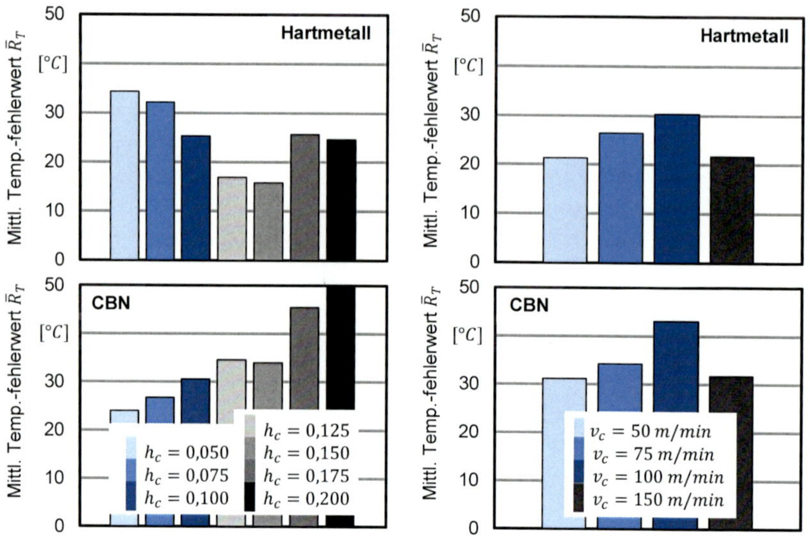

Abbildung 6.7: Prozessparameterübergreifende Bewertung der analytisch berechneten Temperaturfelder

Cross-process parameter assessment of the analytically calculated temperature fields according

Zusammenfassend konnte für beide Werkzeugtypen eine geeignete Modellkalibrierung vorgenommen werden. Hierfür wurde der mittlere Temperaturfehler zwischen analytisch berechneter Temperatur nach JAEGER und numerisch simulierter Temperatur in einem oberflächennahen Bereich um die maximale Temperatur mit einer Breite von $0{,}2\ mm$ und einer Tiefe von $0{,}15\ mm$ berechnet. Eine anschließende Optimierung der Modelleingangsparameter und Annahmen ermöglichte eine deutliche Steigerung der Modellierungsgüte. Während eine Korrelation der mittleren Fehlerabweichung von der berechneten PÉCLET-Zahl nicht festgestellt werden konnte, war diese jedoch in Abhängigkeit der eingesetzten Schnittparameter evident.

Wie in Kapitel 2.5.1 und Kapitel 2.6 dargelegt, ist eine Messung von Temperaturen in der Zerspanung nur punktuell (Pyrometrie, Thermoelement) oder mit geringer zeitlicher und örtlicher Auflösung (Thermografie) möglich. Da die Modifikation von Randzoneneigenschaften im Bereich weniger Mikrometer unter der Werkstückoberfläche auftritt, sind die verfügbaren Messfahren zur Validierung der verwendeten Modelle ungeeignet. Aus diesem Grunde wurde auf eine Validierung der berechneten Temperaturfelder mit experimentell gemessenen Temperaturen im Rahmen der Arbeit verzichtet und lediglich numerisch berechnete Temperaturfelder verwendet.

6.3 Thermische Belastung der Werkstückrandzone

Thermal Loading of the Workpiece Rim Zone

Nach der Kalibrierung der Modellparameter des analytischen Modells nach JAEGER folgt analog zu Kapitel 5 die Untersuchung der tatsächlichen thermischen Werkstückbelastung. Hierfür wird im Folgenden die analytisch berechnete und die numerisch simulierte Temperatur jeweils im Oberflächen- und Tiefenverlauf an der Stelle der höchsten Temperatur dargestellt. Im Fokus des Kapitels liegen die Zerspanversuche unter Verwendung des Hartmetall-Werkzeugs, eine Übersicht sämtlicher Berechnungsergebnisse für das CBN-Werkzeug können dem Anhang A entnommen werden.

Abbildung 6.8 zeigt zuerst die jeweiligen Temperaturen auf der Werkstückoberfläche, während die entsprechenden Tiefenverläufe in Abbildung 6.9 dargestellt sind. Deutlich zu erkennen, zeigte das analytische Modell eine hohe Genauigkeit bei der Abbildung der sich einstellenden Temperaturverläufe in der Oberflächenlage. Lediglich für niedrige Spanungsdicken von $h_c = 0{,}050\,mm$ sowie eine Spanungsdicke von $h_c = 0{,}100\,mm$ und eine Schnittgeschwindigkeit von $v_c = 50\,m/min$ sind deutliche Abweichungen sowohl in der Magnitude als auch im Verlauf der Temperaturen zu erkennen.

Für eine Schnittgeschwindigkeit von $v_c = 150\,m/min$ und eine Spanungsdicke von $h_c = 0{,}050\,mm$ werden physikalisch nicht sinnvolle Ergebnisse und Temperaturen von über $T_{surf} = 1000°C$ prognostiziert. Kernursache hierfür ist die starke Abhängigkeit des verwendeten Modells nach JAEGER von der Geschwindigkeit der bewegten Wärmequelle, welche in der realisierten Anwendung zweifach in die Berechnung des Temperaturfelds eingeht: Zuerst in der Gleichung nach JAEGER selbst (6.1) und anschließend zur Berechnung des in das Werkstück fließenden Wärmestroms mittels PECLÉT-Zahl, vgl. Gleichung (6.4) und (6.5). Gleichzeitig ist unter den gegebenen Modellannahmen für niedrige Spanungsdicken die Länge der bewegten Wärmequelle nur sehr klein, $l_{rub} \approx h_c$, weshalb die vollständige Prozessenergie auf einen sehr kleinen Bereich fokussiert wird.

Die Übersicht der Temperaturvergleiche untermauert die vorab geäußerte Darstellung, dass eine weitere Modelloptimierung nicht global, sondern nur individuell je Prozessbedingung erfolgen kann und somit aufgrund fehlender Allgemeingültigkeit die Nutzbarkeit im Rahmen einer prozessnahen Abschätzung von charakteristischen Randzonenmodifikationen einschränkt. Neben dem Vergleich der Modelltypen zeigten die Temperaturverläufe für den Zerspanprozess charakteristische Merkmale. Zuerst steigt die in das Werkstück eingebrachte Wärmeenergie und die hieraus resultierende Temperatur kontinuierlich mit der Schnittgeschwindigkeit an. Dies gilt sowohl für die maximalen Temperaturen als auch für den generellen Temperaturverlauf, welcher eine breite Ausprägung bildet und somit hohe Temperaturen für eine längere Zeit beibehält.

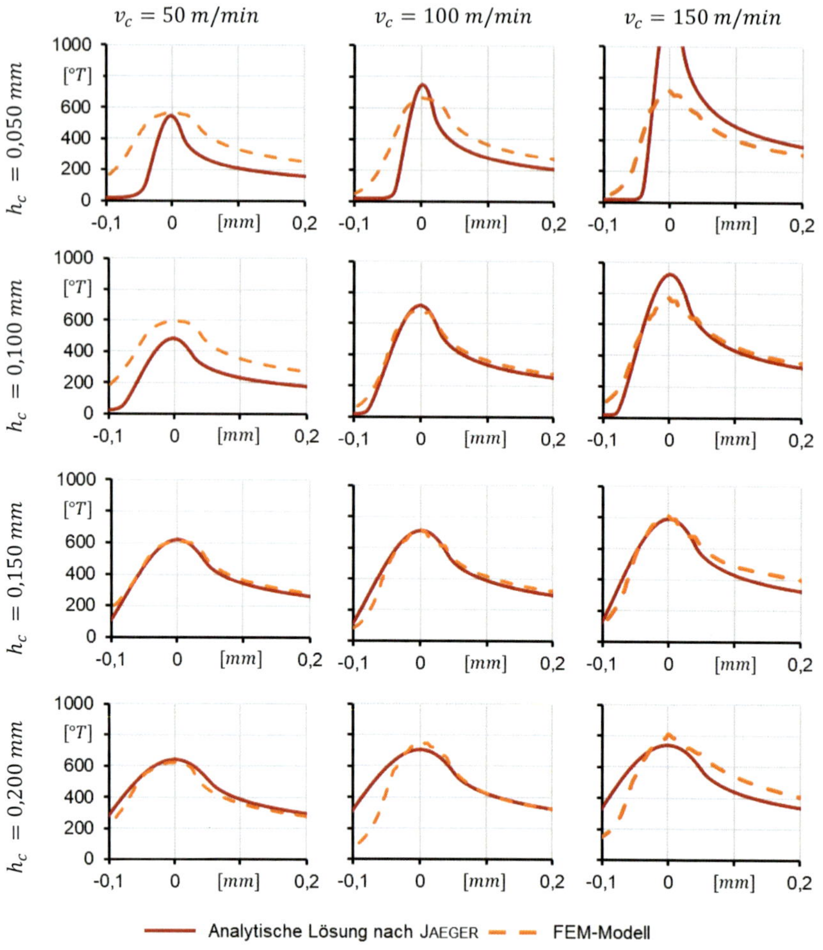

Abbildung 6.8: Analytisch berechnete und numerisch simulierte thermische Werkstückbelastung entlang der gefertigten Werkstückoberfläche: HM-Werkzeuge

Analytically calculated and numerically simulated thermal workpiece load along the manufactured workpiece surface: CC-tools

Dieser Verlauf war für alle Spanungsdicken evident. Eine vergleichbare Beziehung konnte für die Spanungsdicke nicht eindeutig oder nur in sehr abgeschwächter Form identifiziert werden. Der Anstieg der maximalen Temperaturen in der Oberflächenlage zwischen niedrigster und höchster Spanungsdicke betrug hier lediglich $\Delta T_{surf} \approx 50°C$. Dies kann in der hohen Temperaturleitfähigkeit des verwendeten Werkstoffs begründet werden, wodurch die auftretende Wärme schnell in tiefere Schichten abgeleitet werden kann und somit die Oberflächentemperatur selbst bei starkem Anstieg der eingebrachten Wärmemenge nur geringfügig ansteigt.

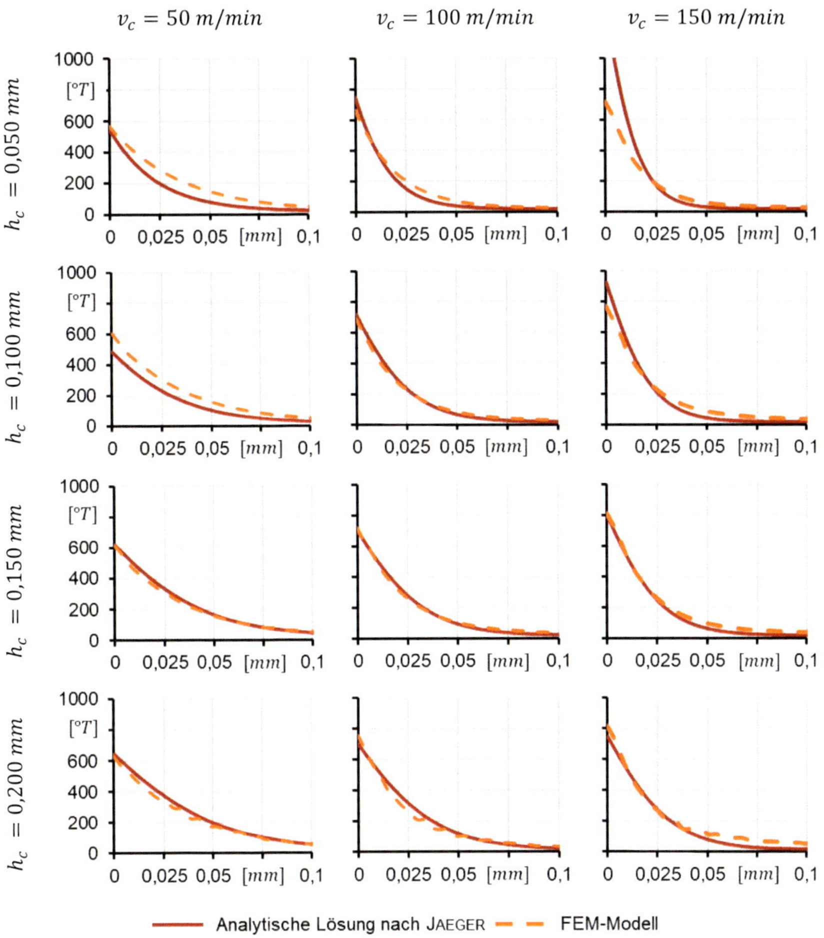

Abbildung 6.9: Analytisch berechnete und numerisch simulierte thermische Werkstückbelastung mit steigendem Abstand zur Werkstückoberfläche: HM-Werkzeuge

Analytically calculated and numerically simulated thermal workpiece load with increasing distance to the workpiece surface: CC-tools

Der Vergleich der Tiefenverläufe am Punkt der maximalen Temperatur untermauerte die vorab beschriebenen Ergebnisse (vgl. Abbildung 6.9). Darüber hinaus konnte für alle Schnittgeschwindigkeiten ein mit steigender Spanungsdicke wachsender Gesamtenergieeintrag in die Werkstückrandzone identifiziert werden. Dieser war durch einen flacheren Abfall der vorherrschenden Temperatur mit steigendem Abstand zur Werkstückoberfläche charakteristisch.

Die qualitative und quantitative Übereinstimmung der numerisch und analytisch berechneten Temperaturverläufe überstieg insbesondere für die obersten $10 - 15\ \mu m$ die vorab diskutierte Übereinstimmung im Rahmen des Oberflächenverlaufs. Hieraus kann eine gute Nutzbarkeit der analytisch berechneten Temperaturen im Rahmen der Randzonenmodellierung abgeleitet werden.

Abschließend ist in Abbildung 6.10 und Abbildung 6.11 ein exemplarischer Vergleich der dargestellten Temperaturprofile zwischen HM- und CBN-Werkzeugen für eine konstante Spanungsdicke von $h_c = 0{,}100\ mm$ und Schnittgeschwindigkeiten von $v_c = 50, 100\ und\ 150\ m/min$ dargestellt. Sämtliche Ergebnisse der CBN-Werkzeuge sind in Anhang A zusammengefasst. Generell können für den Einsatz von CBN-Werkzeugen die diskutierten Beobachtungen für HM-Werkzeuge bestätigt werden. So steigen die Temperaturverläufe entlang ihres Verlaufs mit der Schnittgeschwindigkeit an, wobei der Einfluss der Spanungsdicke zu vernachlässigen ist.

Im detaillierten Vergleich wiesen die Temperaturverläufe der CBN-Werkzeuge ein geringeres Niveau auf, wobei die Differenz zum Einsatz von HM-Werkzeugen mit steigender Schnittgeschwindigkeit größer wurde und bis zu $\Delta T \approx 200°C$ betrug. Die größte qualitative und quantitative Diskrepanz der dargestellten Kurven wies der direkte Vergleich zwischen analytisch nach JAEGER und numerisch mittels FEM bestimmter Temperatur für CBN-Werkzeuge auf.

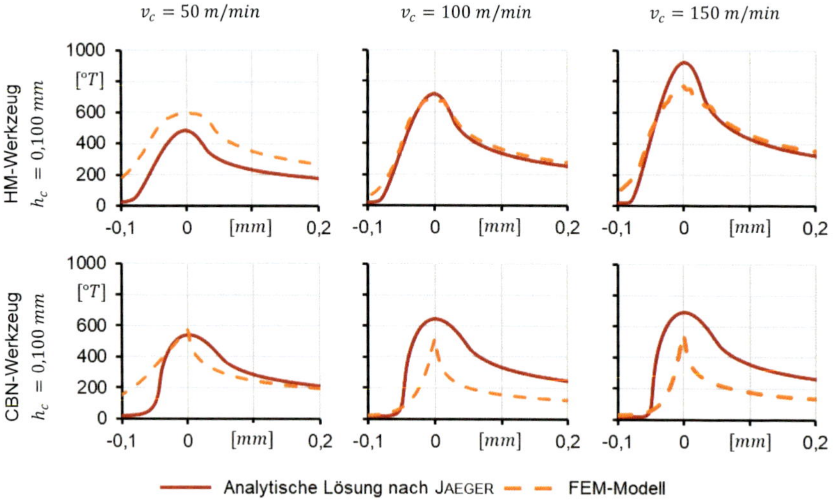

Abbildung 6.10: Vergleich der berechneten Temperaturprofile in Abhängigkeit des Werkzeugtyps I – Verlauf an der Werkstückoberfläche

Comparison of the calculated temperature profiles as a function of the tool type I - Progression on the workpiece surface

Das analytische Modell nach JAEGER beruht maßgeblich auf der Wärmeleitung innerhalb des Werkstoffs, der Menge der eingebrachten Energie und der Geschwindigkeit der bewegten Wärmequelle. Dies resultiert in homogenen Temperaturverläufen entlang der Oberfläche und mit steigender Tiefe in das Werkstück, sowohl für HM- als auch für CBN-Werkzeuge. In der numerischen Simulation ist der dargestellte Temperaturverlauf bzw. die lokal auftretende Wärmeenergie eine Kombination der Effekte der lokal in Wärme umgewandelten und der von benachbarten Punkten transportierten Wärmeenergie.

Der Großteil der resultierten lokal bestimmten Temperatur ist daher auf die Umwandlung von mechanischer in thermische Energie zurückzuführen und wird in Kapitel 7 erneut diskutiert. Bereits im Vergleich der mechanischen Werkstückbelastung resultierte der Einsatz von CBN-Werkzeugen in drastisch ansteigenden Dehnungen und Dehnraten, welche Grundlage der lokal auftretenden mechanischen Energie sind. Diese wurden auf die veränderte Werkzeugmikrogeometrie zurückgeführt. Hieraus kann auch für den Temperaturverlauf der numerischen Simulation ein steilerer Anstieg der Temperatur entlang der gefertigten Werkstückoberfläche (schnellere Aufheizung) vermutet werden, da dieser maßgeblich durch die primäre Scherzone verläuft.

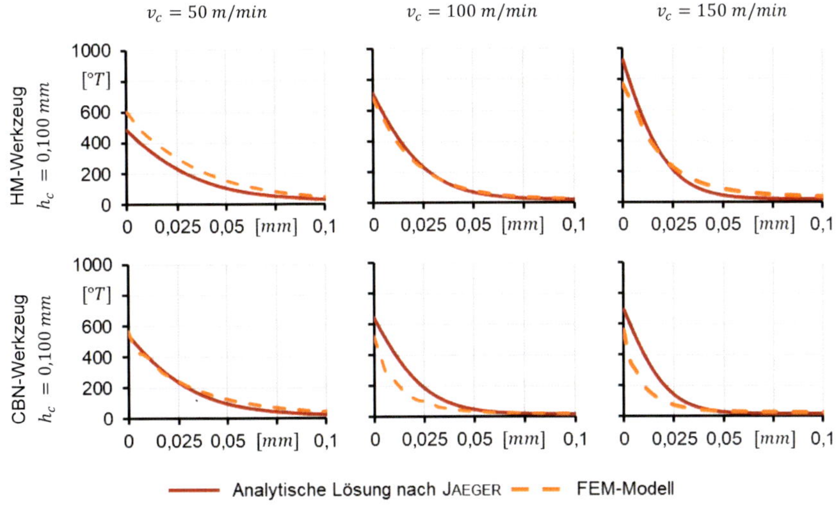

Abbildung 6.11: Vergleich der berechneten Temperaturprofile in Abhängigkeit des Werkzeugtyps II – Tiefenverlauf am Punkt höchster Temperatur

Comparison of the calculated temperature profiles as a function of the tool type II - Depth profile at the point of highest temperature

Diese These wird durch den dargestellten Verlauf der CBN-Werkzeuge bestätigt. Der Punkt der höchsten Temperatur entlang einer Bewegungslinie, welche in der gefertigten Werkstückoberfläche mündet, ist innerhalb oder sehr nah an der primären Scherzone zu vermuten. Dementsprechend steigen die entsprechenden Temperaturverläufe bis zu diesem Punkt steil an und fallen dann, qualitativ vergleichbar mit denen der HM-

Werkzeuge, wieder ab. Die lokalen Maxima der numerisch berechneten Temperaturverläufe beschrieben für CBN-Werkzeuge somit einen steilen Kegel. Eine weitere Auffälligkeit war die tendenzielle Überschätzung der maximalen Temperatur, welche für die hier dargestellte Schnittbedingungen besonders evident sind. Hieraus kann somit direkt der im Vergleich der Werkzeugtypen höhere Temperaturfehlerwert $\bar{R}_T$ begründet werden.

Im Vergleich der Tiefenverläufe wies der Kontrast zwischen numerisch und analytisch berechneten Temperaturverläufen und den Werkzeugtypen mit steigendem Abstand zur Werkstückoberfläche eine geringe Ausprägung auf. Kernunterschied der Verläufe der CBN-Werkzeuge war der aus einer tendenziellen Überschätzung der maximalen Temperatur abgeleitete gedämpfte Abfall des Temperaturprofils mit steigendem Abfall zur Werkstückoberfläche.

6.4 Zwischenfazit

Intermediate Conclusion

Die in Kapitel 6 dargestellten Ergebnisse adressierten Forschungsfragen 1 und 2 mit einem Fokus auf der thermischen Werkstückbelastung in der oberflächennahen Werkstückrandzone. Zusätzlich zu den Auswirkungen der maßgeblichen Modellparameter und den definierten Randbedingungen erfolgte eine Gegenüberstellung des Einflusses der Prozessparameter und Werkzeugtypen. Neben der mechanischen Werkstoffbelastung stellen die vorgelegten Ergebnisse die zweite Eingangsgröße zur Vorhersage auftretender Randzonenmodifikationen dar. Mit der Absicht, die werkstückseitigen Temperaturfelder mit hoher örtlicher Auflösung auf Basis der Prozessparameter und der gemessenen Schnittkraft zu berechnen, wurde zuerst ein analytisches Temperaturmodell nach JAEGER eingeführt. Unter Verwendung geeigneter Annahmen wurde eine Übertragbarkeit des Temperaturmodells auf die Bedingungen des orthogonalen Schnitts und somit die vorangestellten experimentellen Untersuchungen aus Kapitel 4 belegt.

Der Modellübertragung angeschlossen erfolgte ein erster Vergleich der analytisch nach JAEGER berechneten Temperaturfelder und der numerisch mittels FEM berechneten Validierungsdaten (vgl. Kapitel 4.4). Aufgrund bestehender qualitativer und quantitativer Abweichungen wurde eine Erweiterung und Kalibrierung der vorherigen analytischen Lösung durchgeführt und diese anhand des lokalen Temperaturfehlerwerts $\bar{R}_T$ systematisch bewertet. Kernerweiterungen des Modells war neben einer Modifikation der Länge der bewegten Wärmequelle l_{rub}, auch deren Verteilung entlang ihrer Länge und die aus den Prozessparametern bzw. gemessenen Schnittkraft berechneten induzierten Wärmemenge $\dot{q}''$.

Abschließend erfolgte eine Validierung und Diskussion der berechneten Temperaturfelder anhand der numerisch ermittelten Daten. Im Hinblick auf den zweiten Teil der Forschungsfragen 1 und 2 können die folgenden Schlussfolgerungen gezogen werden:

- Mithilfe einer analytischen Lösung des Temperaturmodells nach JAEGER konnten für die betrachteten Prozessbedingungen Temperaturfelder mit ausreichender örtlicher Auflösung ermittelt werden.
- Die maßgeblich durch die Werkzeugmikrogeometrie bestimmten Ausprägungen der Scherzone resultierten analog zum vorangegangenen Kapitel im Falle der thermischen Werkstückbelastung in stark unterschiedlichen Zustandsgrößenfeldern, weshalb eine Kalibrierung des analytischen Modells für jeden Werkzeugtyp spezifisch durchgeführt wurde.
- Hieraus folgt eine logische Einschränkung des Modells, da die Übertragbarkeit unter variierenden Werkzeug- und Prozessbedingungen nur bedingt gegeben ist und im Rahmen der Arbeit nicht ausreichend überprüft werden konnte.

- In einem Bereich um den Punkt der maximalen Temperatur (Tiefe $d_w = 0{,}15\,mm$; Breite $b_w = 0{,}2\,mm$, vgl. Abbildung 6.2) konnte eine mittlere Abweichung von $\bar{R}_{T,HM,opt} = 24{,}93°C$ für das HM-Werkzeug und eine Abweichung von $\bar{R}_{T,CBN,opt} = 35{,}02°C$ zwischen analytischer und numerischer Lösung erreicht werden.
- Höhere Schnittgeschwindigkeiten v_c resultierten erwartungsgemäß in stärker ausgeprägten Temperaturfeldern, welche ebenfalls stärkere Gradienten aufwiesen, während der Einfluss der Spanungsdicke h nur eine untergeordnete Rolle einnahm.
- Der Einfluss des eingesetzten Werkzeugs auf den Temperaturverlauf war maßgeblich qualitativ anhand des Oberflächenprofils detektierbar und wies für CBN-Werkzeuge ein geringfügig niedrigeres Niveau aus, welches maximal $T = 130°C$ betrug.
- Mit steigendem Abstand zur Werkstückoberfläche nahmen die Temperaturen mit hohem Gradienten ab und erreichten teilweise bereits in Tiefen von weniger als $0{,}10°\mu m$ Werte, bei denen keine dynamische Rekristallisation mehr erwartet werden kann.

Zusammenfassend wurden in Kapitel 6 die Forschungsfragen 1 und 2 in Bezug auf die thermische Werkstückbelastung beantwortet. Mithilfe der schnellrechenden, analytischen Modellierung der prozessinduzierten Temperaturfelder konnte auch der Einfluss der Prozessparameter und Werkzeugcharakteristika auf das thermische Belastungskollektiv analysiert werden. Nach der thermischen Modellierung der Werkstückbelastung im oberflächennahen Raum kann diese mit der mechanischen Werkstückbelastung kombiniert und im folgenden Schritt zur schnellrechnenden Abschätzung prozessinduzierter Randzonenmodifikationen genutzt werden.

7 Analytische Modellierung mikrostruktureller Gefügemodifikationen

Analytical Modelling of Structural Workpiece Modifications

Die in Kapitel 7 dargestellten Arbeiten adressieren Forschungsfrage 3 und somit die prozessnahe analytische Abschätzung von Werkstoffmodifikationen in der Werkstückrandzone auf Basis der abgeleiteten Prozesszustandsgrößenfelder.

Zu diesem Zweck wird ein schnellrechnendes analytisches Modell aufgebaut, welches auf dem Ansatz der Änderung der freien Helmholtz-Energie basiert und dynamische Rekristallisationsmechanismen bzw. Korngrößenmodifikationen in der Randzone auf Grundlage der vorherrschenden thermischen und mechanischen Werkstückbelastung berechnet. Das hier dargestellte Modell wurde bereits mehrfach in der Literatur verwendet, jedoch direkt mithilfe von Subroutines in verschiedene FE-Codes integriert und griff somit in die Berechnung der thermo-mechanischen Zustandsgrößen ein. Bekannte Beispiele hierfür sind die Arbeiten von BUCHKREMER ET AL., TEKKAYA ET AL. und GONZÁLEZ ET AL. [BUCH17b; BUCH17c; GONZ22; GONZ19; TEKK23; TEKK21; TEKK20].

Gemäß der Grundannahme des Modells ist eine spontane thermodynamische Zustandsänderung nur möglich, solange die im System vorhandene innere Energie F lokal in einem Zeitschritt dt sinkt. Verbunden mit einer minimal erforderlichen kritischen thermischen und mechanischen Energie können ortsbezogen somit drei mathematische Gesetzmäßigkeiten für eine Korngrößenmodifikation definiert werden, welche die Grundlage der folgenden Berechnung bilden:

1. $e_{mech} > e_{mech,crit}$ – Überschreiten einer kritischen mechanischen Energie
2. $T > T_{crit}$ – Überschreiten einer kritischen Initiationstemperatur
3. $dF < 0$ – Lokal sinkende freie Helmholtz-Energie

Während die lokal gespeicherte mechanische Energie maßgeblich aus den in Kapitel 5 vorgestellten Dehnungs- und Dehnratenfeldern hervorgeht und analog die Temperaturhistorie entlang Kapitel 6 entnommen werden kann, werden im Anschluss zuerst die physikalischen Grundlagen des Modells vorgestellt. Darauf folgen der generelle Modellaufbau und geeignete Modellvereinfachungen, bevor die Ergebnisse der berechneten Werkstoffmodifikationen diskutiert werden.

7.1 Thermodynamisches Potenzial in der Zerspanung

Thermodynamic Potential under Metal Cutting Conditions

Als Fundamentalgleichung der Thermodynamik wird die freie Energie oder Helmholtz-Energie zu [LUCA08, S. 448]

$$F = U - T * S \tag{7.1}$$

bestimmt, mit U als innere Energie, S als Entropie und T als absolute Temperatur. Basierend auf den in Kapitel 2 vorgestellten Erkenntnissen kann für den orthogonalen Schnitt in der Zerspanung eine chemische Stabilität und ein konstantes Werkstoffvolumen angenommen werden. Ferner tritt viskoplastisches Materialverhalten auf und es wird keine oder nur vernachlässigbare Energie an die Umgebung abgegeben. Darüber hinaus erfährt ein Werkstoffpartikel, welcher entlang seiner Bewegungslinie die Zerspanzone durchläuft und schließlich in die gefertigte Werkstoffoberfläche übergeht, extreme Dehnungen, Dehnraten (vgl. Kapitel 5.3) und Temperaturgradienten (vgl. Kapitel 6.3). Somit kann von irreversiblen, nicht isothermen Werkstoffmodifikationen ausgegangen und das Differenzial der freien Helmholtz-Energie mit

$$df = du - s * dT - T * ds \tag{7.2}$$

ermittelt werden. Analog zu Gleichung (7.2) sind im Folgenden alle extensiven Größen als Repräsentanz eines lokalen Werkstoffvolumens klein geschrieben, wohin gegen im thermodynamischen Sinne intensive Größen der Großschreibung unterliegen.

Tritt lokal eine dynamische Rekristallisation auf, werden große Werkstoffkörner in kleinere Körner umgewandelt. Hieraus folgt einerseits eine Änderung der lokal gespeicherten mechanischen Energie de_{me}, aber auch die kontinuierliche Änderung der lokalen thermischen Energie de_{th}. Andererseits bedingt die Modifikation der Korngröße bei gleichbleibendem Werkstoffphasenzustand eine Änderung der an den Korngrenzen gespeicherten Grenzflächenenergie e_a. Somit bildet das Differenzial der inneren Energie du die Summe der Einzelenergiedifferenziale gemäß:

$$du = de_{me} + de_{th} + de_a \tag{7.3}$$

Zuletzt folgt das Differenzial der Entropie s mit

$$ds = ds_{diss} + ds_{th} = \frac{de_{diss}}{T} + \frac{de_{th}}{T} \tag{7.4}$$

als Summe der temperaturbezogenen Änderung der thermischen Energie de_{th} aufgrund von Wärmeleitung und Dissipation de_{diss}. Sämtliche notwendigen Größen werden aus den in den Kapiteln 5 und 6 ermittelten Prozesszustandsgrößenfeldern berechnet.

7.1.1 Innere Energie, Produktion von Entropie und deren Fluss

Inner Energy, Entropy Production and Entropy Flow

Im Folgenden werden zuerst die wichtigsten physikalischen Zusammenhänge der Modellierung zusammengefasst und anschließend der Modellaufbau und dessen Vereinfachung dargestellt. Eine ausführliche Darstellung der physikalischen Grundlagen kann der einschlägigen Literatur entnommen werden [BUCH17c; BUCH17a; HALL51; PÉRE12; PETC53].

Gemäß den vorangegangenen physikalischen Überlegungen kommt der Berechnung der lokal vorherrschenden Änderung der Helmholtzschen freien Energie eine besondere Bedeutung zu (vgl. Gleichungen (7.2) bis (7.4)). Zuerst beträgt die Änderung der in den Korngrenzen gespeicherten Grenzflächenenergie gemäß

$$de_a = \gamma_{gb} * da \tag{7.5}$$

dem Produkt aus Grenzflächenenergie γ_{gb} und der Änderung der tatsächlichen Größe (Fläche) der Körner da. Während die Änderung in der Korngrenzfläche aus geometrischen Überlegungen unter der Annahme bspw. quadratischer Körner berechnet werden kann, wird die Grenzflächenenergie selbst als werkstoffspezifische Größe angenommen und fällt mit steigender Temperatur in Abhängigkeit der beiden Konstanten a_y und b_y ab [MURR75].

$$\gamma_{gb} = a_y * T + b_y \tag{7.6}$$

Die Änderung der lokal auftretenden thermischen Energie impliziert die vollständige thermische Energieänderung $de_{th,total}$ abzüglich der dissipierten Energie de_{diss}.

$$de_{th} = de_{th,total} - de_{diss} = c_p(T) * \rho * dT - \beta * de_{me} \tag{7.7}$$

Erstere kann mithilfe der temperaturabhängigen spezifischen Wärmekapazität $c_p(T)$, der Dichte des Werkstoffs ρ und der lokalen Temperaturänderung berechnet werden [SPIT09]. Die Berechnung der dissipierten Energie de_{diss} erfolgt auf der Annahme, dass ein Teil der mechanischen Energie in thermische Energie dissipiert, wobei dessen Anteil mit dem TAYLOR-QUINNEY-Koeffizienten beschrieben werden kann und für Metalle üblicherweise einen Wert von $\beta = 0{,}9$ annimmt [PÉRE12].

Die dritte Komponente der Änderung der inneren Energie, die Änderung der mechanischen Energie de_{me}, entspricht dem Integral der lokalen Fließspannung σ_{yld} über der äquivalenten plastischen Dehnung ε. Die Fließspannung wiederum kann als Funktion der Dehnung ε, der Dehnrate $\dot{\varepsilon}$ und der Temperatur T ausdrückt werden und wurde bereits in Kapitel 4.4 bzw. Gleichung (4.2) vorgestellt. Wird ein Werkstoffpartikel durch die Scherzone bewegt, sind entlang seiner Bewegungslinie aufeinander folgende Zustände denkbar, bei denen eine dynamische Rekristallisation auftritt. Somit muss bei der Berechnung der Fließspannung der Einfluss der aktuellen Korngröße d berücksichtigt werden.

Unter Verwendung der Hall-Petch Beziehung [HALL51; PETC53] wird somit Gleichung (4.2) zur Berechnung der Randzonenmodifikation angepasst:

$$\sigma_{yld} = \left[A + \left(\frac{K_{HP}}{\sqrt{d}}\right) + B * \varepsilon^n\right] * \left[1 + C * \ln\left(\frac{\dot{\varepsilon}}{\dot{\varepsilon}_0}\right)\right] * \left[1 - \left(\frac{T - T_0}{T_m - T_0}\right)^m\right] \tag{7.8}$$

Hieraus folgt anschließend die Änderung der mechanischen Energie de_{me} gemäß:

$$\begin{aligned} de_{me} &= \int_{\varepsilon_t}^{\varepsilon_{t+1}} \sigma_{yld}(\varepsilon, \dot{\varepsilon}, T) * d\varepsilon \\ &= \left(1 + C * \ln\left(\frac{\dot{\varepsilon}}{\dot{\varepsilon}_0}\right)\right) * \left(1 - \left(\frac{T - T_0}{T_m - T_0}\right)^m\right) \\ &\quad * \left(\left(A + \frac{K_{HP}}{\sqrt{d}}\right) * (\varepsilon_{t+1} - \varepsilon_t) + \frac{B}{n+1} * (\varepsilon_{t+1}^{n+1} - \varepsilon_t^{n+1})\right) \end{aligned} \tag{7.9}$$

Zuletzt verbleibt die Berechnung der Entropie s und deren lokaler Veränderung ds. Nach CLAUSIUS kann die Entropie selbst als Integral der Änderung der temperaturbezogenen thermischen Energie beschrieben werden:

$$s(T) = \int_0^{e_{th}} \frac{de_{th}}{T} = \rho * \int_0^T \frac{c_p(T)}{T} dT \tag{7.10}$$

Hieraus folgt für das Integral der Entropie $s * dT$ über die Temperatur nach Gleichung (7.2) der Ausdruck

$$s\,dT = \int_{T_t}^{T_{t+1}} s(T) dT\,(T) = \rho * \int_{T_t}^{T_{t+1}} \int_0^T \frac{c_p(T)}{T} dT\,dT \tag{7.11}$$

welcher durch Kenntnis der temperaturabhängigen, werkstoffspezifischen Wärmekapazität $c_p(T)$ gelöst werden kann. Das abschließend ausstehende Differenzial der Entropie ds teilt sich gemäß Gleichung (7.4) in die Änderung der Entropie aufgrund von Dissipation ds_{diss} und Änderung der lokal gespeicherten thermischen Energie ds_{th} auf. Unter Kenntnis der lokal auftretenden Temperaturänderung und der temperaturabhängigen Wärmekapazität ergeben sich diese zu

$$ds_{diss} = \int_{e_{diss_t}}^{e_{diss_{t+1}}} \frac{de_{diss}}{T} = \rho \int_{T_t}^{T_{diss_{t+1}}} \frac{c_p(T)}{T} dT \tag{7.12}$$

und

$$ds_{th} = \int_{e_{th}}^{e_{th_{t+1}}} \frac{de_{th}}{T} = \rho \int_{T_t}^{T_{th_{t+1}}} \frac{c_p(T)}{T} dT. \tag{7.13}$$

Gemäß den vorgestellten Modellannahmen tritt eine Korngrößenumwandlung immer dann spontan und genau so lange auf, wie alle Modellvoraussetzungen erfüllt sind. Nach Berechnung des lokalen Differenzials der Helmholtzschen freien Energie mittels Gleichungen (7.2) bis (7.13) muss im Falle einer dynamischen Rekristallisation die Korngröße der rekristallisierten Körner berechnet werden.

Der Kernmechanismus der dynamischen Rekristallisation ist gemäß Kapitel 2.3 die Umwandlung von gespeicherter Energie in Form von Versetzungen und Dehnungen in neue Korngrenzenergie [CRAM09; POLI96]. Die Menge, der auf diese Weise umgewandelten und in Grenzflächenenergie überführten Energie, ergibt sich daher zu:

$$de_a = \Omega(\mathrm{T}) * e_{me,1-\beta} \tag{7.14}$$

Die Berechnung des Umwandlungsanteils $\Omega(\mathrm{T})$ wurde hierfür aus der Literatur entnommen [BUCH17b; QUAN11] und erlaubt anschließend unter Zuhilfenahme von Gleichung (7.6) die Berechnung der lokalen Korngröße zum Zeitpunkt $t + 1$ mittels:

$$d_{t+1} = \frac{3 * \gamma_{gb}(T)}{\frac{3 * \gamma_{gb}(T)}{d_t} + \Omega(\mathrm{T}) * e_{me,1-\beta}} \tag{7.15}$$

Gleichungen (7.5) bis (7.15) bilden die mathematischen und physikalischen Grundlagen des Rekristallisationsmodells, während mithilfe der Gleichungen (7.1) bis (7.4) das Differenzial der freien Helmholtz-Energie und somit die erste Initiationsbedingung überprüft werden kann. Als zweite Initiationsbedingung wird eine Überschreitung der kritischen Temperatur $T > T_{crit}$ direkt über die vorherrschende Temperatur kontrolliert und zuletzt das Überschreiten der kritischen mechanischen Energie mithilfe von Gleichung (7.9) aus den örtlich und zeitlich aufgelösten Prozesszustandsgrößen berechnet. Kern der thermodynamisch motivierten Interpretation der dynamischen Rekristallisation ist es, dass diese immer dann spontan, instantan und genau so lange auf, wie alle Bedingungen hierfür lokal gegeben sind. Mathematisch kann dieser Zustand nur über infinitesimal kleine Zeitschritte abgebildet werden. Somit erfolgt eine Umwandlung nur, wenn sowohl zu Zeitpunkt t, als auch $t + 1$ sämtliche Bedingungen erfüllt sind.

7.1.2 Modellaufbau und Vereinfachungen

Model Set-Up and Simplifications

Nach der Vorstellung der physikalischen Grundlagen des Modells wurde dieses im Rahmen einer Berechnungsroutine mithilfe der kommerziellen Softwareumgebung MATLAB der Fa. MATHWORKS umgesetzt. In Abbildung 7.1 ist hierfür der logische Aufbau des implementierten Algorithmus als Flussdiagramm dargestellt, der die Berechnung der Randzonenmodifikation eines Zeitschritts $t - 1$ zu t beschreibt.

Die analytisch berechneten oder gemessenen Eingangsgrößen des Modells waren zuerst die Prozesszustandsgrößenfelder und somit einerseits die mechanische Werkstückbelastung, respektive die äquivalente plastische Vergleichsdehnung $\varepsilon_{eq}(x, y)$ und Vergleichsdehnrate $\dot{\varepsilon}_{eq}(x, y)$ mit hoher örtlicher und zeitlicher Auflösung, wie in Kapitel 5 diskutiert wurde. Zusätzlich waren hiermit jeweils das Bewegungsfeld und die aus den individuellen Punktbewegungen berechneten Bewegungslinien verbunden (vgl. Kapitel 5.2.3). Andererseits stellten die mithilfe des Modells nach JAEGER abgeleiteten Temperaturfelder $T(x, y)$ (vgl. Kapitel 6.3) die thermische Werkstückbelastung dar.

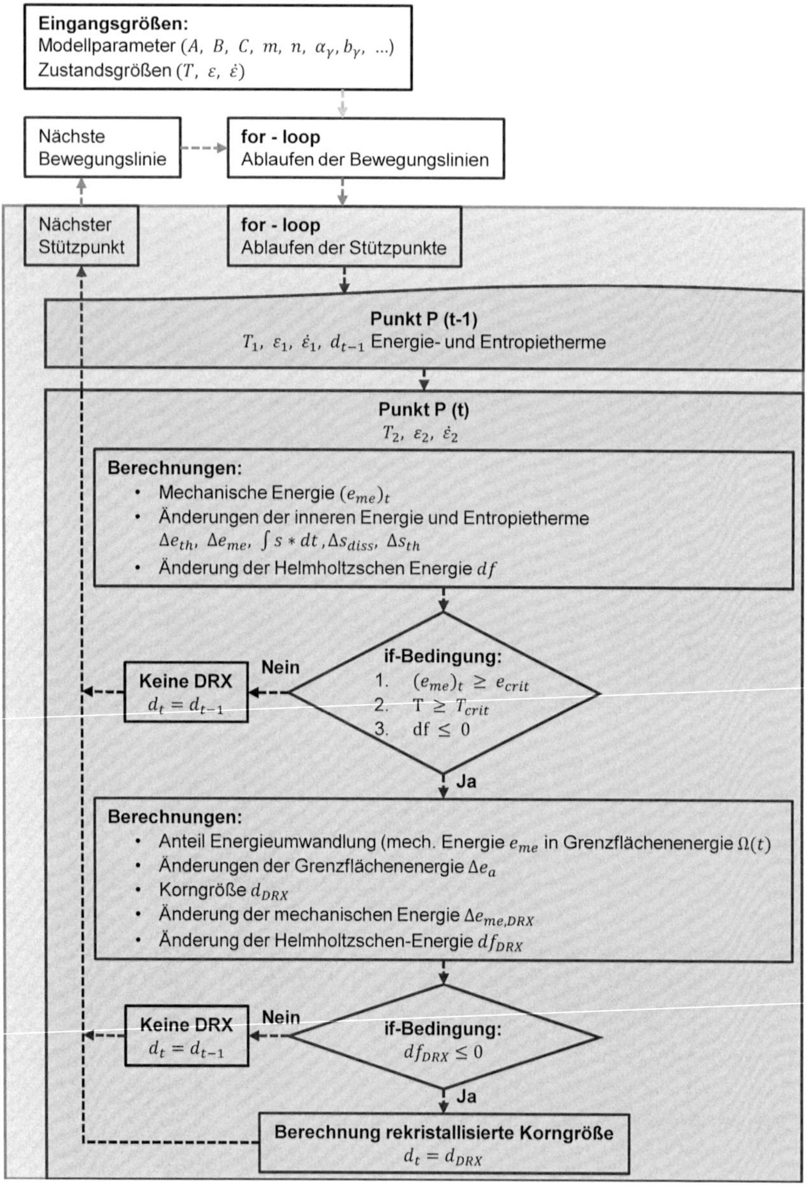

Abbildung 7.1: **Flussdiagramm der analytischen Vorhersage prozessinduzierter Korngrößenmodifikationen basierend auf der freien Helmholtz-Energie**

Flow chart of the analytically implemented prediction of process-induced grain size modifications based on the free Helmholtz energy

Als Validierungsgrößen wurden analog dieselben Zustandsgrößenfelder der numerischen Spanbildungssimulation aus Kapitel 4.4 und die in Kapitel 4.3 dargestellten Randzonenmodifikationen herangezogen. Die Zusammensetzung der Prozesszustandsgrößenfelder erfolgte, indem erneut die jeweiligen Maxima der Temperatur und Dehnung ortsfest miteinander verbunden wurden, während die gefertigte Werkstückoberfläche die zweite geometrische Randbedingung bildete. Für die weitere Berechnung der lokal gespeicherten mechanischen Energie, der Helmholtzschen freien Energie und deren Komponenten kamen zahlreiche werkstoffspezifische Konstanten und Formulierungen zum Einsatz, welche maßgeblich der einschlägigen Literatur [BUCH17b; SPIT09] entnommen wurden und in Anhang B aufgeführt sind.

Die generelle Struktur des Algorithmus beruht auf zwei ineinander verschachtelten sogenannten „For-loops“ (deutsch: „Für-Schleifen“), wodurch der innere Block zur Berechnung der volumenspezifischen Helmholtzschen Energie wiederholt für jede Position des Prozesszustandsgrößenfelds ausgeführt wird. Die erste, äußere Schleife ruft die räumlich je nach Prozessbedingung variierenden Bewegungslinien einzelner Werkstoffpartikel auf und läuft diese einzeln beginnend mit der gefertigten Werkstückoberfläche (oberste Lage des Prozesszustandsgrößenfeldes) mit steigendem Abstand zur Werkstückoberfläche ab. Darunter eingeordnet ist der zweite, innere „For-loop“, welcher die eigentliche Berechnung der Initiationsbedingungen und Umsetzung der dynamischen Rekristallisation innerhalb der Bewegungslinie adressiert. Zuerst werden für jeden Stützpunkt entlang der Bewegungslinie $i(x, y)$ entlang der Bewegungslinie die relevanten Prozesszustandsgrößen (T_{t-1}, $\varepsilon_{eq,t-1}$, $\dot{\varepsilon}_{eq,t-1}$ und d_{t-1}), sowie Energie- und Entropietherme des vorangegangenen Zeitschritts $t-1$ anhand der bekannten Bewegungsgeschwindigkeit und eines infinitesimalen, über die komplette Berechnung konstanten Zeitinkrements Δt berechnet. Sind keine diskreten Werte der notwendigen Prozesszustandsgrößen vorhanden, werden diese linear zwischen den benachbarten Punkten interpoliert. Anschließend werden ebenfalls die Prozesszustandsgrößen der aktuellen Position und somit des Zeitpunkts t ausgelesen.

Sind alle erforderlichen Prozesszustandsgrößen vorhanden, erfolgt die Berechnung der örtlich gespeicherten mechanischen Energie $e_{me,t}$ sowie deren zeitliche Änderung hin zum vorangegangenen Zeitschritt Δe_{me} und hieraus abgeleitet die zeitliche Änderung der thermischen Energie Δe_{th} (Gleichungen (7.7) bis (7.9)). Verbunden mit den entsprechenden Entropiethermen (Gleichungen (7.10) bis (7.13)) werden nun die drei charakteristischen DRX-Initiationsbedingungen mithilfe einer If-Schleife (deutsch: Wenn-Schleife) überprüft. Sind nicht alle Bedingungen erfüllt, wird die bisherige Korngröße beibehalten ($d_t = d_{t-1}$). Sofern alle Initiationsbedingungen für den Punkt $i_t(x, y)$ zum Zeitpunkt t erfüllt sind, wird mittels der Gleichungen (7.14) und (7.15) der Anteil der in Korngrenzenergie umgewandelten mechanischen Energie $\Omega(T)$ und die entsprechend resultierende rekristallisierte Korngröße $d_{DRX,t}$ berechnet. Im Sinne der Thermodynamik erfolgt die dynamische Rekristallisation immer spontan und unmittelbar, somit ohne Zeitverzug.

Im Rahmen des Berechnungsmodells muss die spontane unmittelbare Umwandlung jedoch mit dem infinitesimalen Zeitschritt $\Delta t\{t-1;t\}$ umgesetzt werden. Daher wird abschließend eine weitere If-Schleife $(df_{DRX} \leq 0)$ eingeführt. Die tatsächliche Korngröße $d_t = d_{DRX}$ wird nur angepasst, solange sämtliche Bedingungen gelten. Bei Nichterfüllung der Bedingung nimmt die Korngröße d_{Korn} den Wert des vorherigen Zeitschritts an und die Berechnung entlang der Stromlinie wird fortgesetzt.

Die Zustandsänderung eines Werkstoffpartikels $P_{WK,i}$ wird mit der dargestellten Vorgehensweise der inneren For-Schleife iterativ entlang dessen Bewegungslinie vollständig berechnet, bis diese das Feld der thermo-mechanischen Prozesszustandsgrößen verlässt. Anschließend erfolgt der Aufruf der darunterliegenden Stromlinie, bis sämtliche Partikelstartpunkte durchlaufen sind. Der Abstand der Partikelstartpunkte $d_{P,start}$ kann innerhalb der Berechnung frei gewählt werden und beträgt im Folgenden $d_{P,start} = 1{,}5\ bzw.\ 2{,}5\ \mu m$, was der Forderung nach einer ausreichenden Genauigkeit der rekristallisierten Randzone gerecht wird und gleichzeitig eine adäquate Berechnungsdauer impliziert. Fehlende Prozesszustandsgrößen entlang der Bewegungslinien werden mithilfe der umliegenden Punkte linear interpoliert. Auf diese Weise ist auch in zukünftigen Berechnungen eine Erhörung der Modellgenauigkeit möglich.

Grundlegende Vereinfachungen des Modells

Kernziel der Arbeit ist die schnellrechnende, analytische und physikbasierte Berechnung von zerspanprozessinduzierten Randzonenmodifikationen auf Basis von im Prozess gemessenen Prozesszustandsgrößen, um diese zukünftig bestmöglich maschinennah direkt zu betreiben. Die Berechnungsdauer es numerischen Spanbildungsmodells aus Kapitel 4.4 betrug ohne die Berechnung der dynamischen Rekristallisation fünf bis acht Stunden, mit Berechnung der Rekristallisation acht bis zwölf Stunden. Hierfür kamen spezielle Simulationsrechner mit 16 bzw. 32 Rechenkernen.

Darüber hinaus sind im ursprünglichen Randzonenmodell nach BUCHKREMER [BUCH17b] physikalische Bedingungen aufgeführt, welche im Realprozess nicht auftreten und somit nicht betrachtet werden müssen. Um eine ausreichende Berechnungseffizienz zu gewährleisten, wurde das bestehende Randzonenmodells daher auf Basis einiger grundlegender Annahmen simplifiziert. Dies sind im Folgenden kurz aufgelistet:

- Vereinfachung der temperaturabhängigen Wärmekapazität $c_p(T)$
- Unveränderlichkeit der gemessenen oder berechneten Prozesszustandsgrößenfelder

Die erste Vereinfachung stellt die temperaturabhängige Wärmekapazität $c_p(T)$ dar. In der einschlägigen Literatur wird diese nach experimenteller Bestimmung polynomial approximiert und in zwei Temperaturbereiche aufgeteilt $(293K < T_I \leq 1073 < T_I)$ [SPIT09]. Beiden Bereichen T_I und T_{II} wird ein eigenes Polynom zugeordnet, weshalb sowohl die Berechnung der thermischen Energien als auch der Entropietherme eine hohe Komplexität annehmen. Gemäß Kapitel 6.3 treten unter den bekannten Prozessbedingungen maßgeblich Temperaturen des ersten Bereichs auf.

Aus diesem Grund wird lediglich ein Polynom zur Berechnung der Wärmekapazität gemäß Gleichung (7.16) verwendet. Die Werte der werkstoffspezifischen Konstante a_{c_p}, b_{c_p}, c_{c_p} können hierfür ebenfalls Anhang B entnommen werden und sind in der Literatur aufgeführt [BUCH17b; SPIT09]:

$$c_p(T) = a_{c_p} * T^2 + b_{c_p} * T + c_{c_p} \tag{7.16}$$

Weitere Vereinfachungen im Rahmen der diskutierten Gleichungssysteme basieren auf der Annahme einer Unveränderlichkeit der gemessenen oder berechneten Prozesszustandsgrößenfelder. Dies umfasst in erster Instanz die analytisch nach JAEGER modellierte Temperatur T. Im thermodynamischen Sinne ist zur Berechnung der Entropie und deren örtlicher Änderung eine Bestimmung der Temperaturänderung aufgrund von Dissipation dT_{diss} und Wärmeleitung dT_{th} erforderlich [BUCH17b, S. 59f.]. Wenngleich im Rahmen des numerischen Spanbildungsmodells diese Änderung und somit eine Änderung der tatsächlich vorherrschenden Temperatur $T_t(x,y)$ erfolgt, ist dies im Rahmen der analytischen Temperaturmodellierung nicht unter vertretbarem Rechenaufwand umsetzbar. Aus diesem Grund werden die entsprechenden Temperaturtherme vernachlässigt und dementsprechend die örtliche Änderung der Entropie aufgrund von Dissipation und Wärmeleitung durch Verwendung der absoluten Temperatur umgesetzt.

$$ds_{(diss;th)} = \int_{e_{(diss;th)_{t-1}}}^{e_{(diss;th)_t}} \frac{de_{diss}}{T} = \rho \int_{T_{t-1}}^{T_{(diss;th)_t}} \frac{c_p(T)}{T} dT = \rho \int_{T_{t-1}}^{T_t} \frac{c_p(T)}{T} dT \tag{7.17}$$

Neben der Temperatur erfährt auch die akkumulierte Dehnung und deren Integral, die gespeicherte mechanische Energie, welche in Korngrenzflächenenergie umgewandelt wird, eine Zustandsänderung. Die im Rahmen der Arbeit verwendeten Größen wurden mittelts DIC in-situ gemessen und stellen somit Absolutwerte dar, in denen etwaige Änderungen durch Rekristallisationsvorgänge bereits berücksichtigt wurden. Aus diesem Grund werden die entsprechenden Effekte ebenfalls bei der Berechnung nicht berücksichtigt.

Für die Aufbereitung der experimentellen und analytischen Zustandsgrößen und anschließenden Berechnung der strukturellen Werkstoffmodifikationen mittels der beschriebenen Umsetzung des physikbasierten Randzonenmodells wird unabhängig von den Prozessbedingungen mit handelsüblichen Prozessoren eine Gesamtzeit von ca. drei Sekunden benötigt. Somit ist der Forderung nach einem schnellrechnenden Modell Genüge getan.

7.2 Mikrostrukturelle Werkstoffmodifikationen

Microstructural Workpiece Material Modifications

Dem Aufbau, der Vereinfachung und technischen Umsetzung des analytischen Rekristallisationsmodells folgt in Kapitel 7.2 die Interpretation der Ergebnisse und Validierung. Im Fokus des Kapitels liegen Zerspanversuche unter Verwendung des Hartmetall-Werkzeugs. Eine Übersicht sämtlicher Berechnungsergebnisse bzw. den Vergleich zwischen numerisch und analytisch berechneter White Layer-Dicke d_{WL} für das CBN-Werkzeug können dem Anhang C entnommen werden.

Neben dem Überschreiten einer kritischen Temperatur und einer kritischen lokal gespeicherten mechanischen Energie ist das negative Differenzial der Helmholtzschen freien Energie die dritte Grundvoraussetzung zum Einsetzen der dynamischen Rekristallisation gemäß Kapitel 2.3 und Kapitel 7.1. In Abbildung 7.2 sind exemplarisch die hierfür spezifischen Größen bei einer Schnittgeschwindigkeit von $v_c = 150\ m/min$ und einer Spanungsdicke von $h_c = 0{,}200\ mm$ dargestellt für die oberste Bewegungslinie, welche in der gefertigten Werkstückoberfläche mündet.

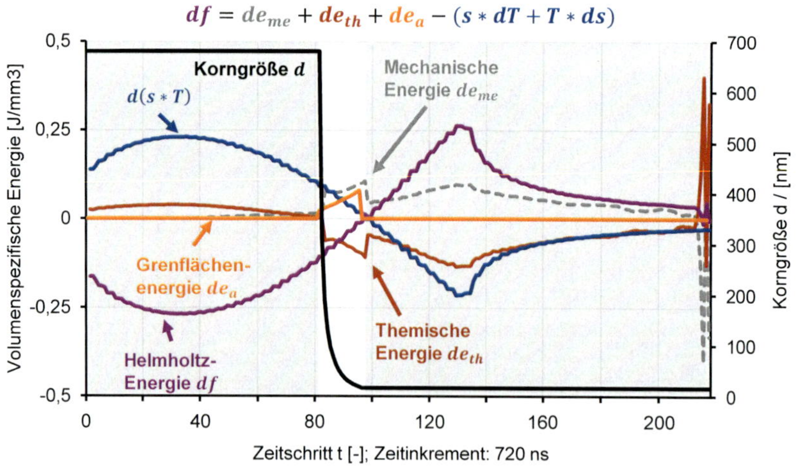

Abbildung 7.2: Interpretation der analytischen Modellierungsergebnisse: Änderungen der Helmholtz-Energie, der inneren Energie und der Entropieänderung an der Werkstückoberfläche: HM-Werkzeug, $v_c = 150\ m/min$, $h_c = 0{,}200\ mm$

Interpretation of the analytical modelling results: Changes in the Helmholtz energy, the internal energy and the entropy change at the machined workpiece surface: CC-tools $l_{rub} = 150\ m/min$, $h_c = 0{,}200\ mm$

Klar ersichtlich ist, dass der Verlauf der Helmholtzschen Energie maßgeblich von den Werten der Entropietherme $d(s * T)$ dominiert wird und die thermischen und mechanischen Änderungskomponenten eine sekundäre Rolle einnehmen. Der Verlauf der Therme entlang der Bewegungslinie kann in drei Bereiche eingeteilt werden. Zuerst, im grau hinterlegten Bereich vom ersten Zeitschritt bis etwa zum 80. Zeitschritt, tritt ein

Partikel entlang der Bewegungslinie in die Scherzone ein und erfährt eine stetige, jedoch geringe Aufwärmung durch die aus der Deformationszone abgeleitete Wärmeenergie. Das positive Vorzeichen des Temperaturinkrements erzwingt ebenso ein positives Vorzeichen der Entropieänderung $d(s * T)$. Gleichzeitig findet noch keine oder nur in sehr geringem Maße plastische Deformation statt, weshalb die Änderung des Helmholtzs-Inkrements df negativ wird. Steigt die plastische Deformation und somit die lokal gespeicherte mechanische Energie langsam an $(de_{th} > 0)$, sinkt konsequent die Änderung der thermischen Energie de_{th} (vgl. Gleichung (7.7)) und damit verbunden die Entropieänderung. In der zweiten, weiß markierten, Zone sind für ca. 0,26 ms (18 Zeitschritte) sämtliche Initiationsbedingungen der dynamischen Rekristallisation erfüllt und die Korngröße sinkt sprunghaft auf einen Wert von ca. $d_{Korn} \approx 20\ nm$ ab. Mit der Rekristallisation verbunden steigt die mit der Korngröße korrelierende gespeicherte Grenzflächenenergie stark an $(de_a > 1)$. In dieser Zone nehmen analog die mechanische und thermische Therme gegenüber der Entropieänderung eine dominierende Rolle ein und das Differenzial der Helmholtzschen freien Energie df nähert sich 0. Kehrt dieses sein Vorzeichen um $(df > 0)$, ist die dritte Zone (grau markiert) der Bewegungslinie erreicht und die dynamische Rekristallisation kommt zum Erliegen.

In Abbildung 7.3 sind neben der Korngröße und dem Differenzial der Helmholtzschen freien Energie df auch der Verlauf der Temperatur T und der lokal gespeicherten mechanischen Energie e_{me} entlang der Bewegungslinie aufgetragen. In der ersten Zone wird die kritische Temperatur T_{crit} bereits überschritten.

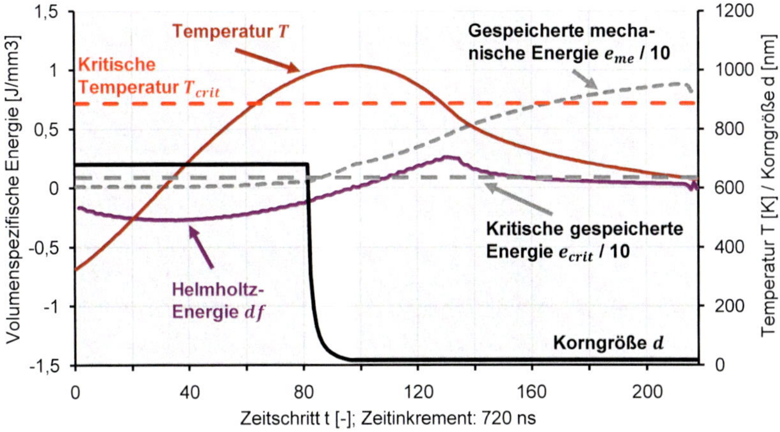

Abbildung 7.3: **Interpretation der analytischen Modellierungsergebnisse: Änderungen der Helmholtz-Energie, der Temperatur und gespeicherten mechanischen Energie an der Werkstückoberfläche: HM-Werkzeug, $v_c = 150\ m/min$, $h_c = 0,200\ mm$**

Interpretation of the analytical modelling results: Changes in the Helmholtz energy, *temperature and stored mechanical energy at the machined workpiece surface: CC-tool $l_{rub} = 150\ m/min$, $h_c = 0{,}200\ mm$*

Auch das Helmholtz-Inkrement ist aufgrund der oben beschriebenen Zusammenhänge bereits negativ. Die dynamische Rekristallisation und somit die zweite Zone der Bewegungslinie beginnt jedoch erst mit Überschreiten der kritischen mechanischen Energie $e_{me,crit}$. Mit dem Überschreiten des Temperaturmaximums durchläuft das Helmholtz-Inkrement den Nulldurchgang und die dynamische Rekristallisation und die zweite Zone der Bewegungslinie endet. Zusätzliche, in Form von Dehnungen eingebrachte mechanische Energie kann nicht mehr in Korngrenzflächenenergie umgewandelt werden und verbleibt in Form plastischer Dehnungen im Material. Die Korngröße bleibt dementsprechend unverändert.

Abschließend sind in Abbildung 7.4 für die gleiche Schnittbedingung die Verläufe der Korngröße, des Helmholtz-Inkrements, der Temperatur und gespeicherten mechanischen Energie in einer Tiefe der Bewegungslinie von $d_t = 7{,}5\ \mu m$ dargestellt. Der charakteristische Verlauf der Größen ähnelt dabei stark denen der obersten Bewegungslinie. Sowohl die Bedingung für ein negatives Helmholtz-Inkrement als auch das Überschreiten einer kritischen mechanischen Energie wird entlang der Bewegungslinie für einen größeren Zeitraum erfüllt. Lediglich die Temperatur, welche das kritische Temperaturniveau nicht überschreitet, verhindert eine dynamische Rekristallisation und somit Veränderung der Korngröße. BUCHKREMER nutzte daher die kritische Temperatur T_{crit} als Kalibrationsgröße des Gesamtmodells, wobei in diesem Kontext lediglich auf den von ihm vorgeschlagenen Wert von $T_{crit} = 887{,}9°K$ zurückgegriffen wird [BUCH17b].

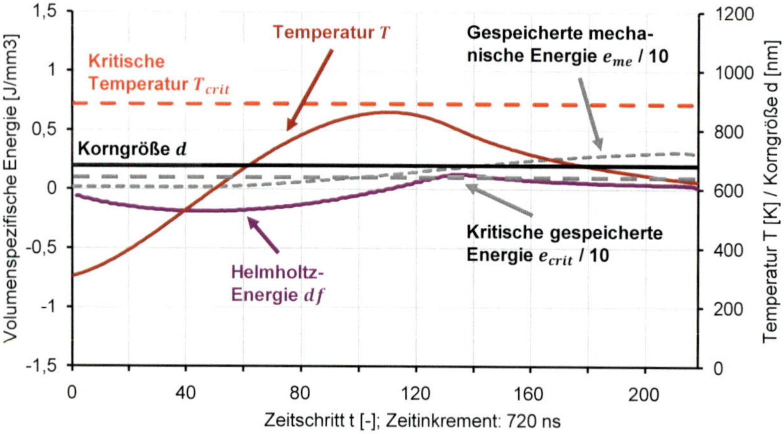

Abbildung 7.4 **Interpretation der analytischen Modellierungsergebnisse: Änderungen der Helmholtz-Energie, der Temperatur und gespeicherten mechanischen Energie in einer Tiefe von $d_t = 7,5\mu m$: HM-Werkzeug, $v_c = 150\ m/min, h_c = 200\ \mu m$**

Interpretation of the analytical modelling results: Changes in the Helmholtz energy, temperature and stored mechanical energy at depth of $d_t = 7{,}5\ \mu m$: CC-tools $l_{rub} = 150\ m/min, h_c = 0{,}200\ mm$

Nach der detaillierten Analyse der intensiven und extensiven Berechnungsgrößen anhand einer exemplarischen Schnittbedingung folgt die Validierung des Modells mithilfe der numerisch berechneten White Layer-Dicke (vgl. Kapitel 4.4) bzw. den empirisch anhand der Schliffbilder gemessenen White Layer-Dicken (vgl. Abbildung 4.10). Für die Validierung wurden sämtliche bisher diskutierten Schnittbedingungen herangezogen und somit die Schnittgeschwindigkeit v_c vierstufig und die Spanungsdicke h_c siebenstufig variiert, wenngleich nicht für alle Schnittbedingungen experimentelle Daten vorlagen. Abbildung 7.5 zeigt den entsprechenden Vergleich der Dicke des berechneten White Layer d_{WL} zwischen den numerischen, analytischen und experimentellen Ergebnissen für die eingesetzten HM-Werkzeuge. Mit einem roten X markiert sind diejenigen Schnittbedingungen, welche aufgrund der in Kapitel 5 beschriebenen Herausforderung in der Bestimmung eines Bewegungs- bzw. Dehnungs- und Dehnratenfelds nicht zur analytischen Berechnung einer White Layer-Dicke d_{WL} eingesetzt werden konnten.

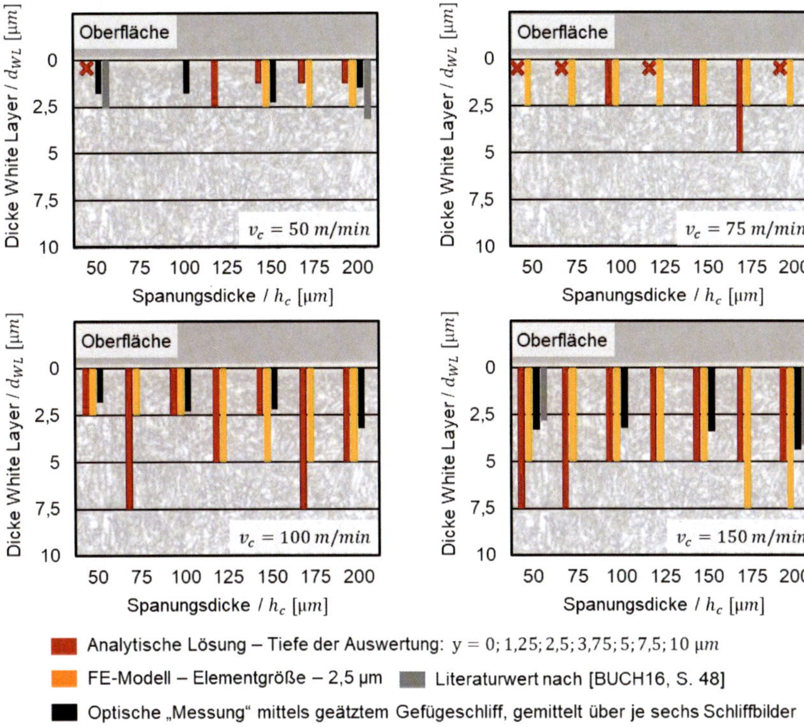

Abbildung 7.5: Analytisch berechnete und numerisch simulierte Dicke des prozessinduzierten White Layers d_{WL} in der gefertigten Werkstückrandzone: HM-Werkzeuge

Analytically calculated and numerically simulated thickness of the process-induced White Layer d_{WL} in the machined workpiece rim zone: CC tools

Ist kein Wert zu erkennen, trat im analytischen oder numerischen Modell kein White Layer auf. Ebenfalls zu sehen sind sämtliche gemessenen und aus der Literatur entnommenen Werte, wobei für alle dargestellten Schnittbedingungen ein White Layer auftrat. Die gemessenen Werte wurden je Schnittbedingungen aus dem Maximalwert von je sechs Schliffbildern gemittelt aufgetragen. Für Schnittbedingungen, in denen kein gemessener White Layer dargestellt ist, lagen auf Grund des hohen Messaufwands keine Daten vor.

Die Auswertung und analytische Berechnung des Helmholtz-Ansatzes erfolgte in Tiefen von $d_t = 0; 1{,}25; 2{,}5; 3{,}75; 5; 7{,}5; 10; 25; 50; 100\ \mu m$, wobei für keine Schnittbedingung das White Layer eine Dicke von $d_{WL} > 7{,}5\ \mu m$ überstieg. Auf eine feinere Auflösung des Randzonenmodells wurde zugunsten der Berechnungszeit des analytischen Modells verzichtet. Für niedrige Schnittgeschwindigkeiten von $v_c = 50$ und $75\ m/min$ tritt die dynamische Rekristallisation nur geringfügig und maßgeblich bei höheren Spanungsdicken auf. Dies ist in der niedrigen thermischen Belastung der Werkstückrandzone begründet, wobei nur in Einzelfällen die kritische Rekristallisationstemperatur T_{crit} überschritten wird, vgl. Abbildung 6.8.

Ab einer Schnittgeschwindigkeit von $v_c = 100\ m/min$ weisen alle Schnittbedingungen einen White Layer auf, welcher mit weiter ansteigender Schnittgeschwindigkeit als auch mit steigender Spanungsdicke sowohl für die numerisch als auch berechneten Werte stärker ausgeprägt ist. Die Übereinstimmung der beiden Modelle ist gut, lediglich für fünf Schnittbedingungen wird die numerisch berechnete Dicke des White Layers überschätzt. Für die niedrigeren Spanungsdicken $h_c = 50\ und\ 75\ \mu m$ kann dies mit der bereits dargelegten drastischen Überschätzung des örtlichen Temperaturverlaufs begründet werden.

Für den Einsatz der verwendeten CBN-Werkzeuge tritt nur sporadisch die Bildung von White Layer auf, weshalb die entsprechenden Ergebnisse hier nur kurz diskutiert werden und in Anhang C dargestellt sind. Trotz einer vergleichbaren oder teilweise sogar größeren mechanischen Werkstückbelastung (vgl. Kapitel 5.3.3) verbleibt die berechnete Temperatur in der Werkstückrandzone (vgl. Anhang A) unter der kritischen Initiationstemperatur T_{crit}, weshalb die dynamische Rekristallisation weitestgehend ausbleibt. Lediglich für Schnittgeschwindigkeiten von $v_c \geq 100\ m/min$ ist in der obersten Oberflächenlage ein White Layer mit einer Dicke von $d_{WL} = 1{,}25\ \mu m$ in der analytischen Berechnung zu beobachten, wobei dieses für das FE-Modell und die gemessene Dicke der White Layer (vgl. Kapitel 4) überwiegend ausbleibt. Eine detaillierte Validierung ist hierbei somit nicht sinnvoll. Dies unterstreicht die Dominanz der thermischen Werkstückbelastung als Ursache für die Ausbildung von White Layer gegenüber prozessinduzierten Dehnungen und Dehnraten.

7.3 Zwischenfazit

Intermediate Conclusion

Die in Kapitel 7 dargestellten Ergebnisse adressierten Forschungsfrage 3 und somit die Frage, wie aus den abgeleiteten Prozesszustandsgrößenfeldern (vgl. Kapitel 5 und 6) eine schnellrechnende Abschätzung von Werkstoffmodifikationen, insbesondere der Ausbildung von White Layer, erfolgen kann.

Zu diesem Zweck wurde ein thermodynamisches Randzonenmodell hergeleitet und mithilfe einer MATLAB Software-Routine umgesetzt. Als Grundannahme zur Initiation einer dynamischen Rekristallisation diente das örtliche und zeitliche Überschreiten einer kritischen mechanischen Energie $e_{me,crit}$ und einer kritischen Temperatur T_{crit} sowie ein lokal auftretendes, negatives Helmholtz-Inkrement df. Ferner wurde der Berechnung die Annahme zugrunde gelegt, dass eine Rekristallisation immer spontan und genau so lange abläuft, als das alle Initiationsbedingen erfüllt sind. Mithilfe geeigneter Modellvereinfachungen konnte die Berechnungseffizienz gegenüber bisherigen Ansätzen weiter gesteigert werden.

Im Anschluss an die Modellherleitung und technische Umsetzung folgte die Diskussion der intensiven und extensiven Berechnungsgrößen entlang der Bewegungslinien einzelner Partikel durch die Zerspanzone bis hin in die gefertigte Werkstückoberfläche. Somit konnte erstmalig das thermomechanische Lastkollektiv einzelner Werkstoffpartikel auf Basis real gemessener Bewegungs-, Dehnungs- und Dehnratenfelder und aus Prozesszustandsgrößen berechneter Temperaturfelder mit hoher zeitlicher und örtlicher Auflösung analysiert werden.

Der Vergleich zwischen analytisch und numerisch berechneter Dicke des prozessinduzierten White Layers d_{WL} zeigte eine gute Übereinstimmung der Modellansätze, wobei diese für die untersuchten CBN-Werkzeuge aufgrund einer weitestgehend ausbleibenden White Layer-Bildung nur eingeschränkt möglich war. Für die HM-Werkzeuge stieg die Dicke des White Layers sowohl mit der Schnittgeschwindigkeit v_c als auch mit der Spanungsdicke h_c, wobei die Schnittgeschwindigkeit einen gegenüber der Spanungsdicke dominierenden Einfluss aufwies. Abschließend wurde somit mit der vorgestellten Modellierungsmethode die dritte Forschungsfrage erfolgreich beantwortet und erstmalig eine prozessnahe Abschätzung von Werkstoffrandzonenmodifikationen auf Basis von Prozesszustandsgrößenfeldern ermöglicht.

8 Zusammenfassung, Diskussion und Ausblick

Summary, Discussion and Outlook

Industriell werden Fertigungsprozesse unter Berücksichtigung der erforderlichen Randzoneneigenschaften sicherheits- oder funktionskritischer Bauteile durch aufwändige empirische Untersuchungen ausgelegt. Hierbei liegt häufig nur geringfügiges Wissen über die physikalischen Wechselwirkungen in der Zerspanzone vor und stochastische Störgrößen des Prozesses, wie bspw. fortschreitender Werkzeugverschleiß, werden nicht oder nur eingeschränkt berücksichtigt. Das mangelnde Wissen über thermo-mechanische Wirkzusammenhänge auf der einen und die fehlende prozessnahe Modellierungsfähigkeit von Randzonenmodifikationen auf Basis von Prozessmessgrößen auf der anderen Seite beschränken das wirtschaftliche Potenzial in der Fertigung entsprechender Komponenten.

Die Bildung von White Layern bei der Zerspanung gehärteter Stähle ist maßgeblich auf die dynamische Rekristallisation zurückzuführen. Die Initiation der dynamischen Rekristallisation kann wiederum mit einer physikalischen Interpretation des ortsaufgelösten thermo-mechanischen Lastkollektivs und des Potenzials der freien Helmholtz-Energie beschrieben werden. Die Kenntnis der prozessinduzierten Zustandsgrößenfelder, im Speziellen der Temperatur T, der Dehnung ε und Dehnrate $\dot{\varepsilon}$ mit hoher zeitlicher und örtlicher Auflösung erlaubt somit prinzipiell eine Vorhersage der Ausbildung von White Layern.

Die direkte Messung dieser Zustandsgrößenfelder ist aufgrund der komplexen Eingriffsbedingen in industriell relevanten Zerspanprozessen nicht möglich. Hieraus folgt die Bestrebung, diese Zustandsgrößenfelder mittels komplexer Modelle zu berechnen. Eine Alternative zu numerischen Modellen stellen analytische, schnellrechnende und physikbasierte Modelle dar. Bisher existieren jedoch nur wenige oder stark vereinfachte analytische Ansätze zur Vorhersage von Rekristallisationsvorgängen, welche das reale thermo-mechanische Lastkollektiv berücksichtigen. Ein vielversprechender Ansatz ist es hierbei, analytische physikbasierte Prozessmodelle auf Basis makroskopischer Eingangsgrößen zu entwickeln, diese jedoch mithilfe mikroskopischer Zustandsgrößenfelder zu validieren und so ihre Genauigkeit drastisch zu steigern.

Im Labormaßstab ist die Messung der Temperatur entweder punktuell mittels Pyrometrie, mit geringer örtlicher Auflösung (Thermografie) oder nur mit hoher Latenz (thermoelektrischer Effekt) möglich und somit nur für stationäre Prozesse nutzbar. Demgegenüber kann die mechanische Werkstückbelastung unter Vernachlässigung zerstörender oder experimentell sehr aufwändiger Verfahren, wie bspw. den sog. Quick-Stop-Devices, im Prozess meist lediglich als makroskopische Prozesskraft abgebildet werden. Innovate bildbasierte Ansätze, wie bspw. die Particle Image Velocimetry (PIV) oder die Digital Image Correlation (DIC), können hier zukünftig Abhilfe schaffen, sind jedoch aufgrund ihrer Komplexität bisher nur eingeschränkt nutzbar.

Zusammenfassend wurden drei Forschungsdefizite identifiziert, welche die Grundlage dieser Arbeit bilden. Zuerst existiert nur eingeschränktes Wissen über die experimentelle Messung oder Berechnung des prozessinduzierten thermo-mechanischen Lastkollektivs. Zweitens ist die Wechselwirkung zwischen integralen und lokalen Prozesszustandsgrößen nur unzureichend erforscht und diese nur eingeschränkt modellgestützt beschreibbar. Drittens existieren bisher keine physikbasierten, schnellrechnenden Modelle, welche eine Modellierung lokaler Prozesszustandsgrößen und Randzonenmodifikationen ermöglichen.

Das Ziel der in dieser Arbeit gebündelten Forschungen war es daher, die Hypothese zu prüfen, ob die modellgestützte Vorhersage oder Messung der Temperatur- und Dehnungsfelder in der Zerspanzone mit hoher zeitlicher und örtlicher Auflösung die Abschätzung der werkstückseitig prozessinduzierten Werkstoffmodifikationen und somit des Bauteilrandzonenzustands erlaubt. Zu Beginn Arbeit wurde ein experimenteller Prüfstand entwickelt, welcher mittels DIC eine direkte Berechnung der mechanischen Werkstückbelastung respektive der Dehnungen und Dehnraten mit hoher Auflösung erlaubte. Die Analyse der hochauflösenden Bildpaare der Scherzone zeigte eine Abhängigkeit der Spanbildung von den gewählten Prozessparametern und dem eingesetzten Werkzeugtyp (CBN und beschichtete HM-Werkzeuge). Während hohe Schnittgeschwindigkeiten und hohe Spanungsdicken die Ausbildung von Segmentspänen begünstigten, traten diese bei der Bearbeitung mit den HM-Werkzeugen bereits bei kleineren Werten ($h_c \geq 0{,}100\ mm$) auf. Dies zeigt die stark prozessparameterabhängige thermische, aber auch mechanische Belastung in der Scherzone. Für alle Schnittbedingungen wurde die Ausbildung eines White Layer nachgewiesen. Diese betrug jedoch sowohl für niedrige Spanungsdicken und niedrige Schnittgeschwindigkeiten als auch insbesondere unter Verwendung der CBN-Werkzeuge nur wenige Mikrometer und war somit auf den angefertigten Gefügeschliffen kaum identifizierbar. Zur weiteren Validierung der zu entwickelnden analytischen Modelle wurde ferner ein numerisches Spanbildungsmodell in Zusammenarbeit mit TEKKAYA ET AL. entwickelt und mit der gemessenen Zerspankraft validiert, welches eine Vorhersage der prozessinduzierten White Layer-Dicke anhand zweier unterschiedlicher Modellansätze erlaubt. Auf diese Weise war es möglich, die Summe und Auflösung der vorhandenen Validierungsdaten, insbesondere der mikrostrukturellen Gefügemodifikation, aber auch der thermischen Werkstückbelastung gegenüber den reinen Versuchsdaten drastisch zu erhöhen.

Daran angeschlossen folgte die experimentelle Untersuchung der mechanischen Werkstückbelastung in Abhängigkeit der Prozessparameter und des verwendeten Werkzeugtypen. Die Analyse der hochauflösenden Bilder des Zerspanprozesses erfolgte mithilfe des Open Source MATLAB Codes NCORR, welcher um eine semi-automatische Bildvorverarbeitung erweitert wurde und so eine von den Prozessparametern abhängige Berechnung der prozessinduzierten Dehnungen und Dehnraten mit hoher örtlicher Auflösung erlaubte. Die Bewertung der mechanischen Werkstückbelastung erfolgte anhand der richtungsunabhängigen akkumulierten plastischen Vergleichsdehnung entlang der Bewegungslinien einzelner Werkstoffpartikel durch die Scherzone in die gefertigte Werkstückoberfläche. Auf diese Weise war es mit den Prozessbildern möglich, die durch den Zerspanprozess induzierte Belastungshistorie durch die Scherzone zu verfolgen und sie später zur Vorhersage von dynamischer Rekristallisation einzusetzen. Die detektierte mechanische Belastung divergierte in Abhängigkeit eingesetzten Werkzeuge. Im Falle der Fließspanbildung stieg die akkumulierte Dehnung ε_{akk} mit steigender Spanungsdicke für CBN-Werkzeuge und fiel im Falle von HM-Werkzeugen ab. Dies konnte auf die unterschiedliche Schneidkantenmikrogeometrie zurückgeführt werden, welche im Falle des verrundeten HM-Werkzeugs das Fließen des Werkstoffs stärker unterstützt. Beide Werkzeugtypen dagegen provozierten eine sinkende akkumulierte Dehnung entlang der Bewegungslinie mit steigender Schnittgeschwindigkeit. Für alle Prozessparameter nahm die mechanische Werkstückbelastung mit steigendem Abstand zur Werkstückoberfläche stark ab und erreichte bereits in einer Tiefe von $d_w = 25\mu m$ Werte von unter $\varepsilon_{akk} \approx 1$. Die ermittelten Dehnraten überschritten in keiner Tiefe Werte von $\dot{\varepsilon}_{eq} \approx 2{,}4 * 10^4$. Im Falle von Segmentspanbildung konnte kein qualitativer Zusammenhang der Prozessparameter und der mechanischen Werkstückbelastung festgestellt werden. Eine Ursache hierfür sind die jeweils individuell unterschiedlichen Stadien der Segmentspanbildung, welche über die Momentaufnahme des DIC-Bildes erfasst werden und die mechanische Belastung entlang der Bewegungslinie definieren. Die Nutzung der digitalen Bildkorrelation offeriert in diesem Kontext die Möglichkeit der tiefergehenden Untersuchung des Segmentierungsprozesses und der Scherbedingungen in der Scherzone sowie des Übergangs zwischen Fließ- und Scherspan.

Obwohl die erfassten Daten eine hohe zeitliche und örtliche Auflösung aufwiesen und erstmalig eine direkte Berechnung der Dehnungen und Dehnraten aus dem Prozess erlaubten, ist weiterhin ein intensiver manueller Aufwand erforderlich. Neben der Aufbereitung und Auswahl der Bilder, welche zahlreichen Störgrößen wie herumfliegende Späne, Schattierungen, schlechte Lichtverhältnisse, Unschärfen oder Spiegelungen unterliegt, ist insbesondere die Nachbearbeitung im Rahmen der Analyse aufwändig. Aus diesem Grund waren nicht alle untersuchten Prozessbedingungen auswert- oder analysierbar. Eine mögliche Optimierung des Prüfstands ist die Verwendung eines Saphir-Glases, welches die seitliche Deformation des Werkstücks in die Bildebene hinein unterdrückt. Darüber hinaus ist eine Verwendung mehrerer Lichtquellen zur Vermeidung von Abschattungen, aber auch eine Absaugung zur Reduktion von Staubpartikeln in der Maschine denkbar.

Das ursprüngliche Ziel einer Abschätzung der mechanischen Werkstückbelastung mithilfe eines schnellrechnenden analytischen Modells und integralen Prozesszustandsgrößen, wie bspw. der Zerspankraft, konnte im nicht erreicht werden. Die Vorhersage der dynamischen Rekristallisation unter Verwendung der freien Helmholtz-Energie erfordert die Kenntnis der lokalen Dehnung und Dehnrate. Aus der Mechanik sind verschiedene Modelle bekannt, welche ausgehend von einer Prozesskraft die Abschätzung der werkstückseitigen Spannungen erlauben. Lokale Spannungen wiederum resultieren aus einem komplexen Zusammenhang der Werkstoffeigenschaften, gespeicherten lokalen Dehnungen, aktueller Dehnrate und Temperatur, welche bspw. für den Fall der Fließspannung nach JOHNSON UND COOK (4.2) aufgestellt werden können. Eine direkte Berechnung oder Abschätzung der lokalen Dehnungen und Dehnraten aus dem vorliegenden oder berechneten Spannungszustand ist dagegen bisher nur mithilfe numerischer Methoden und somit nicht analytisch möglich. Ein zukünftiger Ansatz kann die Abschätzung der maximalen Dehnungen und Dehnraten auf Basis der gemessenen Zerspankräfte mithilfe einer empirischen Korrelation sein. Wenngleich die digitale Bildkorrelation ein wichtiges Werkzeug zur Ableitung von Kalibrier- und Validierungsdaten darstellt, ist hierfür ein über die Arbeit hinausgehender großer Versuchsumfang erforderlich, um den betrachteten Parameterraum engmaschiger abzubilden.

Nach der Untersuchung der mechanischen Werkstückbelastung (Kapitel 5) erfolgte die analytische Modellierung der zerspanprozessinduzierten Temperaturfelder (Kapitel 6). Hierfür wurde ein Temperaturmodell der bewegten Wärmebandquelle nach JAEGER kalibriert, welches neben den Prozessparametern die gemessene Zerspankraft als Eingangsgröße nutzt. Die Validierung der Temperaturfelder erfolgte über die zuvor entwickelte numerische Spanbildungssimulation, da direkte Temperaturmessungen eine Validierung entweder nur punktuell oder mit geringer Auflösung erlaubten. Analog zur Spanbildungssimulation zeigte das kalibrierte Modell eine hohe Sensitivität für den eingesetzten Werkzeugtyp, welcher zukünftig eine individuelle Anpassung erfordert. Die Abweichung der analytisch und numerisch berechneten Temperaturfelder in einem oberflächennahen Bereich mit einer Tiefe $d_w = 0{,}15\,mm$ und einer Breite $b_w = 0{,}2\,mm$ betrug im Mittel ca. 25°C für das HM-Werkzeug und ca. 35°C für das CBN-Werkzeug. Somit konnten die Temperaturfelder trotz drastisch verkürzter Rechenzeit von wenigen Sekunden mit hoher Genauigkeit errechnet werden. Erwartungsgemäß resultierten höhere Schnittgeschwindigkeiten in stärker ausgeprägten Temperaturfeldern, welcher stärkere Gradienten aufwiesen. Die Spanungsdicke zeigte demgegenüber nur eine untergeordnete Rolle. Mit steigendem Abstand zur gefertigten Oberfläche nahmen die Temperaturen schnell ab und erreichten bereits in Tiefen von $d_w \approx 0{,}10\,mm$ Werte, bei denen keine dynamische Rekristallisation mehr erwartet werden konnte.

Im letzten Kapitel (Kapitel 7) erfolgte die analytische Modellierung der dynamischen Rekristallisation, mithilfe derer die Dicke der gebildeten White Layer-Schichten bewertet werden kann. Das thermodynamische Randzonenmodell basierte auf der freien Helmholtz-Energie und wurde mithilfe einer MATLAB-Software-Routine umgesetzt. Die Rekristallisation erfolgt spontan und deterministisch, sofern die drei Grundbedingungen zur Initiation erfüllt sind. Diese waren ein lokal auftretendes negatives Helmholtz-Inkrement df und das Überschreiten einer jeweils kritischen mechanischen Energie $e_{me,crit}$ und Temperatur T_{crit}. Die vorab berechneten und modellierten Zustandsgrößenfelder der Dehnung, Dehnrate und Temperatur stellten somit die Haupteingangsgrößen des Modells dar. In Schliffbildern gemessene White Layer-Dicken, aber auch die numerischen berechneten Werte, dienten als Validierungsgröße des Modells und zeigten eine gute Übereinstimmung bei gleichzeitig geringem Rechenaufwand.

Es war somit erstmalig möglich, die Ausbildung von White Layer lediglich auf Basis im Prozess gemessener Zustandsgrößen bzw. der hochauflösenden Prozessbilder mit guter Genauigkeit zu prädizieren. Mithilfe der DIC und einem angepassten Temperaturmodell nach JAEGER konnte das thermo-mechanische Lastkollektiv mit hoher Auflösung und gleichzeitig vergleichsweise kurzer Berechnungszeit aus dem Analogieexperiment hergeleitet und weiterverarbeitet werden. Neben der Rechenzeit und Nutzung realer Prozesszustandsgrößen als Eingangsparameter des Modells erfordert dessen Nutzung nach einmaliger Kalibration nur geringfügige Expertise und kann in nachfolgenden Arbeiten weiter automatisiert werden.

Einer industriellen Nutzung der erarbeiten Ansätze steht ihre aktuelle Beschränkung auf den orthogonalen Schnitt entgegen. Dessen geometrischen Randbedingungen als auch Zugänglichkeit der Zerspanzone zur optischen Vermessung mittels DIC bilden die Berechnungsgrundlage der mechanischen und thermischen Werkstückbelastung und sind nicht auf industrierelevante Prozesse wie das Außenlängs- oder Plandrehen übertragbar. Prinzipiell sind zur Überwindung dieser Einschränkungen drei Lösungsansätze denkbar:

1. Entwicklung oder Nutzung physikbasierter dreidimensionaler Modelle
2. Nutzung empirisch oder datengetriebener Ansätze
3. Aufbau eines mehrskaligen Modellansatzes (2D zu 3D)

Physikbasierte Modelle, welche im dreidimensionalen Raum und somit für industrierelevante Prozesse anwendbar sind, weisen gegenüber 2D-Modellen eine stark steigende Komplexität auf. So ist beispielsweise die hier verwendete Lösung nach JAEGER im zweidimensionalen Raum analytisch zu lösen, erfordert jedoch im dreidimensionalen Raum komplexe numerische Lösungsverfahren. Der hiermit verbundene Rechenaufwand verhindert selbst bei stark steigender Berechnungskapazität heutiger und zukünftiger Prozessoren einen prozessnahen Einsatz. Im Bereich der nicht physikalisch getriebenen Modellierung sind einerseits rein empirische Modelle oder datenbasierte Ansätze wie speziell trainierte neuronale Netze denkbar. Eine Anwendung in der Fertigung sicherheitskritischer Bauteile, deren Randzoneneigenschaften von funktionsrelevanter Bedeutung sind, ist jedoch auf Grund ihres fehlenden deskriptiven Charakters unwahrscheinlich. Wenngleich trainierte datengetriebene Modelle die Ausgänge eines Systems in Abhängigkeit der Eingänge gut abbilden, wird der innere Charakter des Systems vollständig vernachlässigt und eine Extrapolation außerhalb des bekannten Datenraums stark eingeschränkt.

Zuletzt kommt ein mehrskaliger Modellansatz in Betracht, welcher zweidimensionale Modelle unter Kenntnis der lokalen Eingriffsbedingungen realer Zerspanprozesse miteinander verknüpft. Auf diese Weise ist eine schnellrechnende und dennoch physikbasierte Vorhersage von Randzonenmodifikationen möglich. Ein entsprechender Modellaufbau ist in Abbildung 8.1 dargestellt. Ausgehend vom dreidimensionalen Zerspanprozess, bspw. dem Plandrehen, wird im ersten Schritt aus den gegebenen Eingriffsbedingungen der Spanungsquerschnitt berechnet und dieser in zahlreiche Segmente unterteilt. Jedes Segment stellt kann, verbunden mit den Prozessparametern wie Schnittgeschwindigkeit oder Werkzeugmikrogeometrie, innerhalb der Modelllandschaft als zweidimensional betrachtet werden. Zukünftig ist so auch die Berücksichtigung von Werkzeugverschleiß vereinfacht möglich. Die vorgelegte Arbeit stellt hierfür einen elementaren Baustein dar. Die Skalensprung (3D-2D) ermöglicht nicht nur eine vereinfachte Entwicklung neuer Randzonenmodelle. Vielmehr können auch zahlreiche, im Stand der Technik vorhandene, zweidimensionale Randzonenmodelle Verwendung finden.

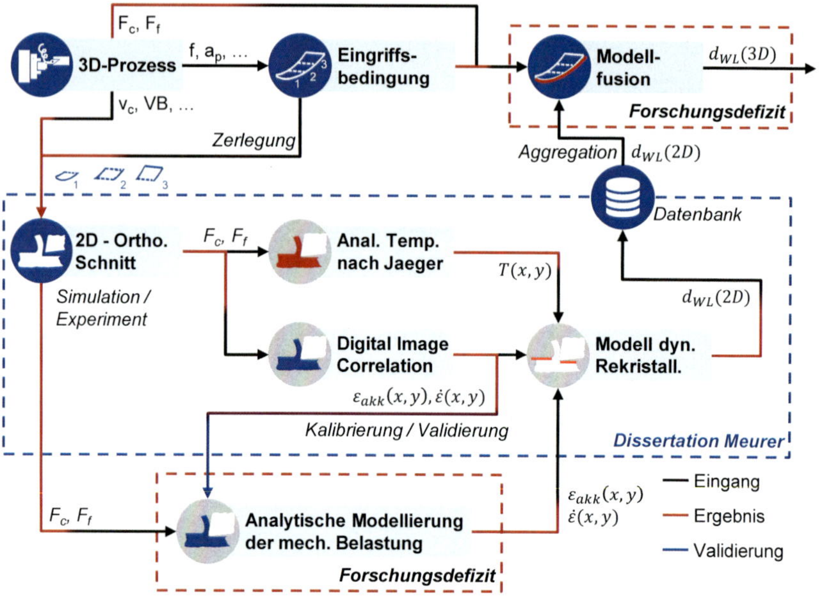

Abbildung 8.1: Zukünftiger Aufbau einer mehrskaligen Modellierung prozessinduzierter Randzonenmodifikationen industriell relevanter Zerspanprozesse

Future structure of a multi-scale modelling of process-induced rim zone modifications of industrially relevant cutting processes

Nachdem für jedes vorab definierte Spansegment über den orthogonalen Schnitt sowohl das thermische und mechanische Lastkollektiv als auch die resultierende Randzonenmodifikation errechnet wurde, kann diese in einer umfassenden Datenbank abgespeichert werden. Neben der direkten Nutzung sind auf diese Weise die Ergebnisse für zukünftige Berechnungen dauerhaft verfügbar, wodurch der individuelle Berechnungsaufwand einzelner Spanungsgeometrien mit der Nutzungsdauer der Modelllandschaft abnimmt. Im letzten Schritt des Mehrskalenmodells erfolgt der erneute Skalensprung (2D-3D) der prozessinduzierten Randzonenmodifikation zurück auf den Spanungsquerschnitt die tatsächliche Eingriffsbedingung.

Neben der Umsetzung eines derart komplexen Modellaufbaus in einer maschinennahen Umgebung sind zwei klare Forschungsdefizite erkennbar. Zuerst ist die analytische Modellierung der mechanischen Werkstückbelastung im zweidimensionalen

Raum zu nennen, die im Rahmen dieser Arbeit nicht möglich war. Die ortsaufgelöste mechanische Werkstückbelastung, respektive der prozessinduzierten Dehnung und Dehnrate entlang einzelner Bewegungslinien ist direkt von den Prozesseingriffs- und -kenngrößen abhängig. Dennoch können diese bisher nicht getrennt voneinander, aber auch nicht getrennt von thermischen Einflüssen betrachtet werden. Zu prüfen ist daher, ob Teilaspekte der mechanischen Werkstückbelastung analog zum Beispiel der thermischen Werkstückbelastung nach JAEGER mithilfe von analytischen Teilmodellen beschrieben und auf die Bedingungen der Zerspanung übertragen werden können. Alternativ erscheint eine empirische Korrelation mittels DIC gemessener Dehnungs- und Dehnratenfeldern mit den Prozesseinstellgrößen realistisch, sofern eine ausreichende Datengrundlage hierfür vorliegt.

Das zweite erkennbare Forschungsdefizit ist durch die Modellfusion bzw. Aggregation der zweidimensional berechneten Randzonenmodifikationen zurück auf die reale Schnittbedingung gegeben. Hierbei ist unklar, ob diese mit einer simplen Aneinanderreihung der einzelnen Spansegmente umgesetzt werden kann oder über komplexe Wechselwirkungen beschrieben werden muss. Auch erscheint es möglich, ganze Lastkollektive aus dem zweidimensionalen Raum zu übertragen und mit diesen anschließend dreidimensional Randzonenmodifikationen zu berechnen. Wenngleich dies prinzipiell eine weitere Validierung der Lastkollektive und nicht nur der errechneten Randzonenmodifikation erlaubte, ist eine drastisch ansteigende Modellkomplexität und Rechenzeit zu erwarten.

Ein weiterer Aspekt zukünftiger Arbeiten muss die einheitliche softwaretechnische Umsetzung in einem maschinennahen Umfeld darstellen. Die im Rahmen dieser Arbeit entwickelten Methoden und Modelle basieren sowohl auf Open Source Software, für deren Einbindung unterschiedliche Programmiersprachen, überwiegend MATLAB und PYTHON genutzt wurden. Die Nutzung der physikbasierten Modellierung im Sinne einer Prozessüberwachung erfordert dagegen eine weitere Steigerung der Nutzbarkeit und Recheneffizienz, welche nur durch eine durchgängig programmierte Software möglich ist. Darüber hinaus ist eine direkte Anbindung an die Maschinentechnik und -steuerung erforderlich, da bspw. Zerspankraftkomponenten industriell nicht oder nur eingeschränkt mithilfe externer Sensorik erfassbar sind.

Abschließend konnten alle vorab adressierten Forschungsfragen beantwortet und die Forschungshypothese verifiziert werden. Somit leistet diese Arbeit einen wichtigen Beitrag zur zukünftigen modellgestützten Vorhersage von Randzonenmodifikationen im industriellen Umfeld. Zukünftige Arbeiten sollten hierfür die Modellierung der mechanischen Werkstückbelastung und die Berücksichtigung komplexer Eingriffsbedingungen fokussieren.

Summary, Discussion and Outlook

In industry, manufacturing processes are designed using complex empirical studies, considering the required rim zone properties of safety- or function-critical components. Here, there is often little knowledge of the physical interactions in the cutting zone and stochastic disturbance variables of the process, such as progressive tool wear, are not considered or only to a limited extent. The lack of knowledge about thermo-mechanical interactions on the one hand and the lack of process-related modeling capability of rim zone modifications based on process state variables on the other hand limit the economic potential in the production of corresponding components.

The formation of white layers during the machining of hardened steels is largely due to dynamic recrystallization. The initiation of dynamic recrystallization can in turn be described with a physical interpretation of the spatially resolved thermo-mechanical load spectrum and the potential of the free Helmholtz energy. The knowledge of the process-induced state variable fields, in particular the temperature T, the strain ε and strain rate $\dot{\varepsilon}$ with high temporal and spatial resolution thus allows, in principle, a prediction of the formation of white layers in machining.

Direct measurement of these state variable fields is not possible due to the complex intervention conditions in industrially relevant machining processes. As a result, efforts are being made to calculate these state variable fields using complex models. Analytical, fast-calculating and physics-based models represent an alternative to numerical models. So far, however, there are only a few or highly simplified analytical approaches for predicting recrystallization processes that consider the real thermo-mechanical load spectrum. A promising approach here is to develop analytical physics-based process models based on macroscopic input variables, but to validate these with the help of microscopic state variable fields and thus drastically increase their accuracy.

On a laboratory scale, the temperature can be measured either selectively using pyrometry, with low local resolution (thermography) or only with high latency (thermoelectric effect) and can therefore only be used for stationary processes. In contrast, the mechanical workpiece load can usually only be mapped as a macroscopic process force in the process, neglecting destructive or experimentally very complex methods such as the so-called quick-stop devices. Innovative, image-based approaches such as Particle Image Velocimetry (PIV) or Digital Image Correlation (DIC) may provide a remedy here in the future, but due to their complexity, their use has so far been limited.

In summary, three research deficits were identified, which form the basis of this work. Firstly, there is only limited knowledge about the experimental measurement or calculation of the process-induced thermo-mechanical load collective. Secondly, the interaction between integral and local process state variables is insufficiently researched and can only be described to a limited extent using models. Thirdly, there are no physics-based, fast-calculating models that allow the modeling of local process state variables and boundary-zone modifications.

The aim of the research bundled in this work was therefore to test the hypothesis whether the model-based prediction or measurement of the temperature and strain fields in the cutting zone with high temporal and spatial resolution allows the estimation of the workpiece-side process-induced material modifications and thus the component rim zone condition.

At the beginning of the work, an experimental test rig was developed which allowed a direct calculation of the mechanical workpiece load and the strains and strain rates with high resolution using DIC. The analysis of the high-resolution image pairs of the shear zone showed a dependence of the chip formation on the selected process parameters and the tool type used (CBN and coated carbide tools). While high cutting speeds and high chip thicknesses favoured the formation of segment chips, these already occurred at lower values when machining with the carbide tools ($h_c \geq 0{,}100\ mm$). This shows the strongly process parameter-dependent thermal and mechanical stress in the shear zone. The formation of a white layer was demonstrated for all cutting conditions. However, for low chip thicknesses and low cutting speeds, and especially when using CBN tools, this was only a few micrometres and was therefore barely identifiable on the micrographs produced. For further validation of the analytical models to be developed, a numerical chip formation model was also developed in collaboration with TEKKAYA ET AL. and validated with the measured cutting force, which allows a prediction of the process-induced white layer thickness using two different model approaches. In this way, it was possible to drastically increase the sum and resolution of the existing validation data, in particular the microstructure modification but also the thermal workpiece load compared to the pure test data.

This was followed by an experimental investigation of the mechanical workpiece load as a function of the process parameters and the type of tool used. The high-resolution images of the cutting process were analysed using the open source MATLAB code NCCOR, which was extended by a semi-automatic image pre-processing and thus allowed a calculation of the process-induced strains and strain rates with high spatial resolution depending on the process parameters. The evaluation of the mechanical workpiece load was based on the direction-independent accumulated plastic comparative strain along the lines of movement of individual material particles through the shear zone into the manufactured workpiece surface. In this way, the process images made it possible to track the load history induced by the machining process through the shear zone and to use it later to predict dynamic recrystallization. The detected mechanical load diverged depending on the tools used. In the case of flow chip formation, the accumulated strain ε_{akk} increased with increasing chip thickness for CBN tools and decreased in the case of carbide tools. This could be attributed to the different cutting edge microgeometry, which supports the flow of the material more strongly in the case of the rounded carbide tool. In contrast, both tool types provoked a decreasing accumulated strain along the line of motion with increasing cutting speed. For all process parameters, the mechanical workpiece load decreased sharply with increasing distance from the workpiece surface and already reached values below $\varepsilon_{akk} \approx 1$ at a depth of $d_w = 25\mu m$. The determined strain rates did not exceed values of $\dot{\varepsilon}_{eq} \approx 2{,}4 * 10^4$ at any depth. In the case of segment chip formation, no qualitative correlation between the process parameters and the mechanical workpiece load could be determined. One reason for this is the individually different stages of segment chip formation, which are recorded via the snapshot of the DIC image and define the mechanical load along the line of motion. In this context, the use of digital image correlation offers the possibility of in-depth investigation of the segmentation process and the shear conditions in the shear zone, as well as the transition between flow and shear chip.

Although the recorded data had a high temporal and spatial resolution and allowed the strains and strain rates to be calculated directly from the process for the first time, intensive manual work is still required. In addition to the preparation and selection of the images, which are affected by numerous disturbance variables such as flying chips, shading, poor lighting conditions, blurring or reflections, the post-processing in the analysis is particularly time-consuming. For this reason, not all the process conditions investigated could be evaluated or analysed. One possible optimization of the test stand is thus the use of sapphire glass, which suppresses the lateral deformation of the workpiece into the image plane. In addition, the use of several light sources to avoid shadowing is conceivable, as is an extraction system to reduce dust particles in the machine.

The original goal of estimating the mechanical workpiece load using a fast-calculating analytical model and integral process parameters, such as the cutting force, could not be achieved within the scope of this work. The prediction of dynamic recrystallization using the Helmholtz free energy requires knowledge of the local strain and strain rates. Various models are known from mechanics, which allow the estimation of workpiece-side stresses based on a process force. Local stresses in turn result from a complex relationship between the material properties, stored local strains, current strain rate and temperature, which can be established, for example, for the case of yield stress according to JOHNSON UND COOK (4.2). However, a direct calculation or estimation of the local strains and strain rates from the existing or calculated stress state is currently only possible using numerical methods and therefore not analytically. A future approach could be the estimation of the maximum strains and strain rates based on the measured cutting forces with the aid of an empirical correlation. Although digital image correlation is an important tool for deriving calibration and validation data, this requires a large number of tests beyond the scope of this work to map the parameter space under consideration more closely.

Following the investigation of the mechanical workpiece load (chapter 5), the analytical modeling of the temperature fields induced by the machining process was carried out (chapter 6). For this purpose, a temperature model of the moving heat source according to JAEGER was calibrated, which uses the measured cutting force as an input variable in addition to the process parameters. The temperature fields were validated using the previously developed numerical chip formation simulation, as direct temperature measurements only allowed validation at certain points or with a low resolution. Analogous to the chip formation simulation, the calibrated model showed a high sensitivity for the tool type used, which will require individual adaptation in the future. The deviation of the analytically and numerically calculated temperature fields in an area close to the surface with a depth $d_w = 0{,}15\ mm$ and a width $b_w = 0{,}2\ mm$ averaged approx. 25°C for the carbide tool and approx. 35°C for the CBN tool. Thus, the temperature fields could be calculated with high accuracy despite a drastically shortened calculation time of a few seconds. As expected, higher cutting speeds resulted in more pronounced temperature fields, which exhibited stronger gradients. In contrast, the chip thickness only played a subordinate role. With increasing distance from the machined surface, the temperatures decreased rapidly and already reached values at depths of $d_w \approx 0{,}10\ mm$ at which dynamic recrystallization could no longer be expected.

In the final chapter (chapter 7) of this thesis, the analytical modelling of dynamic recrystallization was carried out, which can be used to evaluate the thickness of the white layer coatings that form. The thermodynamic rim zone model was based on the Helmholtz free energy and was implemented using a MATLAB software routine. Recrystallization occurs spontaneously and deterministically, provided that the three basic conditions for initiation are met. These were a locally occurring negative Helmholtz increment df and the exceeding of a critical mechanical energy $e_{me,crit}$ and temperature T_{crit}. The previously calculated and modeled state variable fields of strain, strain rate and temperature thus represented the main input variables of the model. White layer thicknesses measured in micrographs, but also the numerically calculated values, served as validation variables for the model and showed good agreement with low computational effort.

Within the scope of the present work, it was possible for the first time to predict the formation of white layers with good accuracy solely on the basis of state variables measured in the process or the high-resolution process images. With the help of DIC and an adapted temperature model according to JAEGER, it was possible for the first time to derive and process the thermo-mechanical load spectrum from the analogy experiment with high resolution and short calculation time. In addition to the calculation time and use of real process state variables as input parameters of the model, its use requires only minor expertise after a one-off calibration and can be further automated in subsequent work.

The current limitation to the orthogonal section stands in the way of industrial use of the approaches developed. Its geometric boundary conditions and the accessibility of the cutting zone for optical measurement using DIC form the basis for calculating the mechanical and thermal workpiece load and cannot be transferred to industrially relevant processes such as external longitudinal or face turning. In principle, three approaches are conceivable to overcome these limitations:

1. Development or use of physics-based three-dimensional models
2. Use of empirical or data-driven approaches
3. Development of a multi-scale model approach (quasi 2D to 3D)

Physics-based models, which are applicable in three-dimensional space and therefore for industry-relevant processes, are much more complex than 2D models. For example, the JAEGER solution used here can be solved analytically in two-dimensional space but requires complex numerical solution procedures in three-dimensional space. The associated computational effort prevents process-oriented use even with the rapidly increasing computing capacity of current and future processors.

In the area of non-physically driven modeling, purely empirical models or data-based approaches such as specially trained neural networks are conceivable. However, application in the production of safety-critical components, whose boundary zone properties are of functional relevance, is unlikely due to their lack of descriptive character. Although data-driven models, trained with large amounts of data, often map the outputs of a system well as a function of the inputs, the internal character of the system is completely neglected and extrapolation outside the known data space is severely restricted.

Finally, a multi-scale model approach can be considered, which links two-dimensional models with knowledge of the local intervention conditions of industrial relevance and thus allows a fast computing and yet physics-based prediction of boundary zone modifications. A corresponding model structure is shown in Figure 8.2. Starting from the three-dimensional machining process, e.g. facing, the first step is to calculate the chip cross-section from the given engagement conditions and divide it into numerous segments. In simplified terms, each segment represents an orthogonal section of defined chip thickness and can thus be viewed two-dimensionally within the model landscape in conjunction with the process parameters such as cutting speed, tool microgeometry or later even tool wear condition. The work presented here represents an elementary building block for this. Furthermore, the scale reduction not only allows a simplified development of new edge zone models, but also the use of existing ones, many of which have been validated with the help of the orthogonal section, e.g. for the prediction of other edge zone modifications.

Once the thermal and mechanical load spectrum as well as the resulting edge zone modification have been calculated for each pre-defined chip segment using the orthogonal section, these can be saved in a comprehensive database. In addition to direct use, the results are thus also permanently available for future calculations, whereby the individual calculation effort for individual cutting geometries decreases with the service life of the model landscape. In the final step of the multi-scale model, the model fusion or aggregation of the process-induced boundary zone modification per two-dimensional chip segment is carried out back to the chip cross-section of the actual meshing condition.

In addition to the implementation of such a complex model setup in a machine-oriented environment, two clear research deficits are recognizable. The first is the analytical modeling of the mechanical workpiece load in two-dimensional space, which was not possible within the scope of this work. The spatially resolved mechanical workpiece load, i.e. process-induced strains and strain rates along individual lines of motion, is directly dependent on the process engagement and process parameters. However, these cannot be considered separately from each other, nor can they be considered separately from thermal influences.

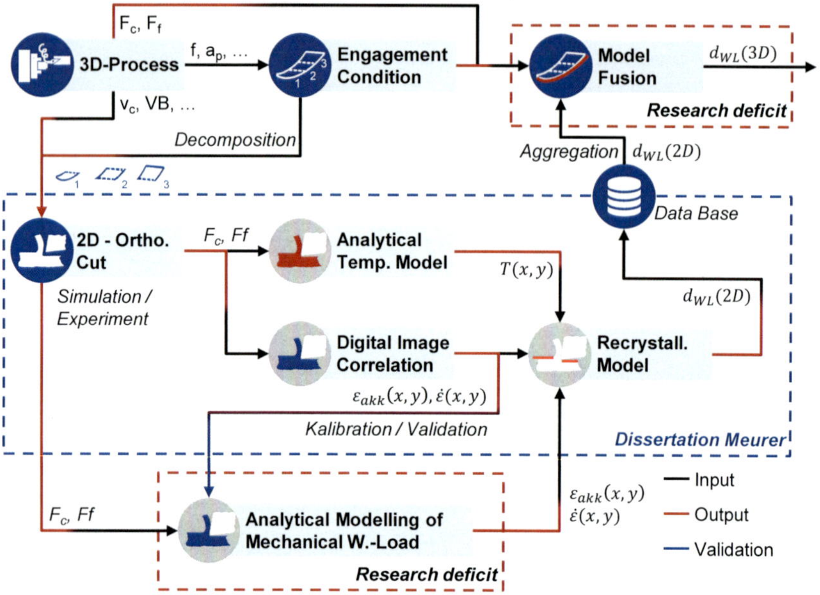

Figure 8.2: Future structure of a multi-scale modelling of process-induced rim zone modifications of industrially relevant cutting processes

Zukünftiger Aufbau einer mehrskaligen Modellierung prozessinduzierter Randzonenmodifikationen industriell relevanter Zerspanprozesse

It is therefore necessary to examine whether partial aspects of the mechanical workpiece load can be described with the aid of analytical partial models and transferred to the machining conditions, analogous to the thermal workpiece load according to JAEGER, for example. Alternatively, an empirical correlation of strain and strain rate fields measured by means of DIC with the process parameters appears realistic, provided that a sufficient data basis is available.

The second recognizable research deficit is given by the model fusion or aggregation of the two-dimensionally calculated boundary zone modifications back to the real cutting condition. It is unclear whether this can be implemented with a simple sequence of the individual chip segments or must be described with the aid of complex interactions. It also appears possible to transfer entire load spectra from two-dimensional space and then use them to calculate three-dimensional boundary zone modifications. Although this would in principle allow further validation of the load spectra and not just the calculated boundary zone modification, a drastic increase in model complexity and calculation time is to be expected.

Another aspect of future work must be the uniform implementation of software technology in a machine-level environment. The methods and models developed within the framework of this work are based on open-source software, for which different programming languages, predominantly MATLAB and PYTHON, were used. However, the use of physics-based modeling for process monitoring requires a further increase in usability and computational efficiency, which is only possible through consistently programmed software. Furthermore, a direct connection to machine technology and control is necessary, as for example, cutting force components can only be measured industrially with external sensors in a limited manner or not at all.

In conclusion, all the previously addressed research questions could be answered, and the research hypothesis was verified. Thus, this work makes an important contribution to the future model-based prediction of surface zone modifications in an industrial environment. Future work should focus on the modeling of mechanical workpiece loads and the consideration of complex engagement conditions.

9 Literaturverzeichnis

[ABBO13] Abboud, E.; Shi, B.; Attia, H.; Thomson, V.; Mebrahtu, Y.: Finite element-based modeling of machining-induced residual stresses in Ti-6Al-4V under finish turning conditions. In: Procedia CIRP, 8. Jg., 2013, S. 63–68, https://doi.org/10.1016/j.procir.2013.06.066

[ABOU15] Abouridouane, M.; Klocke, F.; Lung, D.; Veselovac, D.: The Mechanics of Cutting: In-situ Measurement and Modelling. In: Procedia CIRP, 31. Jg., 2015, S. 246–251, https://doi.org/10.1016/j.procir.2015.03.048

[ABOU16] Abouridouane, M.; Klocke, F.; Döbbeler, B.: Analytical temperature prediction for cutting steel. In: CIRP Annals, 65. Jg., 2016 1, S. 77–80, https://doi.org/10.1016/j.cirp.2016.04.039

[AGRA13] Agrawal, S.; Joshi, S. S.: Analytical modelling of residual stresses in orthogonal machining of AISI4340 steel. In: Journal of Manufacturing Processes, 15. Jg., 2013 1, S. 167–179, https://doi.org/10.1016/j.jmapro.2012.11.004

[AIGN19] Aigner, R.; Pusterhofer, S.; Pomberger, S.; Leitner, M.; Stoschka, M.: A probabilistic Kitagawa-Takahashi diagram for fatigue strength assessment of cast aluminium alloys. In: Materials Science and Engineering: A, 745. Jg., 2019, S. 326–334, https://doi.org/10.1016/j.msea.2018.12.108

[AKCA02] Akcan, S.; Shah, S.; Moylan, S.P. Chhabra, P.N.; Chandrasekar, S.; Yang, H.: Formation of White Layers in Steels by Machining and Their Characteristics. In: Metallurgical and Materials Transactions A, 33. Jg., 2002, S. 1245–1254

[AMBR15] Ambrosy, F.; Zanger, F.; Schulze, V.: FEM-simulation of machining induced nanocrystalline surface layers in steel surfaces prepared for tribological applications. In: CIRP Annals, 64. Jg., 2015 1, S. 69–72, https://doi.org/10.1016/j.cirp.2015.04.063

[ARRA13] Arrazola, P. J.; Özel, T.; Umbrello, D.; Davies, M.; Jawahir, I. S.: Recent advances in modelling of metal machining processes. In: CIRP Annals, 62. Jg., 2013 2, S. 695–718, https://doi.org/10.1016/j.cirp.2013.05.006

[ARRA15] Arrazola, P. J.; Aristimuño, P. X.; Soler, D.; Childs, T. H. C.: Metal cutting experiments and modelling for improved determination of chip/tool contact temperature by infrared thermography. In: CIRP Annals, 64. Jg., 2015 1, S. 57–60, https://doi.org/10.1016/j.cirp.2015.04.061

[ASTA04] Astakhov, V. P.; Shvets, S.: The assessment of plastic deformation in metal cutting. In: Journal of Materials Processing Technology, 146. Jg., 2004 2, S. 193–202, https://doi.org/10.1016/j.jmatprotec.2003.10.015

[ASTA10] Astakhov, V. P.: Surface Integrity – Definition and Importance in Functional Performance. In: Davim, J. P. (Hrsg.): Surface Integrity in Machining. Aufl. London: Springer London, 2010, S. 1–35

[ATTA12] Attanasio, A.; Umbrello, D.; Cappellini, C.; Rotella, G.; M'Saoubi, R.: Tool wear effects on white and dark layer formation in hard turning of AISI 52100 steel. In: Wear, 286-287. Jg., 2012, S. 98–107, https://doi.org/10.1016/j.wear.2011.07.001

[AUGS18] Augspurger, T.: Thermal Analysis of the Milling Process. 1. Aufl., Aachen: Apprimus Wissenschaftsverlag, 2018

[AUGS19] Augspurger, T.; Bergs, T.; Döbbeler, B.: Measurement and Modeling of Heat Partitions and Temperature Fields in the Workpiece for Cutting Inconel 718, AISI 1045, Ti6Al4V, and AlMgSi0.5. In: Journal of Manufacturing Science and Engineering, 141. Jg., 2019 6, https://doi.org/10.1115/1.4043311

[AUGS20] Augspurger, T.; Meurer, M.; Liu, H.; Mattfeld, P.; Bergs, T.: Experimental study of the connection between process parameters, thermo-mechanical loads and surface integrity in machining Inconel 718. In: Procedia CIRP, 87. Jg., 2020, S. 59–64, https://doi.org/10.1016/j.procir.2020.02.081

[BARR02a] Barry, J.; Byrne, G.: TEM study on the surface white layer in two turned hardened steels. In: Materials Science and Engineering: A, 325. Jg., 2002 1-2, S. 356–364, https://doi.org/10.1016/S0921-5093(01)01447-2

[BARR02b] Barry, J.; Byrne, G.: Chip Formation, Acoustic Emission and Surface White Layers in Hard Machining. In: CIRP Annals, 51. Jg., 2002 1, S. 65–70, https://doi.org/10.1016/S0007-8506(07)61467-X

[BEIT95] Beitz, W.; Dubbel, H.: Taschenbuch für den Maschinenbau. Mit 513 Tabellen. 18. Aufl., Berlin: Springer, 1995

[BERG20] Bergs, T.; Peng, B.; Schraknepper, D.; Augspurger, T.: A Novel Approach to Determine the Cutting Temperature Under Consideration of the Tool Wear. In: Volume 1: Additive Manufacturing; Advanced Materials Manufacturing; Biomanufacturing; Life Cycle Engineering; Manufacturing Equipment and Automation. Aufl.: American Society of Mechanical Engineers, 2020

[BERG21] Bergs, T.; Abouridouane, M.; Meurer, M.; Peng, B.: Digital image correlation analysis and modelling of the strain rate in metal cutting. In: CIRP Annals, 70. Jg., 2021 1, S. 45–48, https://doi.org/10.1016/j.cirp.2021.04.055

[BERN14a] Bernhard, F.; Fischer, J.: Grundlagen der Temperaturmesstechnik. In: Bernhard, F. (Hrsg.): Handbuch der Technischen Temperaturmessung. Aufl. Berlin, Heidelberg: Springer Berlin Heidelberg, 2014, S. 9–55

[BERN14b] Bernhard, F.: Thermoelemente. In: Bernhard, F. (Hrsg.): Handbuch der Technischen Temperaturmessung. Aufl. Berlin, Heidelberg: Springer Berlin Heidelberg, 2014, S. 831–1047

[BERN14c] Bernhard, F.: Thermografie. In: Bernhard, F. (Hrsg.): Handbuch der Technischen Temperaturmessung. Aufl. Berlin, Heidelberg: Springer Berlin Heidelberg, 2014, S. 1395–1463

[BLAB15a] Blaber, J.; Adair, B. S.; Antoniou, A.: Ncorr: Open-Source 2D Digital Image Correlation Matlab Software. In: Experimental Mechanics, 55. Jg., 2015 6, S. 1105–1122, https://doi.org/10.1007/s11340-015-0009-1

[BLAB15b] Blaber, J.; Adair, B. S.; Antoniou, A.: A methodology for high resolution digital image correlation in high temperature experiments. In: The Review of scientific instruments, 86. Jg., 2015 3, S. 35111, https://doi.org/10.1063/1.4915345

[BOOT63] Boothroyd, G.: Temperatures in Orthogonal Metal Cutting. In: Proceedings of the Institution of Mechanical Engineers, 177. Jg., 1963 1, S. 789–810, https://doi.org/10.1243/PIME_PROC_1963_177_058_02

[BOSH06] Bosheh, S. S.; Mativenga, P. T.: White layer formation in hard turning of H13 tool steel at high cutting speeds using CBN tooling. In: International Journal of Machine Tools and Manufacture, 46. Jg., 2006 2, S. 225–233, https://doi.org/10.1016/j.ijmachtools.2005.04.009

[BÖTT20] Böttger, D.; Stampfer, B.; Gauder, D.; Straß, B.; Häfner, B.; Lanza, G.; Schulze, V.; Wolter, B.: Concept for soft sensor structure for turning processes of AISI4140. In: tm - Technisches Messen, 87. Jg., 2020 12, S. 745–756, https://doi.org/10.1515/teme-2020-0054

[BRAN96] Brandt, D.: Randzonenbeeinflussung beim Hartdrehen. Zugl.: Hannover, Univ., Diss, Düsseldorf, 1996

[BROC16] Brockmann, M.: On the Use of Potential Theory for Thermal Modeling in Metal Cutting. 1. Aufl., Aachen: Apprimus Wissenschaftsverlag, 2016

[BROW18] Brown, M.; Wright, D.; M'Saoubi, R.; McGourlay, J.; Wallis, M.; Mantle, A.; Crawforth, P.; Ghadbeigi, H.: Destructive and non-destructive testing methods for characterization and detection of machining-induced white layer: A review paper. In: CIRP Journal of Manufacturing Science and Technology, 23. Jg., 2018, S. 39–53, https://doi.org/10.1016/j.cirpj.2018.10.001

[BROW19] Brown, M.; Crawforth, P.; M'Saoubi, R.; Larsson, T.; Wynne, B.; Mantle, A.; Ghadbeigi, H.: Quantitative characterization of machining-induced white layers in Ti–6Al–4V. In: Materials Science and Engineering: A, 764. Jg., 2019, S. 138220, https://doi.org/10.1016/j.msea.2019.138220

[BUCH16] Buchkremer, S.; Klocke, F.; Döbbeler, B.: Impact of the Heat Treatment Condition of Steel AISI 4140 on Its Frictional Contact Behavior in Dry Metal Cutting. In: Journal of Manufacturing Science and Engineering, 138. Jg., 2016 12, https://doi.org/10.1115/1.4033447

[BUCH17a] Buchkremer, S.; Klocke, F.; Döbbeler, B.; Abouridouane, M.; Meurer, M.: Thermodynamics-based Interpretation of White Layer Formation in Metal Cutting. In: Procedia CIRP, 58. Jg., 2017, S. 370–374, https://doi.org/10.1016/j.procir.2017.03.328

[BUCH17b] Buchkremer, S.: Irreversible thermodynamics of nano-structural surface modifications in metal cutting. 1. Aufl., Aachen: Apprimus Wissenschaftsverlag, 2017

[BUCH17c] Buchkremer, S.; Klocke, F.: Modeling nanostructural surface modifications in metal cutting by an approach of thermodynamic irreversibility: Derivation and experimental validation. In: Continuum Mechanics and Thermodynamics, 29. Jg., 2017 1, S. 271–289, https://doi.org/10.1007/s00161-016-0533-y

[BÜCK20] Bücker, M.; Bartolomeis, A. de; Oezkaya, E.; Shokrani, A.; Biermann, D.: Experimental and computational investigations on the effects of deep-temperature emulsion on the turning of Inconel 718 alloy. In: CIRP Journal of Manufacturing Science and Technology, 31. Jg., 2020, S. 48–60, https://doi.org/10.1016/j.cirpj.2020.10.001

[BUSH11] Bushlya, V.; Zhou, J. M.; Lenrick, F.; Avdovic, P.; Ståhl, J.-E.: Characterization of White Layer Generated when Turning Aged Inconel 718. In: Procedia Engineering, 19. Jg., 2011, S. 60–66, https://doi.org/10.1016/j.proeng.2011.11.080

[CALA12] Calamaz, M.; Coupard, D.; Girot, F.: Strain Field Measurement in Orthogonal Machining of a Titanium Alloy. In: Advanced Materials Research, 498. Jg., 2012, S. 237–242, https://doi.org/10.4028/www.scientific.net/AMR.498.237

[CAPP10] Cappellini, C.; Attanasio, A.; Rotella, G.; Umbrello, D.: Formation of white and dark layers in hard cutting: influence of tool wear. In: International Journal of Material Forming, 3. Jg., 2010 S1, S. 455–458, https://doi.org/10.1007/s12289-010-0805-1

[CARE21] Careri, F.; Imbrogno, S.; Umbrello, D.; Outeiro, J. C.; Batista, A. C.: A Residual Stress Prediction of Machining IN718 Produced by Direct Energy Deposition. In: Procedia CIRP, 102. Jg., 2021, S. 13–18, https://doi.org/10.1016/j.procir.2021.09.003

[CARU11] Caruso, S.; Di Renzo, S.; Umbrello, D.; Jayal, A. D.; Dillon, O. W.; Jawahir, I. S.: Finite Element Modeling of Microstructural Changes in Hard Turning. In: Advanced Materials Research, 223. Jg., 2011, S. 960–968, https://doi.org/10.4028/www.scientific.net/AMR.223.960

[CERB13] Cerbe, G.; Wilhelms, G.: Technische Thermodynamik. Theoretische Gundlagen und praktische Anwendungen. 17. Aufl.: Hanser Verlag, 2013

[CHAT19] Chatti, S.; Laperrière, L.; Reinhart, G.; Tolio, T.: CIRP Encyclopedia of Production Engineering. Aufl., Berlin, Heidelberg: Springer Berlin Heidelberg, 2019

[CHEN13] Chen, G.; Ren, C.; Zhang, P.; Cui, K.; Li, Y.: Measurement and finite element simulation of micro-cutting temperatures of tool tip and workpiece. In: International Journal of Machine Tools and Manufacture, 75. Jg., 2013, S. 16–26, https://doi.org/10.1016/j.ijmachtools.2013.08.005

[CHIL71] Childs, T. H. C.: A new visio-plasticity technique and a study of curly chip formation. In: International Journal of Mechanical Sciences, 13. Jg., 1971 4, S. 373–387, https://doi.org/10.1016/0020-7403(71)90061-0

[CHIN15] Chinchanikar, S.; Choudhury, S. K.: Machining of hardened steel—Experimental investigations, performance modeling and cooling techniques: A review. In: International Journal of Machine Tools and Manufacture, 89. Jg., 2015, S. 95–109, https://doi.org/10.1016/j.ijmachtools.2014.11.002

[CHOU05] Chou, Y. K.; Song, H.: Thermal modeling for white layer predictions in finish hard turning. In: International Journal of Machine Tools and Manufacture, 45. Jg., 2005 4-5, S. 481–495, https://doi.org/10.1016/j.ijmachtools.2004.09.006

[CHOU99] Chou, Y. K.; Evans, C. J.: White layers and thermal modeling of hard turned surfaces. In: International Journal of Machine Tools and Manufacture, 39. Jg., 1999 12, S. 1863–1881

[COX19] Cox, A.; Herbert, S.; Villain-Chastre, J.-P.; Turner, S.; Jackson, M.: The effect of machining and induced surface deformation on the fatigue performance of a high strength metastable β titanium alloy. In: International Journal of Fatigue, 124. Jg., 2019, S. 26–33, https://doi.org/10.1016/j.ijfatigue.2019.02.033

[CRAM09] Cram, D. G.; Zurob, H. S.; Brechet, Y. J. M.; Hutchinson, C. R.: Modelling discontinuous dynamic recrystallization using a physically based model for nucleation. In: Acta Materialia, 57. Jg., 2009 17, S. 5218–5228, https://doi.org/10.1016/j.actamat.2009.07.024

[DAVI07] Davies, M.; Ueda, T.; M'Saoubi, R.; Mullany, B.; Cooke, A. L.: On The Measurement of Temperature in Material Removal Processes. In: Manufacturing Technology, 2007 2, S. 581–604

[DEGA03] DeGarmo, E. P.; Black, J. T.; Kohser, R. A.: Materials and processes in manufacturing. 9. Aufl., Hoboken, NJ: Wiley, 2003

[DENK11] Denkena, B.; Tönshoff, H. K.: Spanen. Aufl., Berlin, Heidelberg: Springer Berlin Heidelberg, 2011

[DENK15] Denkena, B.; Grove, T.; Maiss, O.: Influence of the cutting edge radius on surface integrity in hard turning of roller bearing inner rings. In: Production Engineering, 9. Jg., 2015 3, S. 299–305, https://doi.org/10.1007/s11740-015-0615-x

[DENK21] Denkena, B.; Krödel, A.; Beblein, S.: A novel approach to determine the velocity dependency of the friction behavior during machining by means of digital particle image velocimetry (DPIV). In: CIRP Journal of Manufacturing Science and Technology, 32. Jg., 2021, S. 81–90, https://doi.org/10.1016/j.cirpj.2020.11.007

[DEUT03a] DIN 8580, Deutsches Institut für Normung e. V.: Fertigungsverfahren. Begriffe, Einteilung.DIN 8580:2003-09 Aufl., Berlin: Beuth Verlag, 2003

[DEUT03b] DIN 8589-0, Deutsches Institut für Normung e. V.: Fertigunsverfahren Spanen. Teil 0: Allgemeines, Einordnung, Unterteilung, Begriffe.DIN 8589-0:2003-09 Aufl., Berlin: Beuth Verlag, 2003

[DEUT03c] DIN 8589-1, Deutsches Institut für Normung e. V.: Fertigungsverfahren Spanen. Teil 1: Drehen, Einordnung, Unterteilung, Begriffe.DIN 8589-1:2003-09 Aufl., Berlin: Beuth Verlag, 2003

[DHAR07] Dhar, N. R.; Kamruzzaman, M.: Cutting temperature, tool wear, surface roughness and dimensional deviation in turning AISI-4037 steel under cryogenic condition. In: International Journal of Machine Tools and Manufacture, 47. Jg., 2007 5, S. 754–759, https://doi.org/10.1016/j.ijmachtools.2006.09.018

[DING13] Ding, H.; Shin, Y. C.: Multi-physics modeling and simulations of surface microstructure alteration in hard turning. In: Journal of Materials Processing Technology, 213. Jg., 2013 6, S. 877–886, https://doi.org/10.1016/j.jmatprotec.2012.12.016

[DING14] Ding, H.; Shin, Y. C.: Dislocation Density-Based Grain Refinement Modeling of Orthogonal Cutting of Titanium. In: Journal of Manufacturing Science and Engineering, 136. Jg., 2014 4, https://doi.org/10.1115/1.4027207

[DUSC14] Duscha, M.: Beschreibung des Eigenspannungszustandes beim Pendel- und Schnellhubschleifen. 1. Aufl., Aachen: Apprimus Verlag, 2014

[ESTR98] Estrin, Y.; Tóth, L. S.; Molinari, A.; Brechet, Y. J. M.: A dislocation-based model for all hardening stages in large strain deformation. In: Acta Materialia, 46. Jg., 1998 15, S. 5509–5522, https://doi.org/10.1016/S1359-6454(98)00196-7

[FANF98] Fanfoni, M.; Tomellini, M.: The Johnson-Mehl- Avrami-Kohnogorov model: A brief review. In: Il Nuovo Cimento D, 20. Jg., 1998 7-8, S. 1171–1182, https://doi.org/10.1007/BF03185527

[FIEL64] Field, M.; Kahles, J. F.: The surface integrity of machined-and ground high-strength steels. In: Defense Metals Information Center Report, 1964 210

[FRIT10] Fritz, A. H.; Schulze, G.: Fertigungstechnik. (, 0). Aufl., Berlin, Heidelberg: Springer Berlin Heidelberg, 2010

[GAO07] Gao, Y.; Li, X.; Yang, Q.; Yao, M.: Influence of surface integrity on fatigue strength of 40CrNi2Si2MoVA steel. In: Materials Letters, 61. Jg., 2007 2, S. 466–469, https://doi.org/10.1016/j.matlet.2006.04.089

[GAUD21] Gauder, D.; Biehler, M.; Gölz, J.; Stampfer, B.; Böttger, D.; Häfner, B.; Wolter, B.; Schulze, V.; Lanza, G.: Development of a methodical approach for uncertainty quantification and meta-modeling of surface hardness in white layers of longitudinal turned AISI4140 surfaces. In: tm - Technisches Messen, 88. Jg., 2021 11, S. 661–673, https://doi.org/10.1515/teme-2021-0037

[GERH22] Gerhard, N.; Göttlich, T.; Schraknepper, D.; Bergs, T.: Experimental investigation on friction under machining conditions with cutting fluid supply. In: Procedia CIRP, 108. Jg., 2022, S. 378–383, https://doi.org/10.1016/j.procir.2022.03.061

[GERH23] Gerhard, N.; Liu, H.; Splettstößer, A.; Massanés Pedró, P.; Meurer, M.; Bergs, T.: Experimental and Numerical Investigations of Grain Size Changes in the Rim Zone During Turning of DA718. In: Volume 8: Industrial and Cogeneration; Manufacturing Materials and Metallurgy. Aufl.: American Society of Mechanical Engineers, 2023

[GHAD08] Ghadbeigi, H.; Bradbury, S. R.; Pinna, C.; Yates, J. R.: Determination of micro-scale plastic strain caused by orthogonal cutting. In: International Journal of Machine Tools and Manufacture, 48. Jg., 2008 2, S. 228–235, https://doi.org/10.1016/j.ijmachtools.2007.08.017

[GIER13] Gierlings, S.; Brockmann, M.: Analytical Modelling of Temperature Distribution Using Potential Theory by Reference to Broaching of Nickel-Based Alloys. In: Advanced Materials Research, 769. Jg., 2013, S. 139–146, https://doi.org/10.4028/www.scientific.net/AMR.769.139

[GIER15] Gierlings, S.: Model-Based Temperature Monitoring for Broaching Safety-Critical Aero Engine Components. Aufl., Aachen: Apprimus Wissenschaftsverlag, 2015

[GONZ19] González, G.; Segebade, E.; Zanger, F.; Schulze, V.: FEM-based comparison of models to predict dynamic recrystallization during orthogonal cutting of AISI 4140. In: Procedia CIRP, 82. Jg., 2019, S. 154–159, https://doi.org/10.1016/j.procir.2019.04.061

[GONZ22] González, G.; Sauer, F.; Plogmeyer, M.; Gerstenmeyer, M.; Bräuer, G.; Schulze, V.: Effect of thermomechanical loads and nanocrystalline layer formation on induced surface hardening during orthogonal cutting of AISI 4140. In: Procedia CIRP, 108. Jg., 2022, S. 228–233, https://doi.org/10.1016/j.procir.2022.03.040

[GRZE01] Grzesik, W.; van Luttervelt, C. A.: An Investigation of the Thermal Effects in Orthogonal Cutting Associated with Multilayer Coatings. In: CIRP Annals, 50. Jg., 2001 1, S. 53–56, https://doi.org/10.1016/S0007-8506(07)62069-1

[GRZE17] Grzesik, W.: Surface Integrity. In: Grzesik, W. (Hrsg.): Advanced Machining Processes of Metallic Materials. Theory, Modelling, and Applications. 2 Aufl.: Elsevier, 2017, S. 533–561

[GUO10] Guo, Y. B.; Warren, A. W.; Hashimoto, F.: The basic relationships between residual stress, white layer, and fatigue life of hard turned and ground surfaces in rolling contact. In: CIRP Journal of Manufacturing Science and Technology, 2. Jg., 2010 2, S. 129–134, https://doi.org/10.1016/j.cirpj.2009.12.002

[GUO12] Guo, Y.; Efe, M.; Moscoso, W.; Sagapuram, D.; Trumble, K. P.; Chandrasekar, S.: Deformation field in large-strain extrusion machining and implications for deformation processing. In: Scripta Materialia, 66. Jg., 2012 5, S. 235–238, https://doi.org/10.1016/j.scriptamat.2011.10.045

[HABA07] Habak, M.; Lebrun, J.-L.; Morel, A.: A study of the influence of the metallurgical state on shear band and white layer generation in 100Cr6 steel: application to machining. In: AIP Conference Proceedings. Aufl.: AIP, 18.04.2007, S. 691–696

[HALL51] Hall, E. O.: The deformation and ageing of mild steel: II Characteristics of the Lüders deformation. In: Proceedings of the Royal Society A: Mathematical, Physical and Engineering Sciences, 64. Jg., 1951 9, S. 742–747

[HAN08] Han, S.; Melkote, S. N.; Haluska, M. S.; Watkins, T. R.: White layer formation due to phase transformation in orthogonal machining of AISI 1045 annealed steel. In: Materials Science and Engineering: A, 488. Jg., 2008 1-2, S. 195–204, https://doi.org/10.1016/j.msea.2007.11.081

[HAN20] Han, J.; Cao, K.; Xiao, L.; Tan, X.; Li, T.; Xu, L.; Tang, Z.; Liao, G.; Shi, T.: In situ measurement of cutting edge temperature in turning using a near-infrared fiber-optic two-color pyrometer. In: Measurement, 156. Jg., 2020, S. 107595, https://doi.org/10.1016/j.measurement.2020.107595

[HAN22] Han, J.; Liu, Z.; Cao, K.; Xu, L.; Shi, T.; Liao, G.: Cutting temperature measurement in turning using fiber-optic multi-spectral radiation thermometry and its application in tool wear status recognition. In: Measurement, 198. Jg., 2022, S. 111413, https://doi.org/10.1016/j.measurement.2022.111413

[HARD14] Hardy, M. C.; Herbert, C.; Kwong, J.; Li, W.; Axinte, D. A.; Sharman, A.; Encinas-Oropesa, A.; Withers, P. J.: Characterising the Integrity of Machined Surfaces in a Powder Nickel Alloy used in Aircraft Engines. In: Procedia CIRP, 13. Jg., 2014, S. 411–416, https://doi.org/10.1016/j.procir.2014.04.070

[HARS19] Harst, S.: Entwicklung einer Prozesssignatur für die elektrochemische Metallbearbeitung. 1. Aufl.: Apprimus Wissenschaftsverlag, 2019

[HART14] Hartmann, J.; Bernhard, F.: Strahlungstemperaturmessung. In: Bernhard, F. (Hrsg.): Handbuch der Technischen Temperaturmessung. Aufl. Berlin, Heidelberg: Springer Berlin Heidelberg, 2014, S. 1161–1393

[HARZ18] Harzallah, M.; Pottier, T.; Gilblas, R.; Landon, Y.; Mousseigne, M.; Senatore, J.: A coupled in-situ measurement of temperature and kinematic fields in Ti-6Al-4V serrated chip formation at micro-scale. In: International Journal of Machine Tools and Manufacture, 130-131. Jg., 2018, S. 20–35, https://doi.org/10.1016/j.ijmachtools.2018.03.003

[HAST67] Hastings, W. F.: A new quick-stop device and grid technique for metal cutting research. In: CIRP Annals, 1967

[HERB12] Herbert, C.; Kwong, J.; Kong, M. C.; Axinte, D. A.; Hardy, M. C.; Withers, P. J.: An evaluation of the evolution of workpiece surface integrity in hole making operations for a nickel-based superalloy. In: Journal of Materials Processing Technology, 212. Jg., 2012 8, S. 1723–1730, https://doi.org/10.1016/j.jmatprotec.2012.03.014

[HERB14] Herbert, C.; Axinte, D. A.; Hardy, M.; Withers, P.: Influence of Surface Anomalies Following Hole Making Operations on the Fatigue Performance for a Nickel-Based Superalloy. In: Journal of Manufacturing Science and Engineering, 136. Jg., 2014 5, https://doi.org/10.1115/1.4027619

[HIJA08] Hijazi, A.; Madhavan, V.: A novel ultra-high speed camera for digital image processing applications. In: Measurement Science and Technology, 19. Jg., 2008 8, S. 85503, https://doi.org/10.1088/0957-0233/19/8/085503

[HOSS11] Hosseini, S. B.; Klement, U.; Kaminski, J.: Microstructure Characterization of White Layer Formed by Hard Turning and Wire Electric Discharge Machining in High Carbon Steel (AISI 52100). In: Advanced Materials Research, 409. Jg., 2011, S. 684–689, https://doi.org/10.4028/www.scientific.net/AMR.409.684

[HOSS12] Hosseini, S. B.; Ryttberg, K.; Kaminski, J.; Klement, U.: Characterization of the Surface Integrity Induced by Hard Turning of Bainitic and Martensitic AISI 52100 Steel. In: Procedia CIRP, 1. Jg., 2012, S. 494–499, https://doi.org/10.1016/j.procir.2012.04.088

[HOSS14] Hosseini, S. B.; Beno, T.; Klement, U.; Kaminski, J.; Ryttberg, K.: Cutting temperatures during hard turning—Measurements and effects on white layer formation in AISI 52100. In: Journal of Materials Processing Technology, 214. Jg., 2014 6, S. 1293–1300, https://doi.org/10.1016/j.jmatprotec.2014.01.016

[HOSS15] Hosseini, S. B.; Klement, U.; Yao, Y.; Ryttberg, K.: Formation mechanisms of white layers induced by hard turning of AISI 52100 steel. In: Acta Materialia, 89. Jg., 2015, S. 258–267, https://doi.org/10.1016/j.actamat.2015.01.075

[JAEG42] Jaeger, J. C.: Moving source of heat and the temperature at sliding contacts. In: Proceedings of the Royal Society, NSW, 56. Jg., 1942, S. 203–224

[JAFA19] Jafarian, F.: 3D modeling of recrystallized layer depth and residual stress in dry machining of nickel-based alloy. In: Journal of the Brazilian Society of Mechanical Sciences and Engineering, 41. Jg., 2019 4, https://doi.org/10.1007/s40430-019-1707-x

[JAVI08] JAVIDI, A.; Rieger, U.; EICHLSEDER, W.: The effect of machining on the surface integrity and fatigue life. In: International Journal of Fatigue, 30. Jg., 2008 10-11, S. 2050–2055, https://doi.org/10.1016/j.ijfatigue.2008.01.005

[JAWA11] Jawahir, I. S.; Brinksmeier, E.; M'Saoubi, R.; Aspinwall, D. K.; Outeiro, J. C.; Meyer, D.; Umbrello, D.; Jayal, A. D.: Surface integrity in material removal processes: Recent advances. In: CIRP Annals, 60. Jg., 2011 2, S. 603–626, https://doi.org/10.1016/j.cirp.2011.05.002

[JOHN83] Johnson, G. R.: A constitutive model and data for materials subjected to large strains, high strain rates, and high temperatures. In: Proc. 7th Inf. Sympo. Ballistics, 1983, S. 541–547

[JUNG20] Junge, T.; Liborius, H.; Mehner, T.; Nestler, A.; Schubert, A.; Lampke, T.: Measurement system based on the Seebeck effect for the determination of temperature and tool wear during turning of aluminum alloys. In: Procedia CIRP, 93. Jg., 2020, S. 1435–1441, https://doi.org/10.1016/j.procir.2020.03.015

[KAYN14] Kaynak, Y.; Lu, T.; Jawahir, I. S.: Cryogenic Machining-Induced Surface Integrity: A Review and Comparison with Dry, MQL, and Flood-Cooled Machining. In: Machining Science and Technology, 18. Jg., 2014 2, S. 149–198, https://doi.org/10.1080/10910344.2014.897836

[KLOC05] Klocke, F.; Brinksmeier, E.; Weinert, K.: Capability Profile of Hard Cutting and Grinding Processes. In: CIRP Annals, 54. Jg., 2005 2, S. 22–45, https://doi.org/10.1016/S0007-8506(07)60018-3

[KLOC16] Klocke, F.; Döbbeler, B.; Buchkremer, S.: On the Applicability of the Concept of Process Signatures to Hard Turning. In: Procedia CIRP, 45. Jg., 2016, S. 7–10, https://doi.org/10.1016/j.procir.2016.02.171

[KLOC18] Klocke, F.: Fertigungsverfahren 1. Aufl., Berlin, Heidelberg: Springer Berlin Heidelberg, 2018

[KOCH96] Koch, K.-F.: Technologie des Hochpräzisionshartdrehens, Aachen, 12.02.1996

[KOMA01a] Komanduri, R.; Hou, Z. B.: Thermal modeling of the metal cutting process — Part III: temperature rise distribution due to the combined effects of shear plane heat source and the tool–chip interface frictional heat source. In: International Journal of Mechanical Sciences, 43. Jg., 2001 1, S. 89–107, https://doi.org/10.1016/S0020-7403(99)00105-8

[KOMA01b] Komanduri, R.; Hou, Z. B.: Thermal modeling of the metal cutting process — Part II: temperature rise distribution due to frictional heat source at the tool–chip interface. In: International Journal of Mechanical Sciences, 43. Jg., 2001 1, S. 57–88, https://doi.org/10.1016/S0020-7403(99)00104-6

[KÖNI90] König, W.; Klinger, M.; Link, R.: Machining Hard Materials with Geometrically Defined Cutting Edges — Field of Applications and Limitations. In: CIRP Annals, 39. Jg., 1990 1, S. 61–64, https://doi.org/10.1016/S0007-8506(07)61003-8

[KORT13] Kortabarria, A.; Arrazola, P. J.; Ostolaza, K.: Multi Revolution Finite Element Model to Predict Machining Induced Residual Stresses in Inconel 718. In: Procedia CIRP, 8. Jg., 2013, S. 111–116, https://doi.org/10.1016/j.procir.2013.06.074

[LA M21a] La Monaca, A.; Murray, J. W.; Liao, Z.; Speidel, A.; Robles-Linares, J. A.; Axinte, D. A.; Hardy, M. C.; Clare, A. T.: Surface integrity in metal machining - Part II: Functional performance. In: International Journal of Machine Tools and Manufacture, 164. Jg., 2021, S. 103718, https://doi.org/10.1016/j.ijmachtools.2021.103718

[LA M21b] La Monaca, A.; Axinte, D. A.; Liao, Z.; M'Saoubi, R.; Hardy, M. C.: Towards understanding the thermal history of microstructural surface deformation when cutting a next generation powder metallurgy nickel-base superalloy. In: International Journal of Machine Tools and Manufacture, 168. Jg., 2021, S. 103765, https://doi.org/10.1016/j.ijmachtools.2021.103765

[LAZO08] Lazoglu, I.; Ulutan, D.; Alaca, B. E.; Engin, S.; Kaftanoglu, B.: An enhanced analytical model for residual stress prediction in machining. In: CIRP Annals, 57. Jg., 2008 1, S. 81–84, https://doi.org/10.1016/j.cirp.2008.03.060

[LEC12] Le Coz, G.; Marinescu, M.; Devillez, A.; Dudzinski, D.; Velnom, L.: Measuring temperature of rotating cutting tools: Application to MQL drilling and dry milling of aerospace alloys. In: Applied Thermal Engineering, 2012, S. 434–441

[LEC14] Le Coz, G.; Dudzinski, D.: Temperature variation in the workpiece and in the cutting tool when dry milling Inconel 718. In: The International Journal of Advanced Manufacturing Technology, 74. Jg., 2014 5-8, S. 1133–1139, https://doi.org/10.1007/s00170-014-6006-1

[LEE06] Lee, S.; Hwang, J.; Shankar, M. R.; Chandrasekar, S.; Compton, W. D.: Large Strain Deformation Field in Machining. In: Metallurgical and Materials Transactions A, 37A. Jg., 2006

[LEZA90] Lezanski, P.; Shaw, M. C.: Tool Face Temperatures in High Speed Milling. In: Journal of Engineering for Industry, 1990 2, S. 132

[LI13a] Li, K.-M.; Wang, C.; Chu, W.-Y.: An improved remote sensing technique for estimating tool–chip interface temperatures in turning. In: Journal of Materials Processing Technology, 213. Jg., 2013 10, S. 1772–1781, https://doi.org/10.1016/j.jmatprotec.2013.04.014

[LI13b] Li, L.; Li, B.; Ehmann, K. F.; Li, X.: A thermo-mechanical model of dry orthogonal cutting and its experimental validation through embedded micro-scale thin film thermocouple arrays in PCBN tooling. In: International Journal of Machine Tools and Manufacture, 70. Jg., 2013, S. 70–87, https://doi.org/10.1016/j.ijmachtools.2013.03.005

[LI20] Li, T.; Shi, T.; Tang, Z.; Liao, G.; Han, J.; Duan, J.: Temperature monitoring of the tool-chip interface for PCBN tools using built-in thin-film thermocouples in turning of titanium alloy. In: Journal of Materials Processing Technology, 275. Jg., 2020, S. 116376, https://doi.org/10.1016/j.jmatprotec.2019.116376

[LIAN07] Liang, S. Y.; Su, J.-C.: Residual Stress Modeling in Orthogonal Machining. In: CIRP Annals, 56. Jg., 2007 1, S. 65–68, https://doi.org/10.1016/j.cirp.2007.05.018

[LIAO21] Liao, Z.; La Monaca, A.; Murray, J.; Speidel, A.; Ushmaev, D.; Clare, A. T.; Axinte, D. A.; M'Saoubi, R.: Surface integrity in metal machining - Part I: Fundamentals of surface characteristics and formation mechanisms. In: International Journal of Machine Tools and Manufacture, 162. Jg., 2021, S. 103687, https://doi.org/10.1016/j.ijmachtools.2020.103687

[LIST13] List, G.; Sutter, G.; Bi, X. F.; Molinari, A.; Bouthiche, A.: Strain, strain rate and velocity fields determination at very high cutting speed. In: Journal of Materials Processing Technology, 213. Jg., 2013 5, S. 693–699, https://doi.org/10.1016/j.jmatprotec.2012.11.021

[LIU21] Liu, Q.; Liao, Z.; Cheng, J.; Xu, D.; Chen, M.: Mechanism of chip formation and surface-defects in orthogonal cutting of soft-brittle potassium dihydrogen phosphate crystals. In: Materials & Design, 198. Jg., 2021, S. 109327, https://doi.org/10.1016/j.matdes.2020.109327

[LUCA08] Lucas, K.: Thermodynamik. Die Grundgesetze der Energie- und Stoffumwandlungen. (Reihe: Springer-Lehrbuch).7. Aufl. 2008 Aufl., Berlin, Heidelberg: Springer Berlin Heidelberg, 2008

[MERC45] Merchant, M. E.: Mechanics of the Metal Cutting Process. I. Orthogonal Cutting and a Type 2 Chip. In: Journal of Applied Physics, 16. Jg., 1945 5, S. 267–275, https://doi.org/10.1063/1.1707586

[MEUR20a] Meurer, M.; Tekkaya, B.; Augspurger, T.; Pullen, T.; Schraknepper, D.; Bergs, T.; Münstermann, S.: Cutting force based surface integrity soft-sensor when hard machining AISI 4140. In: tm - Technisches Messen, 87. Jg., 2020 11, S. 683–693, https://doi.org/10.1515/teme-2020-0050

[MEUR20b] Meurer, M.; Augspurger, T.; Tekkaya, B.; Schraknepper, D.; Lima, A. P.; Bergs, T.: Development of a Methodology for Strain Field Analysis during Orthogonal Cutting. In: Procedia CIRP, 87. Jg., 2020, S. 444–449, https://doi.org/10.1016/j.procir.2020.03.004

[MEUR22] Meurer, M.; Tekkaya, B.; Schraknepper, D.; Bergs, T.; Münstermann, S.: Numerical prediction of machining induced residual stresses when hard cutting AISI 4140. In: Procedia CIRP, 2022

[MEUR23] Meurer, M.; Bergs, T.; Schraknepper, D.: Investigation of the mechanical workpiece loading during orthogonal cutting AISI 4140 by means of digital image correlation. In: Procedia CIRP, 118. Jg., 2023, S. 513–518, https://doi.org/10.1016/j.procir.2023.06.088

[MICH14] Michna, J.: Numerische und experimentelle Untersuchung zerspanungsbedingter Gefügeumwandlungen und Modellierung des thermo-mechanischen Lastkollektivs beim Bohren von 42CrMo4. Zugl.: Karlsruhe, Karlsruher Inst. für Technologie, Diss., 2014, Aachen, 2014

[M'SA08] M'Saoubi; R; Outeiro, J. C.; Chandrasekaran, H.; Jr., O. D.; Jawahir, I. S.: A review of surface integrity in machining and its impact on functional performance and life of machined products. In: International Journal of Sustainable Manufacturing, 1. Jg., 2008 1/2, S. 203, https://doi.org/10.1504/IJSM.2008.019234

[MÜLL04] Müller, B.: Thermische Analyse des Zerspanens metallischer Werkstoffe mit hohen Schnittgeschwindigkeiten, Aachen, 2004

[MURR75] Murr, L. E.: Interfacial phenomena in metals and alloys. Aufl., Reading, Mass: Addison-Wesley Pub. Co., Advanced Book Program, 1975

[NIE20] Nie, G.-C.; Zhang, K.; Outeiro, J.; Caruso, S.; Umbrello, D.; Ding, H.; Zhang, X.-M.: Plastic Strain Threshold Determination for White Layer Formation in Hard Turning of AISI 52100 Steel Using Micro-Grid Technique and Finite Element Simulations. In: Journal of Manufacturing Science and Engineering, 142. Jg., 2020 3, https://doi.org/10.1115/1.4045798

[NIE22] Nie, G.; Yang, Z.; Zhang, D.; Zhang, X.; Outeiro, J.; Ding, H.: Dynamics of chip formation during the cutting process using imaging techniques: A review. In: International Journal of Mechanical System Dynamics, 2. Jg., 2022 1, S. 27–49, https://doi.org/10.1002/msd2.12032

[OUTE15] Outeiro, J. C.; Campocasso, S.; Denguir, L. A.; Fromentin, G.; Vignal, V.; Poulachon, G.: Experimental and numerical assessment of subsurface plastic deformation induced by OFHC copper machining. In: CIRP Annals, 64. Jg., 2015 1, S. 53–56, https://doi.org/10.1016/j.cirp.2015.04.080

[ÖZEL14] Özel, T.; Arisoy, Y. M.: Experimental and Numerical Investigations on Machining Induced Surface Integrity in Inconel-100 Nickel-Base Alloy. In: Procedia CIRP, 13. Jg., 2014, S. 302–307, https://doi.org/10.1016/j.procir.2014.04.051

[PAN09] Pan, B.; Asundi, A.; Xie, H.; Gao, J.: Digital image correlation using iterative least squares and pointwise least squares for displacement field and strain field measurements. In: Optics and Lasers in Engineering, 47. Jg., 2009 7-8, S. 865–874, https://doi.org/10.1016/j.optlaseng.2008.10.014

[PAWA08] Pawade, R. S.; Joshi, S. S.; Brahmankar, P. K.: Effect of machining parameters and cutting edge geometry on surface integrity of high-speed turned Inconel 718. In: International Journal of Machine Tools and Manufacture, 48. Jg., 2008 1, S. 15–28, https://doi.org/10.1016/j.ijmachtools.2007.08.004

[PÉRE12] Pérez-Castellanos, J.-L.; Rusinek, A.: Temperature increase associated with plastic deformation under dynamic compression: Application to aluminium alloy Al 6082. In: Journal of Theoretical and Applied Mechanics, 50. Jg., 2012 2, S. 377–398

[PETC53] Petch, N. J.: The Cleavage Strength of Polycrystals. In: Journal of the Iron and Steel Institute, 1953, S. 25–28

[POLI96] Poliak, E. I.; Jonas, J. J.: A one-parameter approach to determining the critical conditions for the initiation of dynamic recrystallization. In: Acta Materialia, 44. Jg., 1996 1, S. 127–136, https://doi.org/10.1016/1359-6454(95)00146-7

[POPP05] Popper, K. R.: Logik der Forschung. (Reihe: Gesammelte Werke in deutscher Sprache, 3).11. Aufl., Tübingen: Mohr Siebeck, 2005

[POUL05] Poulachon, G.; Albert, A.; Schluraff, M.; Jawahir, I. S.: An experimental investigation of work material microstructure effects on white layer formation in PCBN hard turning. In: International Journal of Machine Tools and Manufacture, 45. Jg., 2005 2, S. 211–218, https://doi.org/10.1016/j.ijmachtools.2004.07.009

[PU11] Pu, Z.; Puleo, D. A.; Dillon, O. W.; Jawahir, I. S.: Controlling the biodegradation rate of magnesium-based implants through surface nanocrystallization induced by cryogenic machining implants through surface nanocrystallization induced by cryogenic machining. In: Magnesium Technology, 2011, S. 635–642

[PU14] Pu, Z.; Umbrello, D.; Dillon, O. W.; Jawahir, I. S.: Finite Element Simulation of Residual Stresses in Cryogenic Machining of AZ31B Mg Alloy. In: Procedia CIRP, 13. Jg., 2014, S. 282–287, https://doi.org/10.1016/j.procir.2014.04.048

[PUJA08] Pujana, J.; Arrazola, P. J.; Villar, J. A.: In-process high-speed photography applied to orthogonal turning. In: Journal of Materials Processing Technology, 202. Jg., 2008 1-3, S. 475–485, https://doi.org/10.1016/j.jmatprotec.2007.10.007

[QUAN11] Quan, G.-Z.; Li, G.-S.; Chen, T.; Wang, Y.-X.; Zhang, Y.-W.; Zhou, J.: Dynamic recrystallization kinetics of 42CrMo steel during compression at different temperatures and strain rates. In: Materials Science and Engineering: A, 528. Jg., 2011 13-14, S. 4643–4651, https://doi.org/10.1016/j.msea.2011.02.090

[RAFF18] Raffel, M.: Particle Image Velocimetry. A Practical Guide. 3. Aufl., Cham: Springer International Publishing AG, 2018

[RAME05] Ramesh, A.; Melkote, S. N.; Allard, L. F.; Riester, L.; Watkins, T. R.: Analysis of white layers formed in hard turning of AISI 52100 steel. In: Materials Science and Engineering: A, 390. Jg., 2005 1-2, S. 88–97, https://doi.org/10.1016/j.msea.2004.08.052

[RANA16] Rana, K.; Rinaldi, S.; Imbrogno, S.; Rotella, G.; Umbrello, D.; Saoubi, R. M.; Ayvar-Soberanis, S.: 2D FE Prediction of Surface Alteration of Inconel 718 under Machining Condition. In: Procedia CIRP, 45. Jg., 2016, S. 227–230, https://doi.org/10.1016/j.procir.2016.02.346

[RINA19] Rinaldi, S.; Imbrogno, S.; Rotella, G.; Umbrello, D.; Filice, L.: Physics based modeling of machining Inconel 718 to predict surface integrity modification. In: Procedia CIRP, 82. Jg., 2019, S. 350–355, https://doi.org/10.1016/j.procir.2019.04.150

[RINA20] Rinaldi, S.; Umbrello, D.; Rotella, G.; Del Prete, A.: A Physically Based Model to Predict Microstructural Modifications in Inconel 718 High Speed Machining. In: Procedia Manufacturing, 47. Jg., 2020, S. 487–492, https://doi.org/10.1016/j.promfg.2020.04.344

[ROTE13] Rotella, G.; Dillon, O. W.; Umbrello, D.; Settineri, L.; Jawahir, I. S.: Finite element modeling of microstructural changes in turning of AA7075-T651 Alloy. In: Journal of Manufacturing Processes, 15. Jg., 2013 1, S. 87–95, https://doi.org/10.1016/j.jmapro.2012.09.005

[ROTE14] Rotella, G.; Umbrello, D.: Numerical Simulation of Surface Modification in Dry and Cryogenic Machining of AA7075 Alloy. In: Procedia CIRP, 13. Jg., 2014, S. 327–332, https://doi.org/10.1016/j.procir.2014.04.055

[ROTH72] Roth, R. N.; Oxley, P. L. B.: Slip-Line Field Analysis for Orthogonal Machining Based upon Experimental Flow Fields. In: Journal of Mechanical Engineering Science, 14. Jg., 1972 2, S. 85–97, https://doi.org/10.1243/JMES_JOUR_1972_014_015_02

[SAEL20] Saelzer, J.; Berger, S.; Iovkov, I.; Zabel, A.; Biermann, D.: In-situ measurement of rake face temperatures in orthogonal cutting. In: CIRP Annals, 69. Jg., 2020 1, S. 61–64, https://doi.org/10.1016/j.cirp.2020.04.021

[SAEZ18] Saez-de-Buruaga, M.; Soler, D.; Aristimuño, P. X.; Esnaola, J. A.; Arrazola, P. J.: Determining tool/chip temperatures from thermography measurements in metal cutting. In: Applied Thermal Engineering, 145. Jg., 2018, S. 305–314, https://doi.org/10.1016/j.applthermaleng.2018.09.051

[SAGA16] Sagapuram, D.; Viswanathan, K.; Mahato, A.; Sundaram, N. K.; M'Saoubi, R.; Trumble, K. P.; Chandrasekar, S.: Geometric flow control of shear bands by suppression of viscous sliding. In: Proceedings. Mathematical, physical, and engineering sciences, 472. Jg., 2016 2192, S. 20160167, https://doi.org/10.1098/rspa.2016.0167

[SALE20] Sales, W. F.; Schoop, J.; Da Silva, L. R.; Machado, Á. R.; Jawahir, I. S.: A review of surface integrity in machining of hardened steels. In: Journal of Manufacturing Processes, 58. Jg., 2020, S. 136–162, https://doi.org/10.1016/j.jmapro.2020.07.040

[SANG21] Sanguedolce, M.; Saffioti, M. R.; Rotella, G.; Umbrello, D.; Filice, L.: Numerical Simulation Of Nanoindentation Process On Pre-stressed Ti6Al4V Alloy For Residual Stresses Evaluation. In: Procedia CIRP, 102. Jg., 2021, S. 121–125, https://doi.org/10.1016/j.procir.2021.09.021

[SAUV03] Sauvage, X.; Le Breton, J.; Guillet, A.; Meyer, A.; Teillet, J.: Phase transformations in surface layers of machined steels investigated by X-ray diffraction and Mössbauer spectrometry. In: Materials Science and Engineering: A, 362. Jg., 2003 1-2, S. 181–186, https://doi.org/10.1016/S0921-5093(03)00531-8

[SCHM49] Schmidt, A. O.; Roubik, J. R.: Distribution of heat generated in drilling. In: Transactions of the ASME, 1949 71, S. 359–367

[SCHO19] Schoop, J.; Adeniji, D.; Brown, I.: Computationally efficient, multi-domain hybrid modeling of surface integrity in machining and related thermomechanical finishing processes. In: Procedia CIRP, 82. Jg., 2019, S. 356–361, https://doi.org/10.1016/j.procir.2019.03.225

[SCHU13] Schulze, V.; Zanger, F.; Ambrosy, F.: Quantitative Microstructural Analysis of Nanocrystalline Surface Layer Induced by a Modified Cutting Process. In: Advanced Materials Research, 769. Jg., 2013, S. 109–115, https://doi.org/10.4028/www.scientific.net/AMR.769.109

[SELA21] Sela, A.; Ortiz-de-Zarate, G.; Soler, D.; Germain, G.; Aristimuño, P. X.; Arrazola, P. J.: Measurement of plastic strain and plastic strain rate during orthogonal cutting for Ti-6Al-4V. In: International Journal of Mechanical Sciences, 198. Jg., 2021, S. 106397, https://doi.org/10.1016/j.ijmecsci.2021.106397

[SHAN06] Shankar, M. R.; Rao, B. C.; Lee, S.; Chandrasekar, S.; King, A. H.; Compton, W. D.: Severe plastic deformation (SPD) of titanium at near-ambient temperature. In: Acta Materialia, 54. Jg., 2006 14, S. 3691–3700, https://doi.org/10.1016/j.actamat.2006.03.056

[SHAN20] Shan, C.; Zhang, M.; Zhang, S.; Dang, J.: Prediction of machining-induced residual stress in orthogonal cutting of Ti6Al4V. In: The International Journal of Advanced Manufacturing Technology, 107. Jg., 2020 5-6, S. 2375–2385, https://doi.org/10.1007/s00170-020-05181-5

[SHAW05] Shaw, M. C.: Metal cutting principles. (Reihe: Oxford series on advanced manufacturing).2nd ed. Aufl., New York: Oxford University Press, 2005

[SHI04] Shi, J.; Liu, C. R.: Decomposition of Thermal and Mechanical Effects on Microstructure and Hardness of Hard Turned Surfaces. In: Journal of Manufacturing Science and Engineering, 126. Jg., 2004 2, S. 264–273, https://doi.org/10.1115/1.1751190

[SHIM21] Shimosaka, K.; Bergs, T.; Schraknepper, D.; Münstermann, S.; Meurer, M.: In-situ Evaluation of Surface Integrity Modifications by means of Barkhausen Noise Measurement. In: Procedia CIRP, 102. Jg., 2021, S. 465–470, https://doi.org/10.1016/j.procir.2021.09.079

[SOLE15] Soler, D.; Aristimuño, P. X.; Garay, A.; Arrazola, P. J.; Klocke, F.; Veselovac, D.; Seimann, M.: Finding Correlations between Tool Life and Fundamental Dry Cutting Tests in Finishing Turning of Steel. In: Procedia Engineering, 132. Jg., 2015, S. 615–623, https://doi.org/10.1016/j.proeng.2015.12.539

[SOLE18] Soler, D.; Aristimuño, P. X.; Saez-de-Buruaga, M.; Garay, A.; Arrazola, P. J.: New calibration method to measure rake face temperature of the tool during dry orthogonal cutting using thermography. In: Applied Thermal Engineering, 137. Jg., 2018, S. 74–82, https://doi.org/10.1016/j.applthermaleng.2018.03.056

[SÖLT12] Sölter, J.; Gulpak, M.: Heat partitioning in dry milling of steel. In: CIRP Annals, 61. Jg., 2012 1, S. 87–90, https://doi.org/10.1016/j.cirp.2012.03.046

[SÖLT17] Sölter, J.; Frohmüller, R.; Wirbser, H.: Temperature Measurements and Heat Partitioning in Machining Processes. In: Biermann, D. (Hrsg.): Thermal Effects in Complex Machining Processes. Final Report of the DFG Priority Programme 1480. (Reihe: Lecture Notes in Production Engineering Ser. Aufl. Cham: Springer International Publishing, 2017

[SPIT09] Spittel, M.; Spittel, T.: Steel symbol/number: 42CrMo4/1.7225. In: Warlimont, H. (Hrsg.): Materials. Aufl. Berlin, Heidelberg: Springer, 2009, S. 1050–1055

[STAC73] Stachowiak, H.: Allgemeine Modelltheorie. Aufl., Wien: Springer, 1973

[STAM20a] Stampfer, B.; Böttger, D.; Gauder, D.; Zanger, F.; Häfner, B.; Straß, B.; Wolter, B.; Lanza, G.; Schulze, V.: Experimental identification of a surface integrity model for turning of AISI4140. In: Procedia CIRP, 87. Jg., 2020, S. 83–88, https://doi.org/10.1016/j.procir.2020.02.067

[STAM20b] Stampfer, B.; Böttger, D.; Gauder, D.; Zanger, F.; Häfner, B.; Straß, B.; Wolter, B.; Lanza, G.; Schulze, V.: Experimental identification of a surface integrity model for turning of AISI4140. In: Procedia CIRP, 87. Jg., 2020, S. 83–88, https://doi.org/10.1016/j.procir.2020.02.067

[STEP93] Stephenson, D. A.: Tool-Work Thermocouple Temperature Measurements—Theory and Implementation Issues. In: Journal of Engineeringn for Industry, 1993 4, S. 432

[STEV70] Stevenson, M. G.; Oxley, P. L. B.: An Experimental Investigation of the Influence of Strain-Rate and Temperature on the Flow Stress Properties of a Low Carbon Steel Using a Machining Test. In: Proceedings of the Institution of Mechanical Engineers, 185. Jg., 1970 1, S. 741–754, https://doi.org/10.1243/PIME_PROC_1970_185_088_02

[SU13] Su, J.-C.; Young, K. A.; Srivatsa, S.; Morehouse, J. B.; Liang, S. Y.: Predictive modeling of machining residual stresses considering tool edge effects. In: Production Engineering, 7. Jg., 2013 4, S. 391–400, https://doi.org/10.1007/s11740-013-0470-6

[SUTT09] Sutton, M. A.; Orteu, J.-J.; Schreier, H. W.: Image correlation for shape, motion and deformation measurements. Basic concepts, theory and applications. Aufl., New York, NY: Springer, 2009

[TEKK20] Tekkaya, B.; Meurer, M.; Münstermann, S.: Modelling of Grain Size Evolution with Different Approaches via FEM When Hard Machining of AISI 4140. In: Metals, 10. Jg., 2020 10, S. 1296, https://doi.org/10.3390/met10101296

[TEKK21] Tekkaya, B.; Meurer, M.; Dölz, M.; Münstermann, S.: Prediction of the depth of dynamically recrystallized microstructure during hard turning of AISI 4140. In: Procedia CIRP, 101. Jg., 2021, S. 214–217, https://doi.org/10.1016/j.procir.2021.03.129

[TEKK23] Tekkaya, B.; Meurer, M.; Dölz, M.; Könemann, M.; Münstermann, S.; Bergs, T.: Modeling of microstructural workpiece rim zone modifications during hard machining. In: Journal of Materials Processing Technology, 311. Jg., 2023, S. 117815, https://doi.org/10.1016/j.jmatprotec.2022.117815

[THAK16] Thakur, A.; Gangopadhyay, S.: State-of-the-art in surface integrity in machining of nickel-based super alloys. In: International Journal of Machine Tools and Manufacture, 100. Jg., 2016, S. 25–54, https://doi.org/10.1016/j.ijmachtools.2015.10.001

[THIM19] Thimm, B.; Steden, J.; Reuber, M.; Christ, H.-J.: Using Digital Image Correlation Measurements for the Inverse Identification of Constitutive Material Parameters applied in Metal Cutting Simulations. In: Procedia CIRP, 82. Jg., 2019, S. 95–100, https://doi.org/10.1016/j.procir.2019.04.156

[TÖNS00] Tönshoff, H. K.; Arendt, C.; Amor, R. B.: Cutting of Hardened Steel. In: CIRP Annals, 49. Jg., 2000 2, S. 547–566, https://doi.org/10.1016/S0007-8506(07)63455-6

[UEDA99] Ueda, T.; Al Huda, M.; Yamada, K.; Nakayama, K.; Kudo, H.: Temperature Measurement of CBN Tool in Turning of High Hardness Steel. In: CIRP Annals, 48. Jg., 1999 1, S. 63–66, https://doi.org/10.1016/S0007-8506(07)63132-1

[UHLM22] Uhlmann, E.; Schröter, D.; Gärtner, E.: Micro-texture dependent temperature distribution of CVD diamond thick film cutting tools during turning of Ti-6Al-4V. In: Procedia CIRP, 108. Jg., 2022, S. 483–488, https://doi.org/10.1016/j.procir.2022.03.075

[ULUT07] Ulutan, D.; Erdem Alaca, B.; Lazoglu, I.: Analytical modelling of residual stresses in machining. In: Journal of Materials Processing Technology, 183. Jg., 2007 1, S. 77–87, https://doi.org/10.1016/j.jmatprotec.2006.09.032

[ULUT11] Ulutan, D.; Ozel, T.: Machining induced surface integrity in titanium and nickel alloys: A review. In: International Journal of Machine Tools and Manufacture, 51. Jg., 2011 3, S. 250–280, https://doi.org/10.1016/j.ijmachtools.2010.11.003

[UMBR10] Umbrello, D.; Outeiro, J. C.; M'Saoubi, R.; Jayal, A. D.; Jawahir, I. S.: A numerical model incorporating the microstructure alteration for predicting residual stresses in hard machining of AISI 52100 steel. In: CIRP Annals, 59. Jg., 2010 1, S. 113–116, https://doi.org/10.1016/j.cirp.2010.03.061

[UMBR11a] Umbrello, D.: Influence of material microstructure changes on surface integrity in hard machining of AISI 52100 steel. In: The International Journal of Advanced Manufacturing Technology, 54. Jg., 2011 9-12, S. 887–898, https://doi.org/10.1007/s00170-010-3003-x

[UMBR11b] Umbrello, D.; Pu, Z.; Caruso, S.; Outeiro, J. C.; Jayal, A. D.; Dillon, O. W.; Jawahir, I. S.: The effects of Cryogenic Cooling on Surface Integrity in Hard Machining. In: Procedia Engineering, 19. Jg., 2011, S. 371–376, https://doi.org/10.1016/j.proeng.2011.11.127

[VIEI01] Vieira, J. M.; Machado, A. R.; Ezugwu, E. O.: Performance of cutting fluids during face milling of steels. In: Journal of Materials Processing Technology, 116. Jg., 2001 2-3, S. 244–251, https://doi.org/10.1016/S0924-0136(01)01010-X

[WAN19] Wan, M.; Ye, X.-Y.; Wen, D.-Y.; Zhang, W. H.: Modeling of machining-induced residual stresses. In: Journal of Materials Science, 54. Jg., 2019 1, S. 1–35, https://doi.org/10.1007/s10853-018-2808-0

[WANG21] Wang, B.; Liu, Z.; Cai, Y.; Luo, X.; Ma, H.; Song, Q.; Xiong, Z.: Advancements in material removal mechanism and surface integrity of high speed metal cutting: A review. In: International Journal of Machine Tools and Manufacture, 166. Jg., 2021, S. 103744, https://doi.org/10.1016/j.ijmachtools.2021.103744

[WELL15] Welling, D.: Wire EDM for the manufacture of fir tree slots in nickel-based alloys for jet engine components. Aufl., Aachen, Deutschland, 2015

[WERS11] Werschmoeller, D.; Li, X.: Measurement of tool internal temperatures in the tool–chip contact region by embedded micro thin film thermocouples. In: Journal of Manufacturing Processes, 13. Jg., 2011 2, S. 147–152, https://doi.org/10.1016/j.jmapro.2011.05.001

[WOBK97] Wobker, H.-G.: Hartbearbeitung. (Reihe: Berichte aus dem Institut für Fertigungstechnik und Spanende Werkzeugmaschinen, Universität Hannover, 420).Als Ms. gedr Aufl., Düsseldorf: VDI-Verl., 1997

[WU18] Wu, H.; Ma, J.; Lei, S.: FEM prediction of dislocation density and grain size evolution in high-speed machining of Al6061-T6 alloy using microgrooved cutting tools. In: The International Journal of Advanced Manufacturing Technology, 95. Jg., 2018 9-12, S. 4211–4227, https://doi.org/10.1007/s00170-017-1476-6

[WUSA11] Wusatowska-Sarnek, A. M.; Dubiel, B.; Czyrska-Filemonowicz, A.; Bhowal, P. R.; Ben Salah, N.; Klemberg-Sapieha, J. E.: Microstructural Characterization of the White Etching Layer in Nickel-Based Superalloy. In: Metallurgical and Materials Transactions A, 42. Jg., 2011 12, S. 3813–3825, https://doi.org/10.1007/s11661-011-0779-8

[XU17] Xu, W.-J.; Zhang, X.-M.; Leopold, J.; Ding, H.: Mechanism of Serrated Chip Formation in Cutting Process Using Digital Image Correlation Technique. In: Procedia CIRP, 58. Jg., 2017, S. 146–151, https://doi.org/10.1016/j.procir.2017.03.207

[YVON06] Yvonnet, J.; Umbrello, D.; Chinesta, F.; Micari, F.: A simple inverse procedure to determine heat flux on the tool in orthogonal cutting. In: International Journal of Machine Tools and Manufacture, 46. Jg., 2006 7-8, S. 820–827, https://doi.org/10.1016/j.ijmachtools.2005.07.030

[ZANG13] Zanger, F.: Segmentspanbildung, Werkzeugverschleiß, Randschichtzustand und Bauteileigenschaften. Numerische Analysen zur Optimierung des Zerspanungsprozesses am Beispiel von Ti-6Al-4V. (Reihe: Forschungsberichte aus dem Wbk, Institut für Produktionstechnik, Karlsruher Institut für Technologie (KIT), 169). Aufl., Aachen: Shaker, 2013

[ZEMZ21] Zemzemi, F.; Khochtali, H.; Salem, W. B.; Alzahrani, B.; Bouazizi, M.-L.: Analytical multi-physics model of microstructure changes in hard turning of AISI 52100 steel: prediction of thicknesses of white and dark layers. In: The International Journal of Advanced Manufacturing Technology, 112. Jg., 2021 9-10, S. 2755–2771, https://doi.org/10.1007/s00170-020-06521-1

[ZENE44] Zener, C.; Hollomon, J. H.: Effect of Strain Rate Upon Plastic Flow of Steel. In: Journal of Applied Physics, 15. Jg., 1944 1, S. 22–32, https://doi.org/10.1063/1.1707363

[ZHAN17] Zhang, D.; Zhang, X.-M.; Xu, W.-J.; Ding, H.: Stress Field Analysis in Orthogonal Cutting Process Using Digital Image Correlation Technique. In: Journal of Manufacturing Science and Engineering, 139. Jg., 2017 3, https://doi.org/10.1115/1.4033928

[ZHAN18a] Zhang, F.; Duan, C.; Wang, M.; Sun, W.: White and dark layer formation mechanism in hard cutting of AISI52100 steel. In: Journal of Manufacturing Processes, 32. Jg., 2018, S. 878–887, https://doi.org/10.1016/j.jmapro.2018.04.011

[ZHAN18b] Zhang, D.; Zhang, X.-M.; Ding, H.: Inverse identification of material plastic constitutive parameters based on the DIC determined workpiece deformation fields in orthogonal cutting. In: Procedia CIRP, 71. Jg., 2018, S. 134–139, https://doi.org/10.1016/j.procir.2018.05.085

[ZHAN18c] Zhang, W.; Wang, X.; Hu, Y.; Wang, S.: Predictive modelling of microstructure changes, micro-hardness and residual stress in machining of 304 austenitic stainless steel. In: International Journal of Machine Tools and Manufacture, 130-131. Jg., 2018, S. 36–48, https://doi.org/10.1016/j.ijmachtools.2018.03.008

[ZHAN19] Zhang, X.-M.; Zhang, K.; Zhang, D.; Outeiro, J.; Ding, H.: New In Situ Imaging-Based Methodology to Identify the Material Constitutive Model Coefficients in Metal Cutting Process. In: Journal of Manufacturing Science and Engineering, 141. Jg., 2019 10, https://doi.org/10.1115/1.4044251

[ZHAN21] Zhang, D.; Zhang, X.-M.; Nie, G.-C.; Yang, Z.-Y.; Ding, H.: Characterization of material strain and thermal softening effects in the cutting process. In: International Journal of Machine Tools and Manufacture, 160. Jg., 2021, S. 103672, https://doi.org/10.1016/j.ijmachtools.2020.103672

[ZHAN22] Zhang, D.; Meurer, M.; Zhang, X.-M.; Bergs, T.; Ding, H.: Understanding Kinematics of the Orthogonal Cutting Using Digital Image Correlation—Measurement and Analysis. In: Journal of Manufacturing Science and Engineering, 144. Jg., 2022 3, https://doi.org/10.1115/1.4051917

[ZHAN97] Zhang, B.; Shen, W.; Liu, Y.; Tang, X.; Wang, Y.: Microstructures of surface white layer and internal white adiabatic shear band. In: Wear, 211. Jg., 1997 2, S. 164–168, https://doi.org/10.1016/S0043-1648(97)00099-9

[ZHAO21] Zhao, J.; Liu, Z.; Wang, B.; Hu, J.; Wan, Y.: Tool coating effects on cutting temperature during metal cutting processes: Comprehensive review and future research directions. In: Mechanical Systems and Signal Processing, 150. Jg., 2021, S. 107302, https://doi.org/10.1016/j.ymssp.2020.107302

[ZHOU11] Zhou, J. M.; Bushlya, V.; Peng, R. L.; Johansson, S.; Avdovic, P.; Stahl, J.-E.: Effects of Tool Wear on Subsurface Deformation of Nickel-based Superalloy. In: Procedia Engineering, 19. Jg., 2011, S. 407–413, https://doi.org/10.1016/j.proeng.2011.11.133

[ZOUA21] Zouabi, H.; Calamaz, M.; Wagner, V.; Cahuc, O.; Dessein, G.: Kinematic Fields Measurement during Orthogonal Cutting Using Digital Images Correlation: A Review. In: Journal of Manufacturing and Materials Processing, 5. Jg., 2021 1, S. 7, https://doi.org/10.3390/jmmp5010007

Anhang

Anhang A: Berechnete Temperaturprofile der CBN-Werkzeuge

Teil 1: Temperaturverlauf entlang der gefertigten Werkstückoberfläche

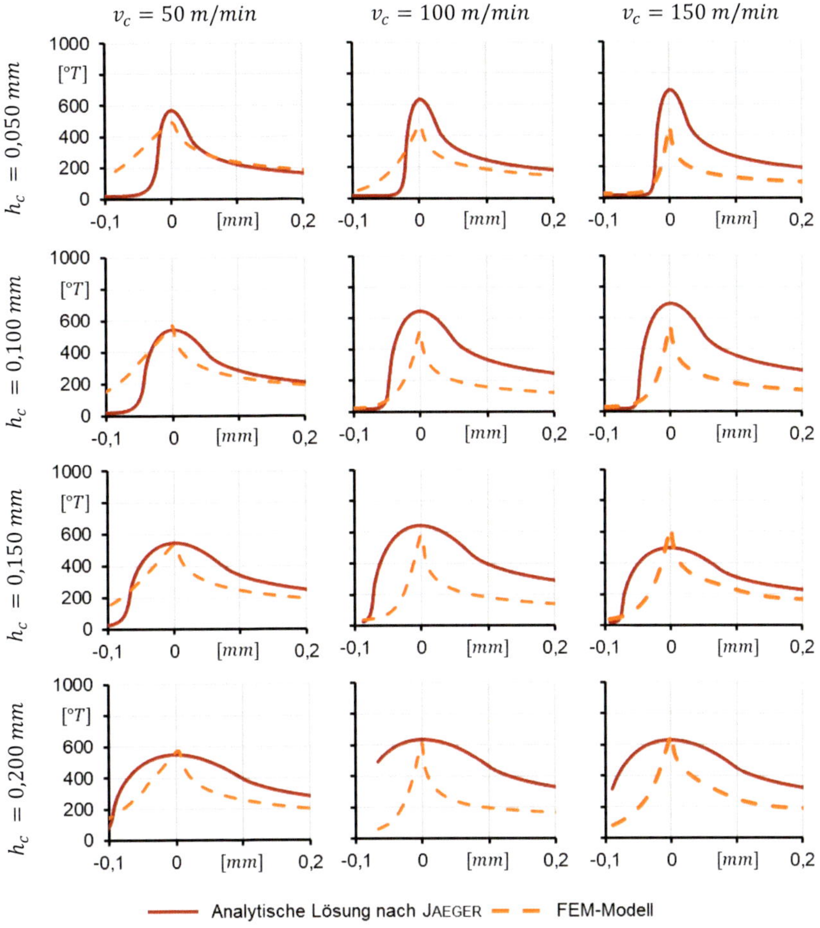

Teil 2: Temperaturverlauf mit steigendem Abstand zur Werkstückoberfläche

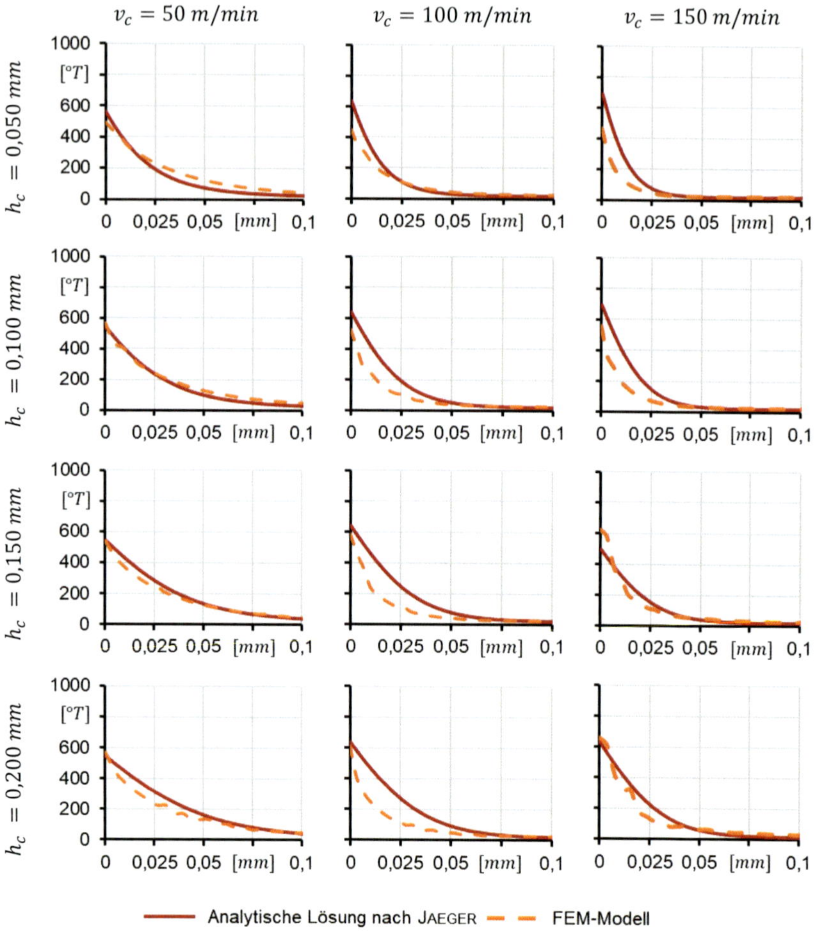

Anhang B: Modellparameter des DRX-Modells

Parameter des DRX-Modells für 42CrMo4 nach BUCHKREMER ET AL. [BUCH17b]

Bezeichnung		Notation	Wert	Einheit
JOHNSON-COOK-Modell	Anfängliche Fließspannung	A	1450	MPa
	Härtemodul	B	910	MPa
	Dehnratenabhängiger Koeffizient	C	0,034	–
	Schmelztemperatur	T_m	1809,15	K
	Referenztemperatur	T_0	293,15	K
	Exponent Dehnungsverfestigung	n	0,45	-
	Materialkonstante	m	0,328	-
	Äquivalente Bezugsdehnrate	$\dot{\epsilon}_0$	0,001	s^{-1}
Wärme-kapazität	Koeffizienten für die Berechnung der Wärmekapazität	a_{cp}	0,0002	$J/(kg \cdot K^3)$
		b_{cp}	−0,0654	$J/(kg \cdot K^2)$
		c_{cp}	477,04	$J/(kg \cdot K)$
Grenz-fläche	Koeffizienten für die Berechnung der Grenzflächenenergie	a_γ	$-4{,}9 \cdot 10^{-10}$	$J/(mm^2 \cdot °C)$
		b_γ	$4{,}606 \cdot 10^{-6}$	J/mm^2
Kritische Werte	Kritische mechanische Energie	e_{crit}	0,558	J/mm^3
	Kritische Temperatur	T_{crit}	887,55	K
Werkstoffspezifische Parameter	Dichte	ρ	$7{,}612 \cdot 10^{-6}$	kg/mm^3
	Ursprüngliche Korngröße	d_0	680	nm
	Hall-Petch-Parameter	K_{HP}	18,009	$MPa/d^{\frac{1}{2}}$
	Taylor-Quinney-Koeffizient	β	0,9	-

Anhang C: Berechnete White Layer-Dicke der CBN-Werkzeuge

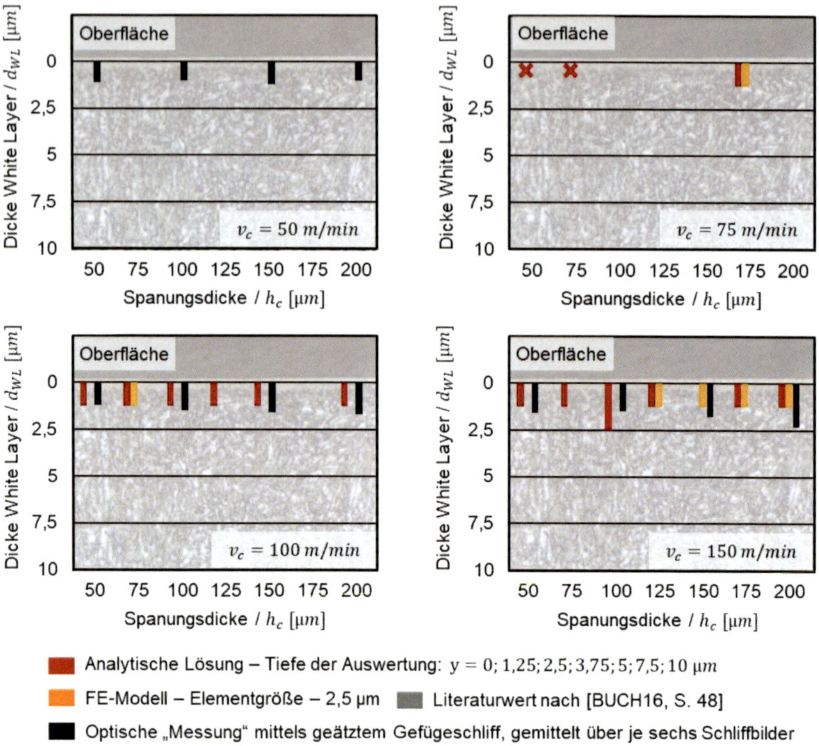

In der Reihe **Innovations in Manufacturing Technology** zuletzt erschienen:

Meurer, Markus:
Modellgestützte Schätzung prozessinduzierter Rekristallisationsmechanismen in der Zerspanung
ISBN 978-3-98555-266-5
Erscheinungsdatum: 15.04.2025

Apelt, Sebastian:
Methodik zur Gestaltung agiler Serienanläufe
ISBN 978-3-98555-270-2
Erscheinungsdatum: 31.03.2025

Horstkotte, Rainer:
Methodik zur Automatisierung der additiven Prozesskette mit Pulverbettverfahren
ISBN 978-3-98555-258-0
Erscheinungsdatum: 24.03.2025

Holst, Carsten:
Automated Flank Wear Segmentation and Measurement with Deep Learning Image Processing
ISBN 978-3-98555-261-0
Erscheinungsdatum: 10.02.2025

Unterberg, Martin:
Data-driven Indirect Tool Condition Monitoring in Sheet-metal Stamping
ISBN 978-3-98555-259-7
Erscheinungsdatum: 27.01.2025

Edition Wissenschaft
Apprimus

MIX

Papier | Fördert gute Waldnutzung

FSC® C083411

Kolibri 360 GmbH
Ferdinand-Jühlke-Straße 7
99095 Erfurt, Deutschland
produktsicherheit@kolibri360.de